高职高专公共基础课系列教材

经济数学基础

主编　张　涛
主审　宋振新

西安电子科技大学出版社

内 容 简 介

本书是根据国家教育部制定的《高职高专教育经济数学基础课程教学基本要求》，结合高等职业教育的教学特点，特别是国家示范性高等职业院校的实际教学情况编写而成的. 本书在体系编排上，注重数学课程的体系性、科学性；在内容选取上，将数学知识、数学建模思想与经济应用有机结合.

本书共7章，主要内容包括函数与极限、导数与微分、微分中值定理及其应用、不定积分、定积分及其应用、线性代数初步和Matlab应用等.

本书选材适当，内容由浅入深，循序渐进，可作为高职高专经济管理类各专业经济数学课程的通用教材，也可作为数学爱好者的参考书.

图书在版编目(CIP)数据

经济数学基础/张涛主编. —西安：西安电子科技大学出版社，2015.8(2022.8重印)
ISBN 978-7-5606-3811-9

Ⅰ. ①经… Ⅱ. ①张… Ⅲ. ①经济数学—高等职业教育—教材 Ⅳ. ①F224.0

中国版本图书馆CIP数据核字(2015)第190482号

责任编辑 王 瑛 刘玉芳
出版发行 西安电子科技大学出版社(西安市太白南路2号)
电　　话 (029)88202421 88201467 邮　　编 710071
网　　址 www.xduph.com 电子邮箱 xdupfxb001@163.com
经　　销 新华书店
印刷单位 陕西天意印务有限责任公司
版　　次 2015年8月第1版 2022年8月第7次印刷
开　　本 787毫米×1092毫米 1/16 印张 15
字　　数 356千字
印　　数 7401～9400册
定　　价 31.00元
ISBN 978-7-5606-3811-9/F
XDUP 4103001-7

前　言

本书是根据国家教育部制定的《高职高专教育经济数学基础课程教学基本要求》，结合高等职业教育的教学特点，特别是国家示范性高等职业院校的实际教学情况编写而成的.

本书编写的指导思想和主要特色如下：

(1) 为了体现高职教育的特点，在注重数学的体系性、科学性的基础上，本书大量减少了抽象理论的证明，以生活中的实例引进数学概念，借助几何直观来解释某些抽象概念和定理，从而降低了教学难度，易于学生理解.

(2) 本书根据“以应用为目的，以必需、够用为度”的原则选取教学内容.

(3) 本书编写突出重点，分散难点，注重复杂概念的几何解释，强调问题的实际背景，重点培养学生的抽象概括能力和应用能力.

(4) 本书增加了 Matlab 数学软件的教学内容，可提高学生利用数学工具解决实际问题的能力.

本书由杨凌职业技术学院张涛(第 1、2、3 章)、王春草(第 4、5 章)、付菁波(第 6、7 章)编写，全书由宋振新主审.

在本书的编写过程中，编者参阅了有关文献，本书的出版得到了西安电子科技大学出版社的大力支持，在此一并致谢！

由于编者水平有限，不妥之处在所难免，恳请广大读者批评指正.

编　者

2015 年 5 月

目　　录

第 1 章　函数与极限

函数是数学中最基本的内容，它是通过反映变量间的对应关系来描述现实世界的；极限是研究变量在某一变化过程中的变化趋势时引出的，它是微积分学的重要概念之一. 微积分学中的其他几个重要概念，如连续、导数、定积分等均是通过极限来表述的，并且微积分学中的很多定理也是用极限方法推导出来的. 本章在对函数概念进行复习和补充的基础上介绍函数极限的概念、极限的计算方法和函数的连续性，为微积分的学习打下基础.

1.1　函　　数

1.1.1　函数的概念

1. 常量与变量

在日常生活中，经常会遇到不同的量，如收入、成本、产量、身高、路程、某一班级的学生人数等，这些量可以分为两类：一类是在考察的过程中不发生任何变化，只取一个固定的值，我们把这类量称为常量，如圆周率 π 是个永远不变的量，某一阶段某个班级的学生人数也是一个常量；另一类是在考察的过程中不断地发生变化，取不同的数值，我们把这类量称为变量，如汽车行驶过程中的路程、一天中的气温等都是不断变化的，这些都是变量.

注　常量和变量是依赖于所研究的过程的，同一个量，在某一过程中可以认为是常量，而在另一过程中则可能是变量. 例如，某一商品的价格在较短的一段时间内可以是常量，但在较长的一段时间内则往往是变量. 这说明常量与变量具有相对性.

2. 函数的定义

引例 1　设圆的半径为 r，面积为 S，于是面积 S 与半径 r 之间的关系为

$$S=\pi r^2,\quad r>0$$

引例 2　某企业生产某一产品的固定成本为 5000 元，每生产一件产品成本增加 20 元，于是生产该产品的总成本 C 与产量 q 间的关系可以表示为

$$C=20q+5000$$

以上两例都给出了两个变量在某一变化过程中的对应关系，当一个变量取一定值时，另一个变量有唯一确定的值与之对应. 在数学上，我们将这种变量间的对应关系称为函数关系.

定义 1.1　设 x 和 y 是两个变量，D 是一个给定的非空数集，如果对于 D 中的每一个 x，变量 y 按照某一法则 f，总有唯一确定的值和它对应，则称变量 y 是变量 x 的函数，记作

$$y=f(x),\quad x\in D$$

其中：x 称为自变量；y 称为因变量；非空数集 D 称为函数的定义域.

对于定义域 D 中的某一确定值 x_0，按照对应法则 f，总有唯一确定的值 y_0 与之对应，这个 y_0 称为函数 $y=f(x)$ 在 x_0 处的函数值，记作 $f(x_0)$ 或 $y|_{x=x_0}$.

函数值的全体所构成的集合称为函数的值域，记作 M，即

$$M=\{y|y=f(x),\ x\in D\}$$

函数的对应法则 f 和定义域 D 称为函数的两要素，如果两个函数的定义域相同，对应法则也相同，那么这两个函数就是相同的，否则就是不同的.

例 1 函数 $y=x+1$ 与 $y=\dfrac{x^2-1}{x-1}$ 是否为相同函数？

解 函数 $y=x+1$ 的定义域为 $(-\infty,\ +\infty)$，而函数 $y=\dfrac{x^2-1}{x-1}$ 虽然可以整理为 $y=x+1$，但是其在 $x=1$ 时无意义，故定义域为 $(-\infty,\ 1)\cup(1,\ +\infty)$，因此它们不是相同函数.

例 2 设 $f(x+1)=x^2-3x$，求 $f(x)$.

解 令 $x+1=t$，则 $x=t-1$，于是

$$f(t)=(t-1)^2-3(t-1)=t^2-5t+4$$

所以

$$f(x)=x^2-5x+4$$

在高等数学中经常用区间来表示函数的定义域和值域，现介绍一种特殊的区间——邻域.

把开区间 $(x_0-\delta,\ x_0+\delta)(\delta>0)$ 称为以点 x_0 为中心、δ 为半径的邻域，记作 $N(x_0,\ \delta)$，如图 1-1 所示.

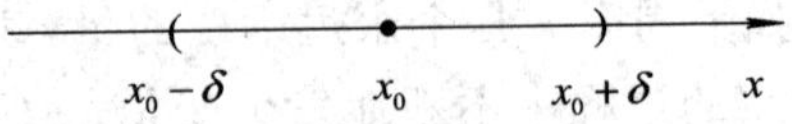

图 1-1

把开区间 $(x_0-\delta,\ x_0)\cup(x_0,\ x_0+\delta)(\delta>0)$ 称为以点 x_0 为中心、δ 为半径的去心邻域，记作 $N(\hat{x}_0,\ \delta)$，如图 1-2 所示.

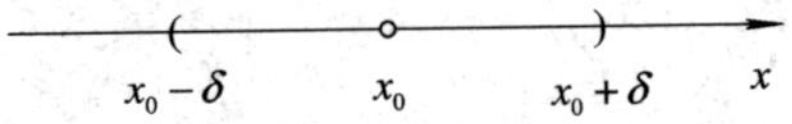

图 1-2

例 3 求下列函数的定义域：

(1) $y=\sqrt{x^2-x-2}+\dfrac{x}{\sqrt{x+2}}$；　　(2) $f(x)=\arccos(2x-1)$；

(3) $f(x)=\dfrac{\ln(x+2)}{x+1}$.

解 (1) 这是两个函数之和的定义域，先分别求出每个函数的定义域，然后再求其公共部分即可.

要使函数 $\sqrt{x^2-x-2}$ 有意义，必须满足 $x^2-x-2\geqslant 0$，解得 $x\leqslant -1$ 或 $x\geqslant 2$，即定义域为 $(-\infty,\ -1]\cup[2,\ +\infty)$.

要使函数$\frac{x}{\sqrt{x+2}}$有意义，必须满足 $x+2>0$，解得 $x>-2$，即定义域为$(-2, +\infty)$.

于是，所求函数的定义域为$(-2, -1]\cup[2, +\infty)$.

(2) 要使 $\arccos(2x-1)$有意义，必须满足$-1\leqslant 2x-1\leqslant 1$，解得 $0\leqslant x\leqslant 1$，即函数的定义域为$[0, 1]$.

(3) 要使函数$\frac{\ln(x+2)}{x+1}$有意义，必须满足$\begin{cases} x+2>0 \\ x+1\neq 0 \end{cases}$，解得$-2<x<-1$ 和$-1<x<+\infty$，即函数的定义域为$(-2, -1)\cup(-1, +\infty)$.

注　在实际应用问题中，除了要根据函数解析式本身来确定自变量的取值范围外，还应考虑变量的实际意义. 一般来讲，经济变量往往都大于零.

3. 函数的表示方法

常用函数的表示方法通常有以下三种：

(1) 解析法：把自变量 x 与因变量 y 的函数关系由数学表达式给出，便于理论研究. 微积分中的绝大部分函数都是用这种方法表示的，如 $y=\sqrt{x^2-x+2}$.

(2) 图像法：把函数关系用平面上的点集反映出来，一般情况下，它是一条平面曲线. 如图 1-3 所示的是气象站的自动温度记录仪所记录的某地当天的气温变化曲线，该曲线将气温 T 与时间 x 的函数关系清晰直观地表示出来，如 $x=12$ 时，$T=10$℃.

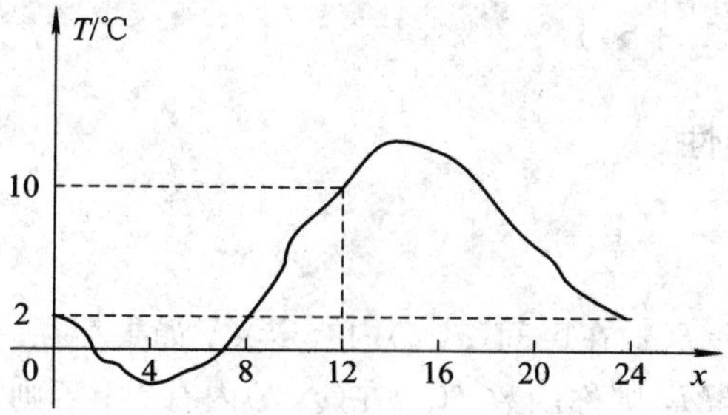

图 1-3

(3) 表格法：把变量间的函数关系通过表格形式反映出来. 如表 1-1 给出了 2014 年 3 月开始执行的中国银行的人民币定期储蓄存期与年利率的函数关系.

表 1-1

存期	三个月	六个月	一年	二年	三年	五年
年利率/(%)	2.60	2.80	3.0	3.75	4.25	4.75

4. 分段函数

某城市电话局规定的市话收费标准如下：当月所打电话次数不超过 30 次时，只收月租费 10 元，超过 30 次时，每次加收 0.20 元，则电话费 y 和用户当月所打电话次数 x 的关系可表示如下：

$$y=\begin{cases} 10, & x\leqslant 30 \\ 10+0.20(x-30), & x>30 \end{cases}$$

像这种在自变量的不同取值范围内，函数关系用不同的式子来表示的函数，通常称为分段函数. 分段函数是微积分中常见的一种函数. 例如，符号函数（如图 1-4 所示）可以表示成

$$\operatorname{sgn}x=\begin{cases}1, & x>0\\ 0, & x=0\\ -1, & x<0\end{cases}$$

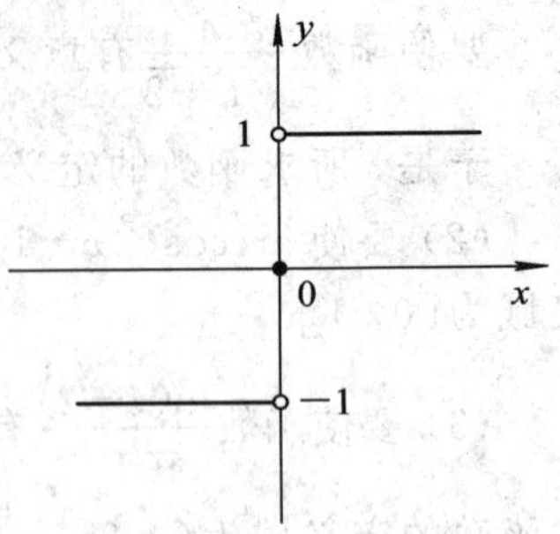

图 1-4

注 (1) 分段函数是用几个不同解析式表示一个函数，而不是表示几个函数.

(2) 分段函数的定义域是各段自变量取值集合的并集.

例 4 设函数

$$f(x)=\begin{cases}\cos x, & -4\leqslant x<1\\ 2, & 1\leqslant x<3\\ 5x-1, & x\geqslant 3\end{cases}$$

求 $f(-\pi)$、$f(1)$、$f(5)$及函数的定义域.

解 因为$-\pi\in[-4, 1)$，所以 $f(-\pi)=\cos(-\pi)=-1$.

因为$1\in[1, 3)$，所以 $f(1)=2$.

因为$5\in[3, +\infty)$，所以 $f(5)=5\times5-1=24$.

函数的定义域为$[-4, +\infty)$.

1.1.2 函数的几种特性

1. 函数的有界性

定义 1.2 设函数 $y=f(x)$在区间(a, b)内有定义，如果存在一个正数 M，使得对于任意 $x\in(a, b)$，恒有$|f(x)|\leqslant M$，则称函数 $f(x)$在(a, b)内有界；否则，称 $f(x)$在(a, b)内无界.

这个性质表明函数在(a, b)内的值域包含在有限区间$[-M, M]$内，几何上表现为，函数图像位于直线 $y=-M$ 和 $y=M$ 之间的区域内. 如图 1-5 所示的函数 y 在区间(a, b)内有界.

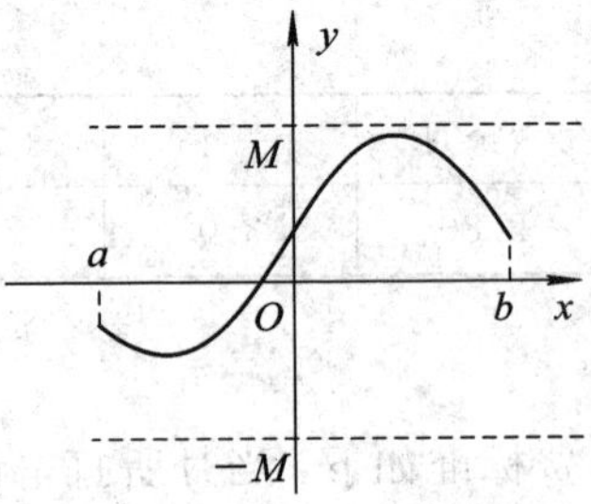

图 1-5

例如：$y=\cos x$ 在定义域$(-\infty, +\infty)$内有界，因为$|\cos x|\leqslant1$；而 $y=\dfrac{1}{x}$在$(0, 1)$内无界.

注　(1) 当函数 $y=f(x)$ 在区间 (a, b) 内有界时，正数 M 的取法不是唯一的. 例如，$y=\cos x$ 在 $(-\infty, +\infty)$ 内是有界的，有 $|\cos x|\leqslant 1$，但是我们可以取 $M=2$，$|\cos x|<2$ 也是成立的，实际上 M 可以取任何大于 1 的数.

(2) 有界性是依赖于区间的. 例如，$y=\dfrac{1}{x}$ 在 $(1, 2)$ 内有界，在 $(0, 1)$ 内无界.

2. 函数的单调性

定义 1.3　设函数 $y=f(x)$ 在区间 I 上有定义，如果对于 I 上任意两点 x_1、x_2，当 $x_1<x_2$ 时，恒有 $f(x_1)<f(x_2)$，则称函数 $f(x)$ 在区间 I 上是单调递增的(如图 1-6 所示)；反之，当 $x_1<x_2$ 时，恒有 $f(x_1)>f(x_2)$，则称函数 $f(x)$ 在区间 I 上是单调递减的(如图 1-7 所示).

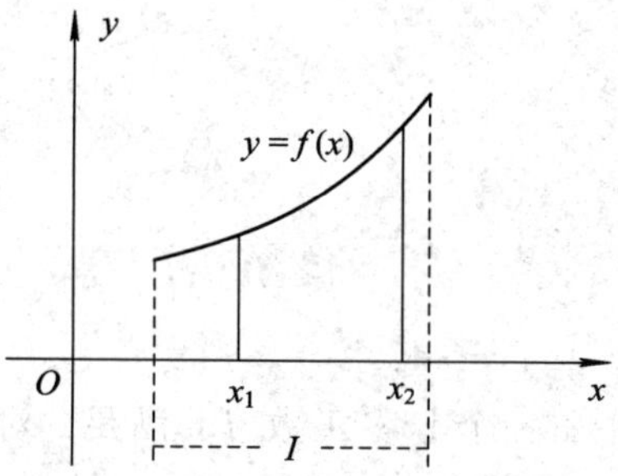

图 1-6

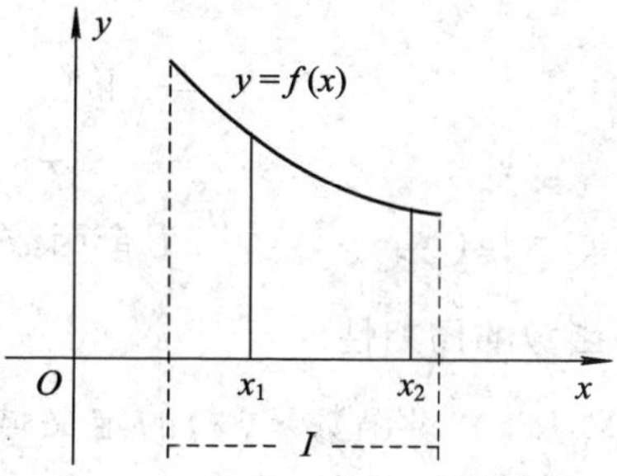

图 1-7

单调递增函数和单调递减函数统称为单调函数，单调递增区间和单调递减区间统称为单调区间.

例如：函数 $y=x^2$ 在区间 $(0, +\infty)$ 内是单调递增的，在区间 $(-\infty, 0)$ 内则是单调递减的，但在定义域 $(-\infty, +\infty)$ 内则不具单调性(如图 1-8 所示)；函数 $y=x^3$ 在区间 $(-\infty, +\infty)$ 内是单调递增的(如图 1-9 所示).

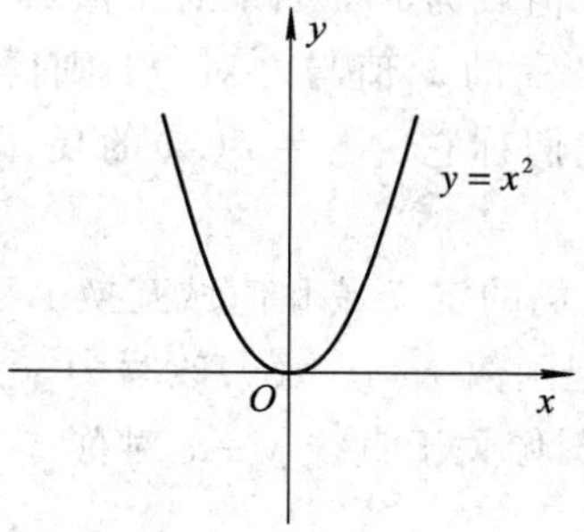

图 1-8

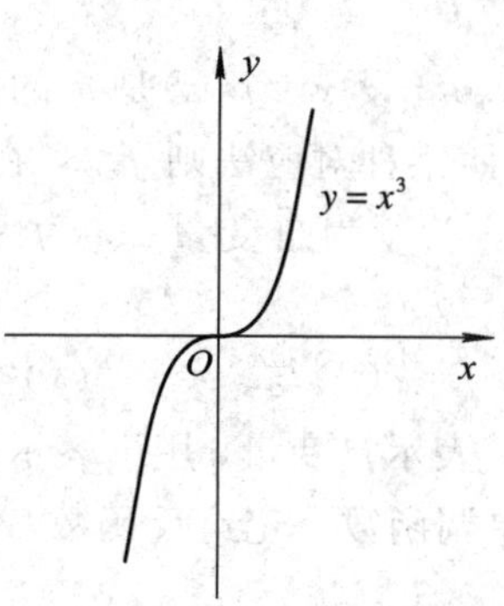

图 1-9

3. 函数的奇偶性

定义 1.4　设函数 $f(x)$ 的定义域 D 关于原点对称，如果对于任一 $x\in D$，恒有 $f(-x)=f(x)$ 成立，则称 $f(x)$ 为偶函数；如果恒有 $f(-x)=-f(x)$ 成立，则称 $f(x)$ 为奇函数.

例如：$y=\cos x$ 是偶函数，因为 $f(-x)=\cos(-x)=\cos x=f(x)$；$y=\sin x$ 是奇函数，因为 $f(-x)=\sin(-x)=-\sin x=-f(x)$.

注 偶函数的图像关于 y 轴对称(如图 1-8 所示)，奇函数的图像关于原点对称(如图 1-9 所示).

例 5 求证：在$(-\infty, +\infty)$内，$f(x)=\lg(x+\sqrt{1+x^2})$为奇函数.

证明 因为

$$\begin{aligned} f(-x) &= \lg\left[-x+\sqrt{1+(-x)^2}\right] \\ &= \lg\left[\frac{(-x-\sqrt{1+x^2})(-x+\sqrt{1+x^2})}{-x-\sqrt{1+x^2}}\right] \\ &= \lg\left(\frac{1}{x+\sqrt{1+x^2}}\right) \\ &= -\lg(x+\sqrt{1+x^2}) \\ &= -f(x) \end{aligned}$$

所以 $f(x)=\lg(x+\sqrt{1+x^2})$为奇函数.

4. 函数的周期性

定义 1.5 设函数 $f(x)$的定义域为 D，如果存在一个非零正数 T，满足：对于任一 $x\in D$，恒有

$$f(x+T)=f(x)$$

则 $f(x)$称为周期函数，T 称为 $f(x)$的周期. 通常我们说周期函数的周期是指最小正周期.

例如：函数 $y=\sin x$、$y=\cos x$ 都是以 2π 为周期的周期函数，而函数 $y=\tan x$、$y=\cot x$ 都是以 π 为周期的周期函数.

周期函数在每个周期长度为 T 的区间上，具有相同的图形形状.

1.1.3 反函数

定义 1.6 设 $y=f(x)$是 x 的函数，定义域为 D，值域为 M，如果对于值域 M 中的每一个 y，按照某种对应法则 f^{-1}，在定义域 D 中都有唯一的 x 值与之对应，则得到一个定义在 M 上，以 y 为自变量、x 为因变量的新函数，我们称它为 $y=f(x)$的反函数，记作 $x=f^{-1}(y)$.

显然，$y=f(x)$与 $x=f^{-1}(y)$互为反函数，并且它们的定义域和值域互换. 习惯上，我们总是用 x 表示自变量，用 y 表示因变量，因此通常把函数 $x=f^{-1}(y)$改写为 $y=f^{-1}(x)$.

注 单调函数一定有反函数，并且函数与反函数图像关于直线 $y=x$ 对称.

1.1.4 基本初等函数

微积分学研究的主要对象是初等函数，而初等函数是由六类基本初等函数构成的. 基本初等函数包括常函数、幂函数、对数函数、指数函数、三角函数和反三角函数六大类，这些大部分在中学已经学过，这六类基本初等函数的定义域、值域、图像、基本性质见表 1-2.

表 1－2

函 数	定义域与值域	图 像	性 质
$y=C$	$x\in(-\infty,+\infty)$ $y=C$	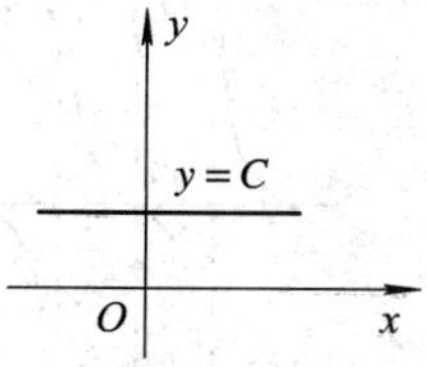	偶函数
$y=x^{a}$ （a 为任意常数）	随 a 的取值 而变化	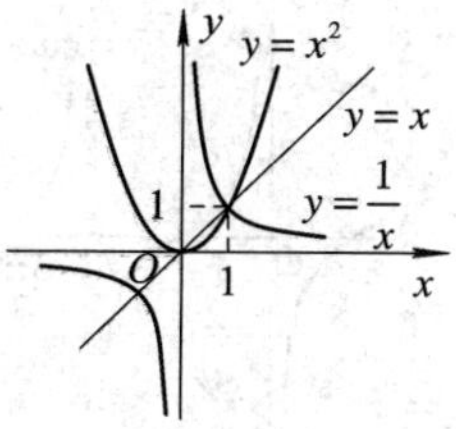	当 $a>0$ 时，函数在第一象限单调递增；当 $a<0$ 时，函数在第一象限单调递减
$y=a^{x}$ （$a>0$ 且 $a\neq1$）	$x\in(-\infty,+\infty)$ $y\in(0,+\infty)$	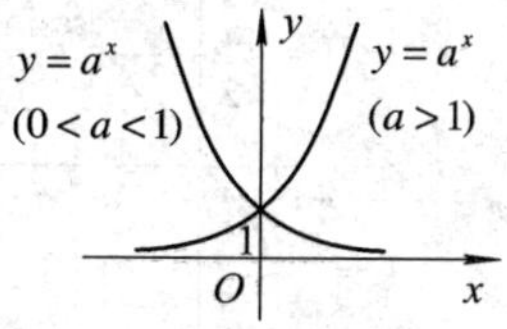	过(0，1)； 当 $a>1$ 时单调递增；当 $0<a<1$ 时单调递减
$y=\log_{a}x$ （$a>0$ 且 $a\neq1$）	$x\in(0,+\infty)$ $y\in(-\infty,+\infty)$	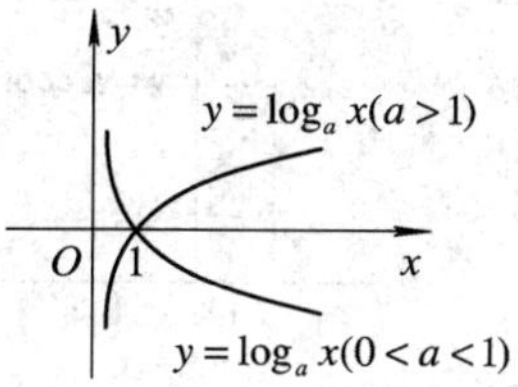	过(1，0)； 当 $a>1$ 时单调递增；当 $0<a<1$ 时单调递减
$y=\sin x$	$x\in(-\infty,+\infty)$ $y\in[-1,1]$	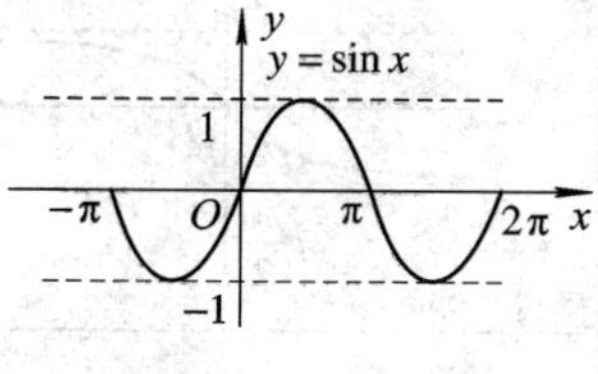	奇函数，周期 2π，有界； 在 $\left(2k\pi-\frac{\pi}{2},2k\pi+\frac{\pi}{2}\right)$ 内单调递增；在 $\left(2k\pi+\frac{\pi}{2},2k\pi+\frac{3\pi}{2}\right)$ 内单调递减
$y=\cos x$	$x\in(-\infty,+\infty)$ $y\in[-1,1]$	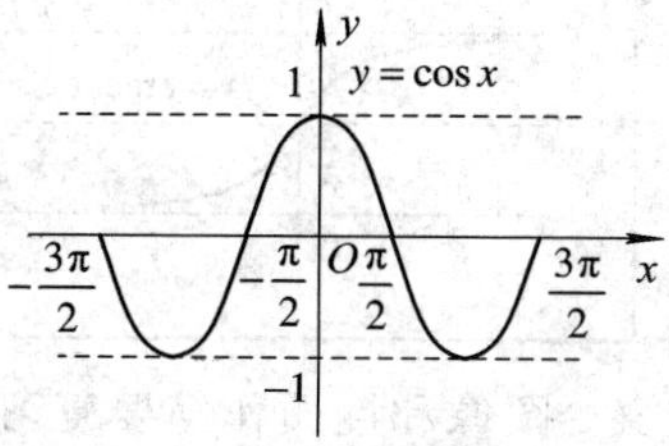	偶函数，周期 2π，有界； 在 $(2k\pi,2k\pi+\pi)$ 内单调递减；在 $(2k\pi-\pi,2k\pi)$ 内单调递增

续表

函　数	定义域与值域	图　像	性　质
$y=\tan x$	$x\neq k\pi+\frac{\pi}{2}(k\in\mathbf{Z})$ $y\in(-\infty, +\infty)$	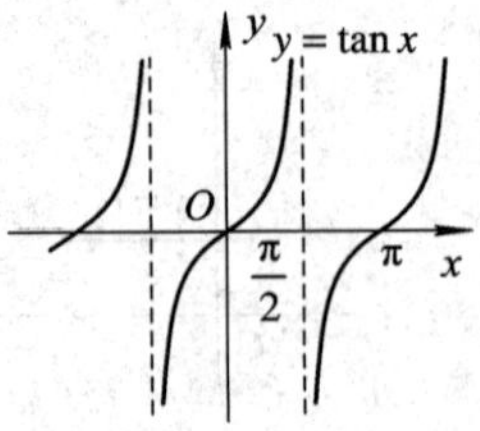	奇函数，周期 π； 在 $\left(k\pi-\frac{\pi}{2}, k\pi+\frac{\pi}{2}\right)$ 内单调递增
$y=\cot x$	$x\neq k\pi(k\in\mathbf{Z})$ $y\in(-\infty, +\infty)$	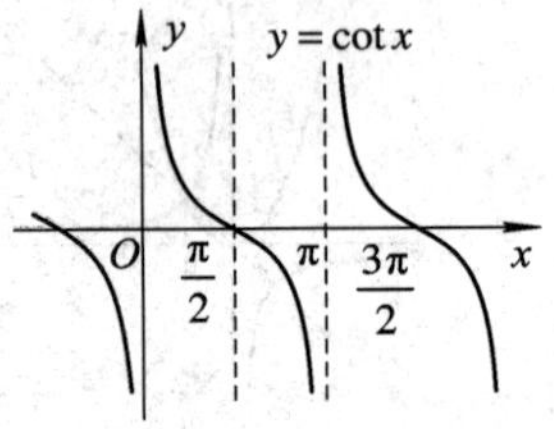	奇函数，周期 π； 在 $(k\pi, k\pi+\pi)$ 内单调递减
$y=\arcsin x$	$x\in[-1, 1]$ $y\in\left[-\frac{\pi}{2}, \frac{\pi}{2}\right]$	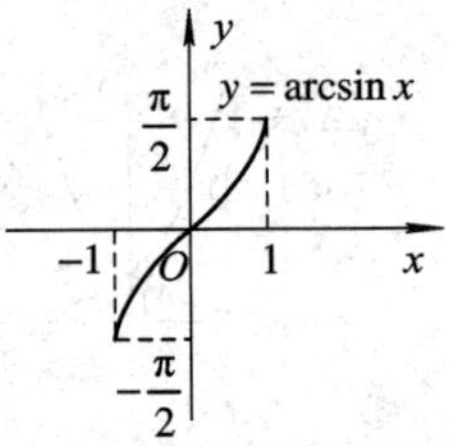	奇函数，单调递增，有界
$y=\arccos x$	$x\in[-1, 1]$ $y\in[0, \pi]$	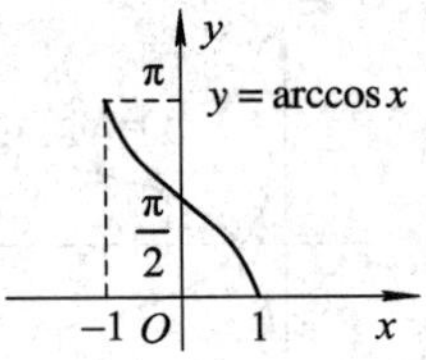	单调递减，有界
$y=\arctan x$	$x\in(-\infty, +\infty)$ $y\in\left(-\frac{\pi}{2}, \frac{\pi}{2}\right)$	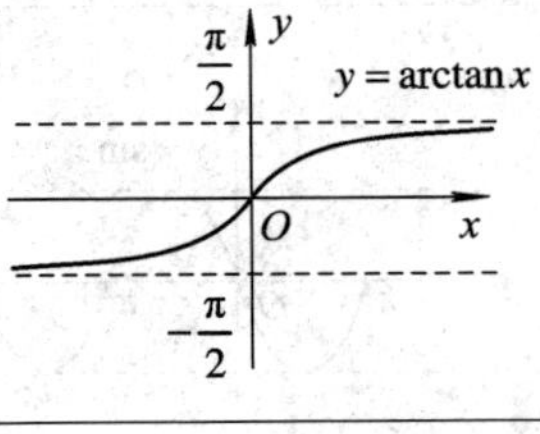	奇函数，单调递增，有界
$y=\operatorname{arccot} x$	$x\in(-\infty, +\infty)$ $y\in(0, \pi)$	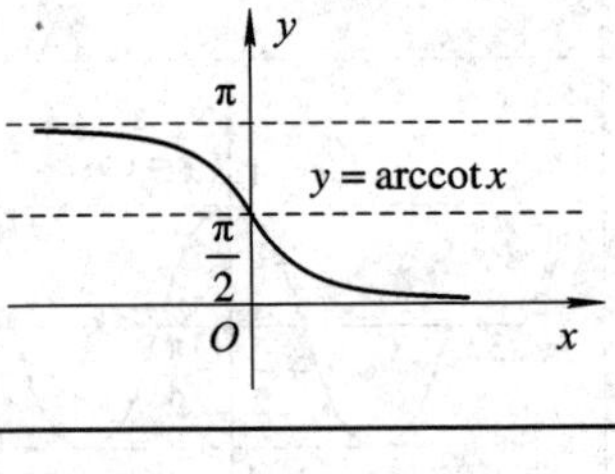	单调递减，有界

下面仅对反三角函数的定义、图像和性质作简要复习.

定义 1.7　把正弦函数 $y=\sin x$ 在闭区间 $\left[-\frac{\pi}{2}, \frac{\pi}{2}\right]$ 上的反函数称为反正弦函数，记

作 $y=\arcsin x$，其定义域为$[-1, 1]$，值域为$\left[-\frac{\pi}{2}, \frac{\pi}{2}\right]$.

显然，$y=\arcsin x$ 表示了一个正弦值等于 x 的角，与正弦 $y=\sin x$ 相反，这里自变量 x 表示正弦值，而 y 则表示了一个在闭区间$\left[-\frac{\pi}{2}, \frac{\pi}{2}\right]$上的角. 例如，$y=\arcsin\frac{\sqrt{3}}{2}$表示了正弦值为$\frac{\sqrt{3}}{2}$的角，由于 $\sin\frac{\pi}{3}=\frac{\sqrt{3}}{2}$，所以 $y=\frac{\pi}{3}$.

反正弦 $y=\arcsin x$ 是闭区间$[-1, 1]$上的单调递增有界函数，且 $\arcsin(-x)=-\arcsin x$. 类似地，我们有如下几类反三角函数的定义.

定义 1.8　把余弦函数 $y=\cos x$ 在闭区间$[0, \pi]$上的反函数称为反余弦函数，记作 $y=\arccos x$，其定义域为$[-1, 1]$，值域为$[0, \pi]$.

反余弦 $y=\arccos x$ 是闭区间$[-1, 1]$上的单调递减有界函数，为非奇非偶函数，且有 $\arccos(-x)=\pi-\arccos x$.

定义 1.9　把正切函数 $y=\tan x$ 在开区间$\left(-\frac{\pi}{2}, \frac{\pi}{2}\right)$内的反函数称为反正切函数，记作 $y=\arctan x$，其定义域为$(-\infty, +\infty)$，值域为$\left(-\frac{\pi}{2}, \frac{\pi}{2}\right)$.

反正切 $y=\arctan x$ 是开区间$(-\infty, +\infty)$内的单调递增有界函数，且 $\arctan(-x)=-\arctan x$.

定义 1.10　把余切函数 $y=\cot x$ 在开区间$(0, \pi)$内的反函数称为反余切函数，记作 $y=\mathrm{arccot}\, x$，其定义域为$(-\infty, +\infty)$，值域为$(0, \pi)$.

反余切 $y=\mathrm{arccot}\, x$ 是开区间$(-\infty, +\infty)$内的单调递减有界函数，为非奇非偶函数，且有 $\mathrm{arccot}(-x)=\pi-\mathrm{arccot}\, x$.

1.1.5　复合函数

在经济管理活动和工程技术领域中，许多函数往往比较复杂. 例如，企业的产品收入 R 是产量 Q 的函数，而产量 Q 又是时间 t 的函数，于是时间 t 通过产量 Q 间接影响收入 R，则收入 R 构成时间 t 的函数，这种函数就是复合函数.

定义 1.11　设函数 $y=f(u)$、$u=\varphi(x)$，如果 $u=\varphi(x)$的值域或其部分包含在 $y=f(u)$的定义域中，则 y 通过中间变量 u 构成 x 的函数，称为 x 的复合函数，记作

$$y=f[\varphi(x)]$$

其中，x 是自变量，u 称为中间变量.

例如，$y=\mathrm{e}^u$、$u=\sin x$ 可以构成复合函数 $y=\mathrm{e}^{\sin x}$.

对于复合函数，做两点说明：

(1) 复合函数不仅可以由两个函数复合而成，还可以由多个函数复合而成. 例如，$y=\sqrt{u}$、$u=\mathrm{e}^v$、$v=\cos x$ 可以构成复合函数 $y=\sqrt{\mathrm{e}^{\cos x}}$.

(2) 不是任何两个函数都可以构成一个复合函数. 例如，$y=\ln u$ 与 $u=x-\sqrt{x^2+1}$不能构成复合函数，因为 $u=x-\sqrt{x^2+1}$的值域是 $u<0$，而 $y=\ln u$ 的定义域是 $u>0$，前者函数的值域完全没有被包含在后者函数的定义域中.

例 6 已知 $y=\sqrt{u}$，$u=x-1$，将 y 表示成 x 的函数.

解 因为 $y=\sqrt{u}$ 的定义域为 $u\in[0, +\infty)$，$u=x-1$ 的值域为 $u\in(-\infty, +\infty)$，因此可以构成复合函数. 将 $u=x-1$ 代入 $y=\sqrt{u}$，可得

$$y=\sqrt{x-1}$$

例 7 指出下列复合函数是由哪些基本初等函数复合而成的：

(1) $y=\sin^2 x$；

(2) $y=\ln\cos x$；

(3) $y=e^{\arctan x^2}$.

解 (1) 令 $u=\sin x$，则 $y=\sin^2 x$ 是由 $y=u^2$、$u=\sin x$ 复合而成的.

(2) 令 $u=\cos x$，则 $y=\ln\cos x$ 是由 $y=\ln u$、$u=\cos x$ 复合而成的.

(3) 令 $u=\arctan x^2$，则 $y=e^u$. 令 $v=x^2$，则 $u=\arctan v$. 因此 $y=e^{\arctan x^2}$ 是由 $y=e^u$、$u=\arctan v$、$v=x^2$ 复合而成的.

1.1.6 初等函数

定义 1.12 由基本初等函数经过有限次的四则运算或者有限次的复合而构成的，并且能用一个解析式表示的函数，称为初等函数.

例如，$y=5^x+\sin x$，$y=x^3\arccos x$，$y=\sqrt{2^x}$，$y=\arcsin x+x\sqrt{1-x^2}$ 等都是初等函数.

须指出，分段函数大多情形下不能用一个解析式表示出来，因而一般不是初等函数，但也有例外. 如分段函数 $y=|x|=\begin{cases}x, & x\geqslant 0\\ -x, & x<0\end{cases}$，可以改写成 $y=|x|$，所以它还是初等函数.

由基本初等函数经过有限次的四则运算而得到的函数称为简单函数. 初等函数的分解往往是对简单函数来说的.

例 8 指出下列初等函数是由哪些基本初等函数和简单函数构成的：

(1) $y=\sqrt{x^2+x-3}$；

(2) $y=\arctan\dfrac{1}{x}$.

解 (1) 令 $u=x^2+x-3$，则 $y=\sqrt{u}$. 因此 $y=\sqrt{x^2+x-3}$ 是由 $y=\sqrt{u}$ 和 $u=x^2+x-3$ 构成的.

(2) 令 $u=\dfrac{1}{x}$，则 $y=\arctan u$. 因此 $y=\arctan\dfrac{1}{x}$ 是由 $y=\arctan u$ 和 $u=\dfrac{1}{x}$ 构成的.

同步练习 1.1

1. 求下列函数的定义域：

(1) $y=\sqrt{2x+1}$；　　(2) $y=\dfrac{1}{1-x^2}$；

(3) $y=\dfrac{1}{\lg(5-x)}$；　　(4) $y=\arcsin(2x-3)$；

(5) $y=\sqrt{3-x}+\arctan\dfrac{1}{x}$；　　(6) $y=\begin{cases}x^2+1, & 0<x<1 \\ x^3-1, & 1<x\leqslant 2\end{cases}$.

2. 判断下列各组函数是否为同一函数，并说明理由：

(1) $y=x$ 和 $y=|x|$；　　(2) $y=\ln x^2$ 和 $y=2\ln x$；

(3) $y=1$ 和 $y=\sin^2 x+\cos^2 x$；　　(4) $y=x+3$ 和 $y=\dfrac{x^2-9}{x-3}$.

3. 设 $f(x)=\begin{cases}\sqrt{4-x}, & -4<x<-2 \\ 0, & -2\leqslant x\leqslant 2 \\ x+1, & 2<x<4\end{cases}$，求 $f(-3)$、$f(-1)$、$f(3)$.

4. 判断下列函数的奇偶性：

(1) $y=x^2\sin x$；　　(2) $y=3x^2-x^3$；

(3) $y=\lg\left(x-\sqrt{x^2+1}\right)$；　　(4) $y=\dfrac{a^x+a^{-x}}{2}$.

5. 设函数 $f(x)=\begin{cases}x^2+1, & x<0 \\ x, & x\geqslant 0\end{cases}$，作出函数 $f(x)$ 的图形，并求其定义域.

6. 指出下列函数是由哪些简单函数复合而成的：

(1) $y=\sin x^3$；　　(2) $y=\sqrt{3x^2-x-1}$；

(3) $y=\cos\sqrt{x}$；　　(4) $y=\tan^3(2x^2+3)$；

(5) $y=\ln(\arccos x^3)$；　　(6) $y=\sqrt{\lg\sqrt{x}}$.

7. 一台机器的价值是 50 万元，如果每年的折旧率为 4.5%(即每年减少它的价值的 4.5%)，经过 n 年后机器的价值是 Q 万元，试建立 Q 与 n 间的函数关系.

8. 火车站收取行李费的规定如下：当行李不超过 50 kg 时，按基本运费计算，即每 1 kg收费 0.40 元；当超过 50 kg 时，超重的部分按每 1 kg 0.65 元收费. 试建立运费 y(元)与质量 x(kg)之间的函数关系.

1.2　常见的经济函数

在应用数学方法研究经济变量间的关系时，需要建立变量间的函数关系，然后利用微积分等知识来分析经济函数的特性. 下面主要介绍几类常见的经济函数.

1.2.1　需求函数与供给函数

1. 需求函数

“需求”是指在一定的价格条件下，消费者愿意购买并且有支付能力购买的商品数量. 消费者对某种商品的需求往往是由多种因素决定的，如消费者的收入、其他替代商品的价格等都会影响需求，其中，商品的价格是影响需求的一个主要因素. 现在不考虑价格以外的其他因素，只研究需求与价格间的关系.

设 P 表示商品价格，Q 表示需求量，需求量 Q 与商品价格 P 间的函数关系为 $Q=f(P)$，这个函数就称为需求函数.

从需求的特征来看，需求函数一般是单调递减函数：商品的价格低，需求量大；商品的价格高，需求量小.

常见的需求函数有如下几种：

(1) 线性函数 $Q=a-bP(a>0, b>0)$；

(2) 二次函数 $Q=a-bP-cP^2(a>0, b>0, c>0)$；

(3) 指数函数 $Q=ae^{-bP}(a>0, b>0)$.

需求函数 $Q=f(P)$ 的反函数称为价格函数，记作 $P=f^{-1}(Q)$.

例 1 市场上某种衬衫的销售量 Q 是价格 P 的线性函数. 当价格 P 为 50 元/件时，可售出 1500 件；当价格 P 为 60 元/件时，可售出 1200 件. 试求衬衫的需求函数和价格函数.

解 设需求函数为 $Q=a-bP$，依题意有

$$\begin{cases}1500 = a - 50b \\ 1200 = a - 60b\end{cases}$$

解之，得

$$a = 3000,\ b = 30$$

故所求需求函数为

$$Q = 3000 - 30P$$

这时，价格函数为

$$P = 100 - \frac{Q}{30}$$

2. 供给函数

"供给"是指在一定的价格条件下，生产者或企业愿意出售并且能够出售的商品数量.

某种商品的供给量也是由多种因素决定的，如生产中的投入成本、技术状况等. 这里略去价格以外的其他因素，只讨论供给量 Q 与价格 P 间的函数关系，这个函数称为供给函数，记作

$$Q = \varphi(P)$$

从供给的特征来看，供给函数一般是单调递增函数：商品价格低，生产者不愿生产，供给减少；商品价格高，生产者愿意生产，供给增加.

常见的供给函数有如下几种：

(1) 线性函数 $Q=aP-b(a>0, b>0)$；

(2) 二次函数 $Q=-a+bP+cP^2(a>0, b>0, c>0)$；

(3) 指数函数 $Q=ae^{kP}-b(a>0, b>0, k>0)$.

例 2 当鸡蛋收购价格为 6 元/千克时，某收购站每月能收购 5000 千克；当收购价格为 6.2 元/千克时，每月能收购 5500 千克. 试求鸡蛋的线性供给函数.

解 设鸡蛋的线性供给函数为 $Q=aP-b$，依题意有

$$\begin{cases}5000 = 6a - b \\ 5500 = 6.2a - b\end{cases}$$

解之，得

$$a = 2500, \quad b = 10000$$

故所求供给函数为

$$Q = 2500P - 10000$$

3. 二者间的关系

需求函数和供给函数可以帮助我们分析市场规律，二者关系密切. 当市场上某种商品的需求量与供给量相等时，需求与供给之间达到某种均衡，这时的商品价格和需求量(供给量)分别称为均衡价格和均衡数量. 如图 1-10 所示，若把需求曲线和供给曲线画在同一坐标系中，由于需求曲线是单调递减的，供给曲线是单调递增的，所以二者将交于一点(P_0，Q_0)，这里的 P_0、Q_0 分别就是均衡价格和均衡数量.

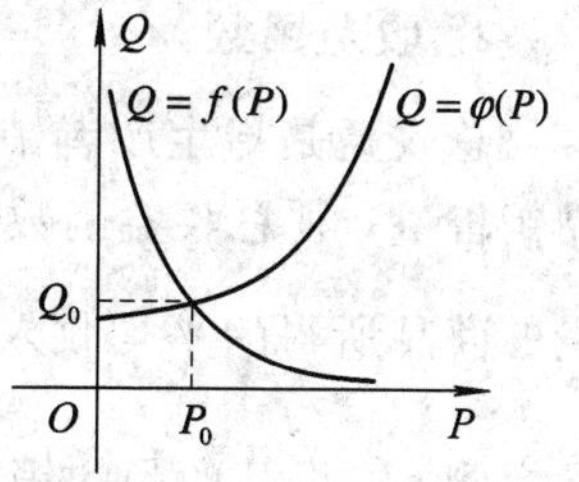

图 1-10

例 3　设某商品的供给函数为 $Q=\frac{1}{3}P-2$，需求函数为 $Q=40-\frac{2}{3}P$，试求该商品处于市场平衡状态下的均衡价格和均衡数量.

解　在市场平衡状态下，供给量与需求量相等，故有

$$\frac{1}{3}P - 2 = 40 - \frac{2}{3}P$$

解之，得

$$P = 42$$

将 $P=42$ 代入 $Q=\frac{1}{3}P-2$ 中，解得

$$Q = 12$$

故在市场平衡状态下的均衡价格和均衡数量分别为 42 和 12.

1.2.2　总成本函数、收益函数和利润函数

1. 总成本函数

总成本是指生产一定数量的产品所消耗的经济资源(劳动力、设备、原材料等)或费用的总和. 总成本包括固定成本和可变成本两部分. 固定成本是指与产量无关的成本，如设备维修、场地租赁等费用，用 C_0 表示；可变成本是指随产量变化而变化的成本，如原材料、劳动力等费用，用 $C_1(Q)$表示. 总成本即表示为 $C(Q)=C_0+C_1(Q)$.

平均成本是指生产一定数量的产品时，每单位数量产品的平均成本，即平均成本函数为

$$\overline{C} = \frac{C(Q)}{Q} = \frac{C_0}{Q} + \frac{C_1(Q)}{Q}$$

例 4　设某产品的总成本函数为

$$C = 5000 + \frac{Q^2}{4}$$

求生产 200 个单位产品时的总成本和平均成本.

解 依题意知，生产 200 个单位产品时的总成本为

$$C=5000+\frac{200^2}{4}=15000$$

这时的平均成本为

$$\overline{C}=\frac{15000}{200}=75$$

2. 收益函数

总收益是指生产者销售一定数量的产品所得到的全部收入. 设 P 为商品价格，Q 为商品销售量，则总收益函数为 $R(Q)=PQ$. 平均收益是指销售一定数量的商品时，每单位数量的商品所得的平均收入，记作$\overline{R}(Q)=\frac{R(Q)}{Q}=\frac{PQ}{Q}=P$，即每单位商品的售价.

例 5 设某商品的销售价格(单位：元)与销售量间的关系为 $P=60-\frac{Q}{1000}$，求销售量为 1000 时的总收益和平均收益.

解 由于总收益函数为

$$R(Q)=PQ=\left(60-\frac{Q}{1000}\right)Q=60Q-\frac{Q^2}{1000}$$

所以，当销售量为 1000 时的总收益为

$$R(1000)=60\times1000-\frac{1000^2}{1000}=59000(\text{元})$$

平均收益为

$$\overline{R}(Q)=\frac{59000}{1000}=59(\text{元})$$

3. 利润函数

利润是衡量企业经济效益的一个重要指标. 一般地，利润是销量 Q 的函数，且利润函数等于收益函数与成本函数之差，即 $L(Q)=R(Q)-C(Q)$.

例 6 某商品的总成本函数为 $C(Q)=100-5Q+Q^2$(单位：百元)，若该商品的销售单价为 25 百元，试求：

(1) 该商品的利润函数；

(2) 生产 10 件该商品时的总利润；

(3) 生产 30 件该商品时的总利润.

解 (1) 由于总收益函数为 $R(Q)=25Q$，所以利润函数为

$$L(Q)=-Q^2+30Q-100$$

(2) 生产 10 件该商品时的总利润为 $L(10)=100$ 百元.

(3) 生产 30 件该商品时的总利润为 $L(30)=-100$ 百元.

一般情形下，收入是销售量的增函数，但由例 6 可以看出，利润并不总是随着销售量的增加而增加的.

生产某种商品的总成本是产量 Q 的增函数，但是商品的需求量 Q 由于受到商品价格、消费者的收入水平等诸多社会因素的影响，往往不总是增加的. 换句话说，对于某种商品而言，销售的总收益 $R(Q)$有时会显著增加，有时会明显减少，甚至达到顶点，如果此时继

续销售，利润反而下降. 因此，利润函数往往有三种情形：

(1) $L(Q)=R(Q)-C(Q)>0$，此时称为有盈余生产，即生产处于有利润状态；

(2) $L(Q)=R(Q)-C(Q)<0$，此时称为亏损生产，即生产处于亏损状态；

(3) $L(Q)=R(Q)-C(Q)=0$，此时称为无盈亏生产，这时的产量 Q_0 称为无盈亏点.

注 无盈亏分析常用于企业管理和经济学中分析各种商品定价和生产决算.

同步练习 1.2

1. 填空题：

(1) 某商品的供给函数和需求函数分别为 $Q=P-2$，$Q=53-2P^2$，则该商品的均衡价格为__________，均衡数量为__________，均衡点为__________.

(2) 某工厂生产某产品，每日最多生产 100 单位，它的日固定成本为 130 元，生产一个单位产品的可变成本为 6 元，则该厂日总成本函数为__________，日平均成本函数为__________；

(3) 设某商品的成本函数为 $C(Q)=12+3Q+Q^2$，销售单价为 11 元/件，则它的利润函数为____________________，该商品经营活动的无盈亏点为__________.

2. 生产某种商品的总成本函数是 $C(Q)=3Q+1500$(单位：元)，求生产 200 件该商品的总成本和平均成本.

3. 某工厂生产某产品 1000 吨时，定价为 130 元/吨. 当销售量不超过 700 吨时，按原定价出售；当销售量超过 700 吨时，超出部分按原价的九折出售. 试将销售收入表示为销售量的函数.

4. 某商品的成本函数和收入函数分别为 $C(Q)=Q^2-5Q+16$，$R(Q)=5Q$，试求：

(1) 该商品的盈亏平衡点；

(2) 该商品销售量为 10 时能否盈利；

(3) 该商品销售量为何值时利润最大？最大利润是多少？

1.3 极限的概念

极限是微积分学中的重要概念之一，用于研究变量在某一变化过程中的变化趋势. 微积分学中的一些概念和性质都是通过极限来确定的.

1.3.1 极限的概念

1. $x\to\infty$ 时函数的极限

$x\to\infty$ 是指 x 的绝对值无限增大，既包括 x 取正值无限增大，也包括 x 取负值绝对值无限增大.

引例 1 观察下列函数的图像(见图 1-11)，讨论当 $x\to\infty$ 时的变化趋势：

(1) $y=\dfrac{1}{x}$；

（2）$y=\frac{1}{x^2}$；

（3）$y=\sin x$.

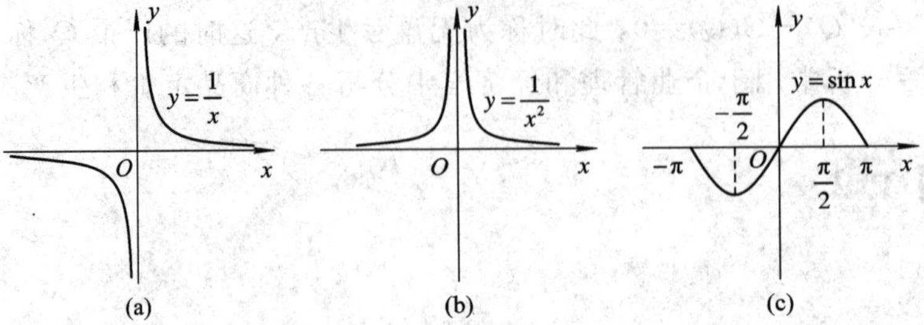

图 1-11

从图 1-11 中不难看出，当 $x\to\infty$ 时有如下结论：

（1）$y=\frac{1}{x}\to 0$；

（2）$y=\frac{1}{x^2}\to 0$；

（3）$y=\sin x$ 总在闭区间 $[-1, 1]$ 上周期性取值，但并不趋向于某个常数.

显然，(1)、(2)中的两个函数在 $x\to\infty$ 的变化过程中与常数 0 无限接近，这时，我们称函数当 $x\to\infty$ 时的极限存在，且极限都为 0.

定义 1.13 如果当 x 的绝对值无限增大时，函数 $f(x)$ 无限趋近于一个常数 A，则称 A 为函数 $f(x)$ 当 $x\to\infty$ 时的极限，记作

$$\lim_{x\to\infty}f(x)=A \quad 或 \quad f(x)\to A(x\to\infty)$$

如果从某一点起，x 只能取正值或负值且绝对值无限增大，则有下面的定义.

定义 1.13′ 如果当 $x>0$ 且无限增大时，函数 $f(x)$ 无限趋近于一个常数 A，则称 A 为函数 $f(x)$ 当 $x\to+\infty$ 时的极限，记作

$$\lim_{x\to+\infty}f(x)=A \quad 或 \quad f(x)\to A(x\to+\infty)$$

定义 1.13″ 如果当 $x<0$ 且其绝对值无限增大时，函数 $f(x)$ 无限趋近于一个常数 A，则称 A 为函数 $f(x)$ 当 $x\to-\infty$ 时的极限，记作

$$\lim_{x\to-\infty}f(x)=A \quad 或 \quad f(x)\to A(x\to-\infty)$$

显然，由上述定义可得出如下定理.

定理 1.1 $\lim\limits_{x\to\infty}f(x)=A$ 的充分必要条件是 $\lim\limits_{x\to+\infty}f(x)=\lim\limits_{x\to-\infty}f(x)=A$.

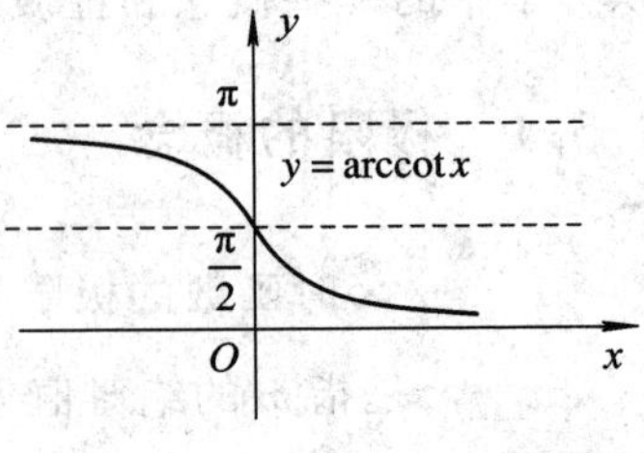

图 1-12

例 1 讨论当 $x\to\infty$ 时函数 $y=\text{arccot}x$ 的极限情况.

解 如图 1-12 所示，当 $x\to+\infty$ 时，$y=\text{arccot}x\to 0$，即

$$\lim_{x\to+\infty}\text{arccot}x=0$$

当 $x\to-\infty$ 时，$y=\text{arccot}x\to\pi$，即

$$\lim_{x\to-\infty}\text{arccot}x=\pi$$

故当 $x\to\infty$ 时，$\lim\limits_{x\to\infty}\operatorname{arccot}x$ 的极限不存在.

2. $x\to x_0$ 时函数的极限

$x\to x_0$ 是指 x 的绝对值无限接近 x_0，既包括 x 从大于 x_0 的右侧(记作 $x\to x_0^+$)无限接近，也包括 x 从小于 x_0 的左侧(记作 $x\to x_0^-$)无限接近.

引例 2　观察下列函数的图像(见图 1-13)，讨论当 $x\to 3$ 时的变化趋势：

(1) $y=x+3$；

(2) $y=\dfrac{x^2-9}{x-3}$.

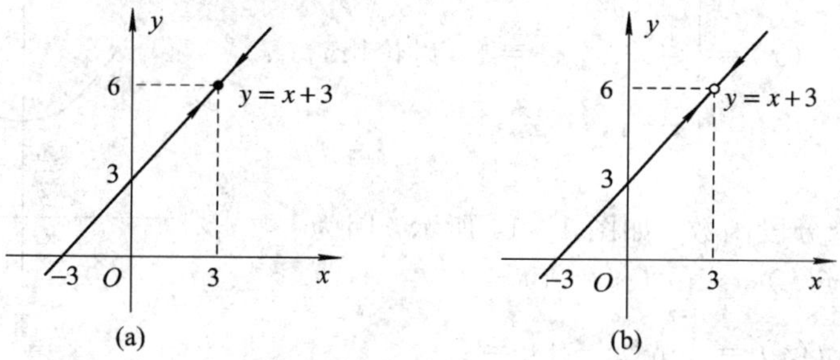

图 1-13

从图 1-13 中不难看出，当 $x\to 3$ 时有如下结论：

(1) $y=x+3\to 6$；

(2) $y=\dfrac{x^2-9}{x-3}\to 6$.

显然，(1)、(2)中的两个函数在 $x\to 3$ 的变化过程中与常数 6 无限接近，这时，我们称这两个函数当 $x\to 3$ 时的极限均存在，且极限都为 6.

定义 1.14　设函数 $f(x)$ 在点 x_0 的某一去心邻域 $N(\hat{x}_0,\delta)$ 内有定义，若当自变量 x 趋近于 x_0 时，函数 $f(x)$ 无限趋近于一个确定的常数 A，则 A 称为 $x\to x_0$ 时函数 $f(x)$ 的极限，记作

$$\lim_{x\to x_0} f(x)=A \quad 或 \quad f(x)\to A(x\to x_0)$$

这时我们称 $\lim\limits_{x\to x_0} f(x)$ 存在，否则称 $\lim\limits_{x\to x_0} f(x)$ 不存在.

引例 2 中的极限分别可以表示为 $\lim\limits_{x\to 3}(x+3)=6$，$\lim\limits_{x\to 3}\dfrac{x^2-9}{x-3}=6$.

须指明，函数 $f(x)$ 在点 x_0 的极限是否存在与 $f(x)$ 在点 x_0 处是否有定义无关.

根据极限的定义，显然有 $\lim\limits_{x\to x_0} x=x_0$，$\lim\limits_{x\to x_0} c=c$($c$ 为常数).

注　定义中所说 x 无限趋近于 x_0 是指 x 从 x_0 两侧无限趋近 x_0，而有些问题，往往只能或只需考虑 x 从单侧无限趋近 x_0 的情形，因此下面给出左、右极限的概念.

定义 1.14′　设函数 $f(x)$ 在点 x_0 的左半邻域内有定义，若当自变量 x 从 x_0 的左侧趋近于 x_0 时，函数 $f(x)$ 无限趋近于一个确定的常数 A，则 A 称为 $x\to x_0$ 时函数 $f(x)$ 的左极限，记作

$$\lim_{x\to x_0^-} f(x)=A \quad 或 \quad f(x_0-0)=A$$

定义 1.14″ 设函数 $f(x)$ 在点 x_0 的右半邻域内有定义，若当自变量 x 从 x_0 的右侧趋近于 x_0 时，函数 $f(x)$ 无限趋近于一个确定的常数 A，则 A 称为 $x \to x_0$ 时函数 $f(x)$ 的右极限，记作

$$\lim_{x \to x_0^+} f(x) = A \quad 或 \quad f(x_0 + 0) = A$$

根据上面的定义，我们可以得出函数在点 x_0 的极限以及左、右极限间的关系.

定理 1.2 $\lim\limits_{x \to x_0} f(x) = A$ 的充分必要条件是 $\lim\limits_{x \to x_0^-} f(x) = \lim\limits_{x \to x_0^+} f(x) = A$.

注 左、右极限的概念通常用于求分段函数在分段处的极限.

例 2 设函数 $f(x) = \begin{cases} x^2 + 1, & x < 1 \\ \dfrac{1}{2}, & x = 1 \\ x - 1, & x > 1 \end{cases}$，讨论 $\lim\limits_{x \to 1} f(x)$ 是否存在.

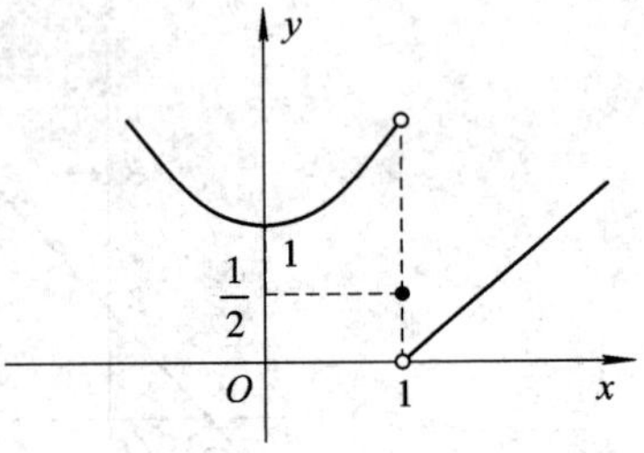

图 1-14

解 这是一个分段函数，如图 1-14 所示，因为

$$\lim_{x \to 1^-} f(x) = \lim_{x \to 1^-} (x^2 + 1) = 2$$

$$\lim_{x \to 1^+} f(x) = \lim_{x \to 1^+} (x - 1) = 0$$

显然，函数 $f(x)$ 在点 $x_0 = 1$ 的左、右极限都存在但不相等，因此 $\lim\limits_{x \to 1} f(x)$ 不存在.

例 3 设函数 $f(x) = \begin{cases} x^2 + 1, & x \geqslant 0 \\ x + 1, & x < 0 \end{cases}$，讨论 $\lim\limits_{x \to 0} f(x)$ 是否存在.

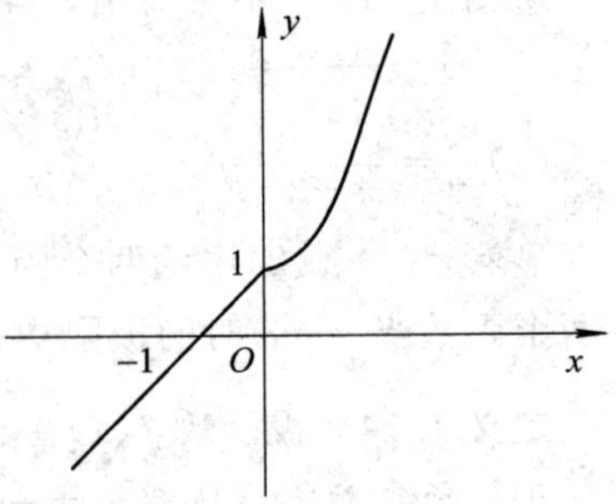

图 1-15

解 这是一个分段函数，如图 1-15 所示，因为

$$\lim_{x \to 0^-} f(x) = \lim_{x \to 0^-} (x + 1) = 1$$

$$\lim_{x \to 0^+} f(x) = \lim_{x \to 0^+} (x^2 + 1) = 1$$

显然，函数 $f(x)$ 在点 $x_0 = 0$ 的左、右极限都存在且相等，因此 $\lim\limits_{x \to 0} f(x) = 1$.

例 4 设函数 $f(x) = \begin{cases} 1 + \sin x, & x < 0 \\ x^2 - x + k, & x \geqslant 0 \end{cases}$，问 k 为何值时，$\lim\limits_{x \to 0} f(x)$ 存在.

解 要使 $\lim\limits_{x \to 0} f(x)$ 存在，必须使 $\lim\limits_{x \to 0^-} f(x) = \lim\limits_{x \to 0^+} f(x)$ 成立. 又

$$\lim_{x \to 0^-} f(x) = \lim_{x \to 0^-} (1 + \sin x) = 1$$

$$\lim_{x \to 0^+} f(x) = \lim_{x \to 0^+} (x^2 - x + k) = k$$

故

$$k = 1$$

1.3.2 无穷大量与无穷小量

1. 无穷大量

有一类函数在自变量的某一变化过程中绝对值可以无限增大，我们称这一类函数为无

穷大量.

定义 1.15　当 $x \to x_0$（或 $x \to \infty$）时，如果函数 $f(x)$ 的绝对值无限增大，则称函数 $f(x)$ 为 $x \to x_0$（或 $x \to \infty$）时的无穷大量，简称无穷大，记作

$$\lim_{x \to x_0} f(x) = \infty \quad 或 \quad \lim_{x \to \infty} f(x) = \infty$$

例如：当 $x \to 0^+$ 时，$\cot x$、$\ln x$ 均为无穷大；当 $x \to \infty$ 时，x^2+2、x 均为无穷大.

在理解无穷大量的概念时，应注意以下几点：

(1) 定义中自变量的变化过程适用于函数极限的六种情形；

(2) 无穷大的定义对数列同样适用，如数列 $\{n(n+1)\}$ 当 $n \to \infty$ 时就是无穷大量；

(3) 无穷大是一个变量，无论绝对值多大的常数，都不是无穷大量；

(4) 当我们说某个函数是无穷大量时，必须同时指出它的极限过程.

2. 无穷小量

与无穷大量相反，有一类函数在自变量的某一变化过程中绝对值无限变小，即极限为零，我们称这一类函数为无穷小量.

定义 1.16　当 $x \to x_0$（或 $x \to \infty$）时，如果函数 $f(x)$ 的极限为零，则称函数 $f(x)$ 为 $x \to x_0$（或 $x \to \infty$）时的无穷小量，简称无穷小，记作

$$\lim_{x \to x_0} f(x) = 0 \quad 或 \quad \lim_{x \to \infty} f(x) = 0$$

例如：当 $x \to 0$ 时，$\sin x$、$\tan x$、x^2 均为无穷小量；当 $x \to 1$ 时，$\ln x$ 为无穷小量；当 $x \to \infty$ 时，$\dfrac{1}{x-3}$、$\dfrac{1}{x^3}$ 均为无穷小量.

无穷小量通常用小写希腊字母 α、β、γ 等来表示.

和无穷大量类似，在理解无穷小量的概念时，也应注意以下几点：

(1) 定义中自变量的变化过程适用于函数极限的六种情形；

(2) 无穷小的定义对数列同样适用，如数列 $\left\{\dfrac{1}{n+1}\right\}$ 当 $n \to \infty$ 时就是无穷小量；

(3) 无穷小是极限为零的变量，无论绝对值多小的非零常数，都不是无穷小量；

(4) 当我们说某个函数是无穷小量时，必须同时指出它的极限过程.

有了无穷小量的概念之后，我们可以给出函数极限与无穷小量间的一个重要关系：

定理 1.3　函数 $f(x)$ 极限为 A 的充分必要条件是 $f(x)$ 可以表示为 A 与一个无穷小量之和，即

$$\lim f(x) = A \Leftrightarrow f(x) = A + \alpha \quad（其中 \alpha 为同一变化过程中的无穷小量）$$

3. 无穷小量的性质

性质 1　有限个无穷小的代数和仍是无穷小.

注　无限多个无穷小的代数和未必是无穷小. 例如，当 $n \to \infty$ 时，$\dfrac{1}{n^2}$，$\dfrac{2}{n^2}$，…，$\dfrac{n}{n^2}$ 均为无穷小，但

$$\lim_{n \to \infty}\left(\frac{1}{n^2} + \frac{2}{n^2} + \cdots + \frac{n}{n^2}\right) = \lim_{n \to \infty} \frac{n(n+1)}{2n^2} = \lim_{n \to \infty}\left(\frac{1}{2} + \frac{1}{2n}\right) = \frac{1}{2}$$

即 $\dfrac{1}{n^2} + \dfrac{2}{n^2} + \cdots + \dfrac{n}{n^2}$ 不是无穷小.

性质 2 有限个无穷小的乘积仍是无穷小.

性质 3 有界函数与无穷小的乘积仍是无穷小.

推论 常数与无穷小的乘积仍是无穷小.

例 5 求$\lim\limits_{x\to\infty}\frac{1}{x^2}\sin(1+x)$.

解 因为$\lim\limits_{x\to\infty}\frac{1}{x^2}=0$，所以$\frac{1}{x^2}$为$x\to\infty$时的无穷小；又$0\leqslant 1+\sin x\leqslant 2$，所以$1+\sin x$为有界函数. 由性质 3 可得，$\frac{1}{x^2}\sin(1+x)$是$x\to\infty$时的无穷小量，即

$$\lim_{x\to\infty}\frac{1}{x^2}\sin(1+x)=0$$

4. 无穷小的比较

前面讨论了两个无穷小的和、差、积仍然是无穷小，但对于两个无穷小的商，却会出现不同的情况，例如，当$x\to 0$时，$3x$、$2x^2$、x^3、$4x^3$都是无穷小，而

$$\lim_{x\to 0}\frac{3x}{2x^2}=\lim_{x\to 0}\frac{3}{2x}=\infty,\quad \lim_{x\to 0}\frac{x^3}{2x^2}=\lim_{x\to 0}\frac{x}{2}=0,\quad \lim_{x\to 0}\frac{4x^3}{x^3}=4$$

由此可见，两个无穷小的商出现了各种不同情况，这反映了不同的无穷小量趋于零的速度快慢是不同的. 为了比较无穷小，下面引入阶的概念.

定义 1.17 设α、β是同一变化过程中的两个无穷小量.

(1) 若$\lim\frac{\alpha}{\beta}=0$，则称$\alpha$是比$\beta$高阶的无穷小量，也称$\beta$是比$\alpha$低阶的无穷小量，记作$\alpha=o(\beta)$.

(2) 若$\lim\frac{\alpha}{\beta}=c$($c$为不等于零的常数)，则称$\alpha$与$\beta$是同阶无穷小. 特别地，$c=1$时，称$\alpha$与$\beta$是等价无穷小，记作$\alpha\sim\beta$.

例 6 当$x\to\infty$时，比较下列各组无穷小量：

(1) $\frac{1}{x^2}$与$\frac{1}{x}$；

(2) $\frac{1}{x+1}$与$\frac{1}{x^2-1}$.

解 (1) 因为$\lim\limits_{x\to\infty}\frac{\frac{1}{x^2}}{\frac{1}{x}}=\lim\limits_{x\to\infty}\frac{1}{x}=0$，所以当$x\to\infty$时，$\frac{1}{x^2}$是比$\frac{1}{x}$高阶的无穷小.

(2) 因为$\lim\limits_{x\to\infty}\frac{\frac{1}{x+1}}{\frac{1}{x^2-1}}=\lim\limits_{x\to\infty}(x-1)=\infty$，所以当$x\to\infty$时，$\frac{1}{x+1}$是比$\frac{1}{x^2-1}$低阶的无穷小.

5. 无穷小量与无穷大量间的关系

当$x\to\infty$时，函数$y=x^2$为无穷大量，而$y=1/x^2$为无穷小量；当$x\to 0$时，函数$y=$

$\tan x$ 为无穷小量，而 $y=\cot x$ 为无穷大量. 显然，它们之间存在着倒数关系，故有如下结论.

定理 1.4　在自变量的同一变化过程中，如果 $f(x)$ 为无穷大，则 $\frac{1}{f(x)}$ 为无穷小；反之，如果 $f(x)$ 为无穷小，且 $f(x)\neq 0$，则 $\frac{1}{f(x)}$ 为无穷大.

我们可以利用无穷小量与无穷大量间的关系来判断函数的极限情况.

例 7　求 $\lim\limits_{x\to 1}\frac{1}{x-1}$.

解　因为 $\lim\limits_{x\to 1}(x-1)=0$，即当 $x\to 1$ 时，$x-1$ 是无穷小量，所以 $\lim\limits_{x\to 1}\frac{1}{x-1}=\infty$.

同步练习 1.3

1. 选择题：

(1) 当 $x\to\infty$ 时，下列函数极限为零的是(　　).

A. $y=2^x$　　B. $y=\left(\frac{1}{2}\right)^x$

C. $y=\frac{1}{1+x^2}$　　D. $y=\sin x$

(2) 若 $\lim\limits_{x\to x_0^-}f(x)$ 和 $\lim\limits_{x\to x_0^+}f(x)$ 都存在，则(　　).

A. $\lim\limits_{x\to x_0}f(x)$ 存在　　B. $\lim\limits_{x\to x_0}f(x)$ 不一定存在

C. $\lim\limits_{x\to x_0}f(x)=f(x_0)$　　D. $\lim\limits_{x\to x_0}f(x)\neq f(x_0)$

(3) 下列极限正确的是(　　).

A. $\lim\limits_{x\to\infty}3^x=0$　　B. $\lim\limits_{x\to+\infty}3^x=0$

C. $\lim\limits_{x\to-\infty}3^x=0$　　D. $\lim\limits_{x\to\infty}3^x=\infty$

(4) 当 $x\to 0^+$ 时，下列变量为无穷小量的是(　　).

A. $y=\sin x$　　B. $y=\left(\frac{1}{2}\right)^x$

C. $y=\frac{1}{1+x^2}$　　D. $y=\ln x$

2. 设 $f(x)=\begin{cases}x^2+1, & x<0\\ x, & x>0\end{cases}$，画出 $f(x)$ 的图形，讨论 $\lim\limits_{x\to 0}f(x)$ 是否存在.

3. 设 $f(x)=\begin{cases}x+a, & x>0\\ e^x+2, & x<0\end{cases}$，若 $\lim\limits_{x\to 0}f(x)$ 存在，试求常数 a 的值.

4. 求下列极限：

(1) $\lim\limits_{x\to 0}x\sin\frac{1}{x^2}$；　　(2) $\lim\limits_{x\to\infty}\frac{1}{x^2}\arctan x$；

(3) $\lim\limits_{x\to\infty}\frac{1}{x}(3+\cos x)$.

1.4 极限的运算

前面学习了函数极限的概念，本节将介绍极限的主要性质、极限的四则运算法则以及两个重要极限公式.

1.4.1 极限的性质

前面我们讨论了函数极限的各种情形，它们描述的问题可以统一表述为：在自变量 x 的某一变化过程中，函数 $f(x)$ 无限趋近于某个确定的常数 A. 因此，它们有一系列的共性. 下面仅以 $x\to x_0$ 为例给出函数极限的性质.

性质 1（唯一性） 若 $\lim\limits_{x\to x_0}f(x)=A$，$\lim\limits_{x\to x_0}f(x)=B$，则 $A=B$.

性质 2（有界性） 若 $\lim\limits_{x\to x_0}f(x)=A$，则存在点 x_0 的某一去心邻域 $N(\hat{x_0},\delta)$，在该邻域内函数 $f(x)$ 有界.

性质 3（保号性） 若 $\lim\limits_{x\to x_0}f(x)=A$ 且 $A>0$（或 $A<0$），则存在点 x_0 的某个去心邻域 $N(\hat{x_0},\delta)$，在该邻域内 $f(x)>0$（或 $f(x)<0$）.

推论 若在点 x_0 的某个去心邻域 $N(\hat{x_0},\delta)$ 内，$f(x)\geqslant 0$（或 $f(x)\leqslant 0$），且 $\lim\limits_{x\to x_0}f(x)=A$，则 $A\geqslant 0$（或 $A\leqslant 0$）.

注 若把 $x\to x_0$ 换成自变量 x 的其他变化过程，极限的上述性质仍然成立.

1.4.2 极限的四则运算法则

利用极限的定义只能计算一些简单函数的极限，而实际问题中的函数要复杂得多. 下面我们介绍极限的四则运算法则，并运用这些法则求一些较复杂的函数极限.

定理 1.5 设在自变量的同一变化过程中，$\lim f(x)=A$，$\lim g(x)=B$，则有：

法则 1 $\lim[f(x)\pm g(x)]=\lim f(x)\pm \lim g(x)=A\pm B$；

法则 2 $\lim[f(x)\cdot g(x)]=\lim f(x)\cdot \lim g(x)=A\cdot B$；

法则 3 $\lim\dfrac{f(x)}{g(x)}=\dfrac{\lim f(x)}{\lim g(x)}=\dfrac{A}{B}$，其中 $\lim g(x)=B\neq 0$.

注 法则 1、2 可以推广到有限个函数的情况，此外还有以下推论.

推论 1 $\lim[C\cdot f(x)]=C\cdot\lim f(x)=C\cdot A$.

推论 2 $\lim[f(x)]^n=[\lim f(x)]^n=A^n$.

例 1 求 $\lim\limits_{x\to 2}(x^4+x^3-3x^2-10)$.

解
$$\begin{aligned}\lim_{x\to 2}(x^4+x^3-3x^2-10)&=\lim_{x\to 2}(x^4)+\lim_{x\to 2}(x^3)-\lim_{x\to 2}(3x^2)-10\\&=(\lim_{x\to 2}x)^4+(\lim_{x\to 2}x)^3-3(\lim_{x\to 2}x)^2-10\\&=16+8-12-10\\&=2\end{aligned}$$

例 2　求$\lim\limits_{x\to 1}\dfrac{2x^2+x-4}{3x^2+2}$.

解　因为$\lim\limits_{x\to 1}(3x^2+2)=5\neq 0$，所以

$$\lim_{x\to 1}\frac{2x^2+x-4}{3x^2+2}=\frac{\lim\limits_{x\to 1}(2x^2+x-4)}{\lim\limits_{x\to 1}(3x^2+2)}=-\frac{1}{5}$$

由上面两例不难看出，求多项式函数和分母极限不为零的有理分式的极限时，只需要把自变量的极限值带入函数即可.

例 3　求$\lim\limits_{x\to 3}\dfrac{2x+1}{x^2-9}$.

解　先对分母求极限，即

$$\lim_{x\to 3}(x^2-9)=0$$

此时，由于分母极限为零，所以不能直接使用商的极限法则. 再对分子求极限，即

$$\lim_{x\to 3}(2x+1)=7\neq 0$$

由于分子极限不为零，所以此时可以先求原来函数倒数的极限，即

$$\lim_{x\to 3}\frac{x^2-9}{2x+1}=\frac{\lim\limits_{x\to 3}(x^2-9)}{\lim\limits_{x\to 3}(2x+1)}=0$$

最后，根据无穷小的倒数为无穷大，可得

$$\lim_{x\to 3}\frac{2x+1}{x^2-9}=\infty$$

例 4　求$\lim\limits_{x\to 2}\dfrac{x^2+x-6}{x^2-4}$.

解　当 $x\to 2$ 时，分子、分母极限同时为零，极限法则不成立，而题中分子、分母明显有公因式 $x-2$，由极限定义可知，$x\to 2$ 但 $x\neq 2$，故可约去使分子、分母极限为零的公因式 $x-2$ 后再求极限，即

$$\lim_{x\to 2}\frac{x^2+x-6}{x^2-4}=\lim_{x\to 2}\frac{(x-2)(x+3)}{(x-2)(x+2)}=\lim_{x\to 2}\frac{x+3}{x+2}=\frac{5}{4}$$

例 5　求$\lim\limits_{x\to 0}\dfrac{\sqrt{x+1}-1}{x}$.

解　当 $x\to 0$ 时，分子、分母极限同时为零，极限法则不成立，故先将分子有理化，约去分子、分母中极限为零的公因式后再求极限，即

$$\begin{aligned}\lim_{x\to 0}\frac{\sqrt{x+1}-1}{x}&=\lim_{x\to 0}\frac{x}{x(\sqrt{x+1}+1)}\\&=\lim_{x\to 0}\frac{1}{\sqrt{x+1}+1}=\frac{1}{2}\end{aligned}$$

例 6　求$\lim\limits_{x\to\infty}\dfrac{3x^2+4x-1}{2x^2-x+2}$.

解　当 $x\to\infty$时，分子、分母极限都不存在，极限法则不成立. 这时，对该分式作适当变形：给分子、分母同除以它们的最高次幂 x^2，然后再求极限，即

$$\lim_{x\to\infty}\frac{3x^2+4x-1}{2x^2-x+2}=\lim_{x\to\infty}\frac{3+\dfrac{4}{x}-\dfrac{1}{x^2}}{2-\dfrac{1}{x}+\dfrac{2}{x^2}}=\frac{3}{2}$$

例 7 求$\lim\limits_{x\to\infty}\dfrac{2x^3-x^2-1}{3x^4+2x^3-x+1}$.

解 本例不同于例 6，应给分子、分母同除以分母的最高次幂 x^4，然后再求极限，即

$$\lim_{x\to\infty}\frac{2x^3-x^2-1}{3x^4+2x^3-x+1}=\lim_{x\to\infty}\frac{\dfrac{2}{x}-\dfrac{1}{x^2}-\dfrac{1}{x^4}}{3+\dfrac{2}{x}-\dfrac{1}{x^3}+\dfrac{1}{x^4}}=0$$

例 8 求$\lim\limits_{x\to\infty}\dfrac{3x^4+2x^3-x+1}{2x^3-x^2-1}$.

解 由上例可知

$$\lim_{x\to\infty}\frac{2x^3-x^2-1}{3x^4+2x^3-x+1}=0$$

由于无穷小量的倒数为无穷大量，所以

$$\lim_{x\to\infty}\frac{3x^4+2x^3-x+1}{2x^3-x^2-1}=\infty$$

一般地，当 $x\to\infty$时，两个多项式商的极限有如下结论：

$$\lim_{x\to\infty}\frac{a_0x^m+a_1x^{m-1}+\cdots+a_{m-1}x+a_m}{b_0x^n+b_1x^{n-1}+\cdots+b_{n-1}x+b_n}=\begin{cases}0, & m<n\\ \dfrac{a_0}{b_0}, & m=n\\ \infty, & m>n\end{cases}\quad (\text{其中 } a_0\neq 0,\ b_0\neq 0)$$

1.4.3 两个重要极限

1. $\lim\limits_{x\to 0}\dfrac{\sin x}{x}=1$

(1) 极限类型：“$\dfrac{0}{0}$”型.

(2) 函数结构：$\dfrac{\sin u}{u}$型(其中 u 为自变量 x 的函数，且为无穷小量).

例 9 求$\lim\limits_{x\to 0}\dfrac{\sin 2x}{3x}$.

解
$$\lim_{x\to 0}\frac{\sin 2x}{3x}=\lim_{x\to 0}\left(\frac{\sin 2x}{2x}\cdot\frac{2x}{3x}\right)=\frac{2}{3}\lim_{2x\to 0}\frac{\sin 2x}{2x}=\frac{2}{3}$$

例 10 求$\lim\limits_{x\to 0}\dfrac{\sin ax}{\sin bx}$.

解
$$\lim_{x\to 0}\frac{\sin ax}{\sin bx}=\lim_{x\to 0}\left(\frac{\sin ax}{ax}\cdot\frac{ax}{bx}\cdot\frac{bx}{\sin bx}\right)$$
$$=\frac{a}{b}\lim_{ax\to 0}\frac{\sin ax}{ax}\cdot\lim_{bx\to 0}\frac{bx}{\sin bx}=\frac{a}{b}$$

例 11　求$\lim\limits_{x\to 0}\frac{\tan x}{x}$.

解
$$\lim_{x\to 0}\frac{\tan x}{x}=\lim_{x\to 0}\left(\frac{\sin x}{x}\cdot\frac{1}{\cos x}\right)=\lim_{x\to 0}\frac{\sin x}{x}\cdot\lim_{x\to 0}\frac{1}{\cos x}=1$$

注　以上三个例题的结果在以后的求极限过程中都可以作为公式直接使用.

例 12　求$\lim\limits_{x\to 0}\frac{1-\cos x}{x^2}$.

解　先利用三角函数公式将 $1-\cos x$ 换成 $2\sin^2\frac{x}{2}$后，再求极限，即
$$\lim_{x\to 0}\frac{1-\cos x}{x^2}=\lim_{x\to 0}\frac{2\sin^2\frac{x}{2}}{x^2}=\frac{1}{2}\lim_{x\to 0}\frac{\sin^2\frac{x}{2}}{\left(\frac{x}{2}\right)^2}=\frac{1}{2}\lim_{x\to 0}\left[\frac{\sin\frac{x}{2}}{\frac{x}{2}}\right]^2=\frac{1}{2}$$

例 13　求$\lim\limits_{x\to 1}\frac{\sin(x-1)}{x^2-1}$.

解
$$\lim_{x\to 1}\frac{\sin(x-1)}{x^2-1}=\lim_{x\to 1}\frac{\sin(x-1)}{(x-1)(x+1)}=\lim_{x\to 1}\frac{\sin(x-1)}{x-1}\cdot\lim_{x\to 1}\frac{1}{x+1}=\frac{1}{2}$$

2. $\lim\limits_{x\to\infty}\left(1+\frac{1}{x}\right)^x=e$

(1) 极限类型："1^∞"型.

(2) 函数结构：$\left(1+\frac{1}{u}\right)^u$(其中 u 为自变量 x 的函数，且为无穷大量).

注　如果令$\frac{1}{x}=t$，则 $x\to\infty$时，$t\to 0$，上述公式还可以表示成
$$\lim_{t\to 0}(1+t)^{\frac{1}{t}}=e$$

例 14　求$\lim\limits_{x\to\infty}\left(1+\frac{5}{x}\right)^x$.

解　令$\frac{5}{x}=\frac{1}{u}$，则 $x=5u$，且当 $x\to\infty$时，$u\to\infty$，故有
$$\lim_{x\to\infty}\left(1+\frac{5}{x}\right)^x=\lim_{u\to\infty}\left(1+\frac{1}{u}\right)^{5u}=\lim_{u\to\infty}\left[\left(1+\frac{1}{u}\right)^u\right]^5=e^5$$

例 15　求$\lim\limits_{x\to\infty}\left(1-\frac{2}{x}\right)^{3x}$.

解
$$\lim_{x\to\infty}\left(1-\frac{2}{x}\right)^{3x}=\lim_{x\to\infty}\left(1-\frac{2}{x}\right)^{-\frac{x}{2}\cdot(-6)}=\lim_{x\to\infty}\left[\left(1-\frac{2}{x}\right)^{-\frac{x}{2}}\right]^{-6}=e^{-6}$$

例 16　求$\lim\limits_{x\to\infty}\left(1+\frac{3}{x}\right)^{4x-2}$.

解
$$\begin{aligned}\lim_{x\to\infty}\left(1+\frac{3}{x}\right)^{4x-2}&=\lim_{x\to\infty}\left[\left(1+\frac{3}{x}\right)^{4x}\left(1+\frac{3}{x}\right)^{-2}\right]\\&=\lim_{x\to\infty}\left[\left(1+\frac{3}{x}\right)^{\frac{x}{3}}\right]^{12}\lim_{x\to\infty}\left(1+\frac{3}{x}\right)^{-2}\\&=e^{12}\end{aligned}$$

注　通过上面三例，可给出如下结论：

$$\lim_{x\to\infty}\left(1+\frac{k}{x}\right)^{ax+b}=e^{ka}$$

例 17 求$\lim\limits_{x\to\infty}\left(\dfrac{2x+3}{2x+1}\right)^{x}$.

解 由于$\dfrac{2x+3}{2x+1}=1+\dfrac{2}{2x+1}$，故令 $u=2x+1$，则 $x=\dfrac{u}{2}-\dfrac{1}{2}$，且 $x\to\infty$时，$u\to\infty$，于是有

$$\lim_{x\to\infty}\left(\frac{2x+3}{2x+1}\right)^{x}=\lim_{x\to\infty}\left(1+\frac{2}{2x+1}\right)^{x}=\lim_{u\to\infty}\left(1+\frac{2}{u}\right)^{\frac{u}{2}-\frac{1}{2}}$$
$$=\lim_{u\to\infty}\left(1+\frac{2}{u}\right)^{\frac{u}{2}}\lim_{u\to\infty}\left(1+\frac{2}{u}\right)^{-\frac{1}{2}}=e$$

例 18 求$\lim\limits_{x\to\frac{\pi}{2}}(1+\cos x)^{3\sec x}$.

解
$$\lim_{x\to\frac{\pi}{2}}(1+\cos x)^{3\sec x}=\lim_{\cos x\to 0}\left[(1+\cos x)^{\frac{1}{\cos x}}\right]^{3}=e^{3}$$

1.4.4 连续复利问题

作为第二重要极限的应用，本节介绍复利公式. 所谓复利计息，就是将第一期的利息与本金之和作为第二期的本金，然后反复计息.

设本金为 p，年利率为 r，则一年后的本利和为

$$S_1=p+pr=p(1+r)$$

若每年计息一次，那么 t 年后的本利和为

$$S_t=p(1+r)^t$$

这就是以年为期的复利公式.

若一年计息 m 次，则每期的利率为$\dfrac{r}{m}$，于是 t 年后的本利和为

$$S_t=p\left(1+\frac{r}{m}\right)^{mt}$$

若一年计息无穷多次，则为连续复利计息，即令 $m\to\infty$，则 t 年后的本利和(即终值)为

$$S_t=\lim_{m\to\infty}p\left(1+\frac{r}{m}\right)^{mt}=pe^{rt}$$

公式 $S_t=pe^{rt}$ 反映了现实世界中一些事物生长或消失的数量规律，如马尔萨斯人口模型、树木的生长、细胞的繁殖、镭的衰变等.

同步练习 1.4

1. 填空题：

(1) $\lim\limits_{x\to1}\dfrac{3x^2+5}{x-3}=$__________；　　(2) $\lim\limits_{x\to2}\dfrac{x^2-x+5}{x-2}=$__________；

(3) $\lim\limits_{x\to1}\dfrac{x^2+x-2}{x^2-1}=$__________；　　(4) $\lim\limits_{x\to3}\dfrac{\sqrt{x+6}-3}{x-3}=$__________；

(5) $\lim\limits_{x\to\infty} x\sin\dfrac{1}{x}=$ __________；　　(6) $\lim\limits_{x\to 0}\dfrac{\sin 5x-\tan 2x}{x}=$ __________；

(7) $\lim\limits_{x\to\infty}\left(1+\dfrac{1}{x}\right)^{3x}=$ __________；　　(8) $\lim\limits_{x\to 0}(1+2x)^{\frac{3}{x}}=$ __________.

2. 求下列极限：

(1) $\lim\limits_{x\to 1}(3x^4+x^3-4x+1)$；　　(2) $\lim\limits_{x\to\sqrt{3}}\dfrac{x^2-3}{x^2+1}$；

(3) $\lim\limits_{x\to 1}\dfrac{x^2-1}{x^3-1}$；　　(4) $\lim\limits_{x\to 0}\dfrac{4x^3-2x^2+x}{3x^2+2x}$；

(5) $\lim\limits_{x\to 4}\dfrac{x^2-x-12}{x^2-3x-4}$；　　(6) $\lim\limits_{x\to 0}\dfrac{\sqrt{x+1}-1}{x}$；

(7) $\lim\limits_{x\to\infty}\dfrac{x^2+x}{2x^2-3x+1}$；　　(8) $\lim\limits_{x\to\infty}\left(1+\dfrac{1}{x}\right)\left(2-\dfrac{1}{x^2}\right)$；

(9) $\lim\limits_{x\to 1}\left(\dfrac{1}{1-x}-\dfrac{3}{1-x^3}\right)$；　　(10) $\lim\limits_{x\to+\infty}(\sqrt{x+1}-\sqrt{x})$；

(11) $\lim\limits_{x\to\infty}\dfrac{x^2+1}{x^3+1}(1+\cos x)$；　　(12) $\lim\limits_{n\to\infty}\left(1+\dfrac{1}{2}+\dfrac{1}{4}+\cdots+\dfrac{1}{2^n}\right)$.

3. 已知 a、b 为常数，$\lim\limits_{x\to 2}\dfrac{ax+b}{x-2}=2$，求 a、b 的值.

4. 求下列极限：

(1) $\lim\limits_{x\to 0}\dfrac{\sin 7x}{\sin 2x}$；　　(2) $\lim\limits_{x\to+\infty}2^x\sin\dfrac{1}{2^x}$；

(3) $\lim\limits_{x\to\frac{\pi}{2}}\dfrac{\cos x}{\frac{\pi}{2}-x}$；　　(4) $\lim\limits_{x\to 0}\dfrac{\cos 3x-\cos 5x}{x^2}$；

(5) $\lim\limits_{x\to 0}\dfrac{\arcsin 3x}{2x}$；　　(6) $\lim\limits_{x\to 0}\dfrac{x(x+3)}{\sin x}$；

(7) $\lim\limits_{x\to 0}\dfrac{x\sin x}{1-\cos 2x}$；　　(8) $\lim\limits_{x\to\infty}\left(1+\dfrac{3}{x}\right)^{2x}$；

(9) $\lim\limits_{x\to\infty}\left(1-\dfrac{2}{x}\right)^{5x+6}$；　　(10) $\lim\limits_{x\to 0}\left(\dfrac{2-x}{2}\right)^{\frac{1}{x}}$；

(11) $\lim\limits_{x\to\infty}\left(\dfrac{x-1}{x+1}\right)^{x}$；　　(12) $\lim\limits_{x\to 1}(1+\ln x)^{\frac{2}{\ln x}}$.

5. 设年利率为 6%，按连续复利计息，现投资多少元，才能 10 年末得到 120 000 元？

6. 试证 $x\to 0$ 时，$\sin x^2$ 是比 $\tan x$ 高阶的无穷小.

1.5　函数的连续性

在自然界中有许多现象，如气温的变化、水的流动、植物的生长、人的身高等，都是连续不断变化的，这种现象反映在数学上就是函数的连续性. 下面利用极限来研究函数的连续性.

1.5.1 函数连续性的概念

1. 改变量

定义 1.18 如果变量 u 从初值 u_0 变到终值 u_1，则把终值与初值的差 u_1-u_0 称为变量 u 在 u_0 点的增量，又称变量 u 的改变量，记作 Δu，即

$$\Delta u = u_1 - u_0$$

注 增量 Δu 可以是正的，可以是负的，亦可为零.

现在设函数 $y=f(x)$ 在点 x_0 的某一邻域内有定义，如图 1-16 所示，当自变量 x 在此邻域内从 x_0 变到 $x_0+\Delta x$ 时，函数 y 相应的从 $f(x_0)$ 变到 $f(x_0+\Delta x)$，于是函数 y 相应的增量为

$$\Delta y = f(x_0+\Delta x) - f(x_0)$$

2. 函数在一点处的连续性

从图 1-16 可以看出，函数 $y=f(x)$ 在点 x_0 附近是连续变化的，它的图像是一条不间断的曲线，并且当自变量的改变量 Δx 趋于零时，函数的改变量 Δy 亦趋于零. 这时，我们称函数 $y=f(x)$ 在点 x_0 处连续.

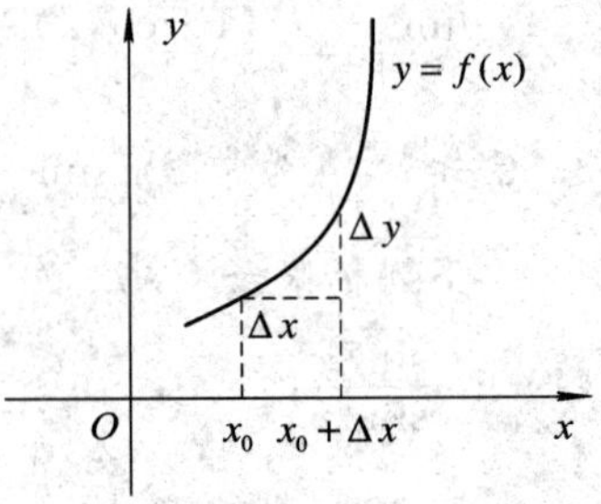

图 1-16

定义 1.19 设函数 $y=f(x)$ 在点 x_0 的某一个邻域内有定义，当自变量 x 在点 x_0 处的增量 Δx 趋于零时，对应的函数 y 的增量 Δy 也趋于零，即

$$\lim_{\Delta x\to 0}\Delta y = 0$$

则称函数 $y=f(x)$ 在点 x_0 处连续. 点 x_0 称为函数的连续点.

例 1 用连续定义证明函数 $y=x^2+1$ 在点 $x_0=2$ 处连续.

证明 给自变量 x 以增量 Δx，则相应的函数增量为

$$\Delta y = [(2+\Delta x)^2+1] - (2^2+1) = 4\Delta x + (\Delta x)^2$$

于是有

$$\lim_{\Delta x\to 0}\Delta y = \lim_{\Delta x\to 0}[4\Delta x + (\Delta x)^2] = 0$$

故函数 $y=x^2+1$ 在点 $x_0=2$ 处连续.

在定义 1.19 中，如果令 $x=x_0+\Delta x$，则有 $\Delta y=f(x)-f(x_0)$，并且当 $\Delta x\to 0$ 时，有 $x\to x_0$，当 $\Delta y\to 0$ 时，有 $f(x)\to f(x_0)$，因此函数在点 x_0 处连续的定义又可叙述如下：

定义 1.20 设函数 $y=f(x)$ 在点 x_0 的某一个邻域内有定义，如果

$$\lim_{x\to x_0} f(x) = f(x_0)$$

则称函数 $y=f(x)$ 在点 x_0 处连续.

说明：如果 $\lim\limits_{x\to x_0^-} f(x)=f(x_0)$，则称函数 $f(x)$ 在点 x_0 处左连续；如果 $\lim\limits_{x\to x_0^+} f(x)=f(x_0)$，则称 $f(x)$ 在点 x_0 处右连续. 显然，当且仅当函数 $f(x)$ 在点 x_0 处左连续且右连续时，即

$$\lim_{x\to x_0^-} f(x) = \lim_{x\to x_0^+} f(x) = f(x_0)$$

函数在点 x_0 处连续.

例 2　讨论 $f(x)=\begin{cases} x^2+1, & x<0 \\ \cos x, & x\geqslant 0 \end{cases}$ 在 $x=0$ 处的连续性.

解　因为 $\lim\limits_{x\to 0^-} f(x)=\lim\limits_{x\to 0^-}(x^2+1)=1$，$\lim\limits_{x\to 0^+} f(x)=\lim\limits_{x\to 0^+}\cos x=1$，所以

$$\lim_{x\to 0} f(x) = 1$$

又

$$f(0) = 1$$

即

$$\lim_{x\to 0} f(x) = f(0)$$

所以 $f(x)$ 在 $x=0$ 处连续.

3. 初等函数的连续性

定义 1.21　如果函数 $f(x)$ 在区间 (a, b) 内每一点都连续，则称 $f(x)$ 在区间 (a, b) 内连续；如果函数 $f(x)$ 在 (a, b) 内连续，且在 $x=a$ 处右连续，在 $x=b$ 处左连续，则称 $f(x)$ 在区间 $[a, b]$ 上连续.

可以证明，初等函数在其定义域内都是连续的，连续函数的图像是一条不间断的曲线.

根据初等函数的连续性结论可以得出：求初等函数在其定义域内某点的极限，只需求出该点的函数值即可.

例 3　求下列函数的极限：

(1) $\lim\limits_{x\to 2}\sqrt{x^2-x+7}$；

(2) $\lim\limits_{x\to \frac{\pi}{4}}\dfrac{\tan^2 x}{3+\sin 2x}$.

解　(1) 因为 $\sqrt{x^2-x+7}$ 为初等函数，其定义域为 $(-\infty, +\infty)$，又 $2\in(-\infty, +\infty)$，所以

$$\lim_{x\to 2}\sqrt{x^2-x+7} = \sqrt{2^2-2+7} = 3$$

(2) 因为 $\dfrac{\tan^2 x}{3+\sin 2x}$ 为初等函数，其定义域为 $\left(k\pi-\dfrac{\pi}{2}, k\pi+\dfrac{\pi}{2}\right)$，$k\in\mathbf{Z}$，又 $\dfrac{\pi}{4}\in\left(k\pi-\dfrac{\pi}{2}, k\pi+\dfrac{\pi}{2}\right)$，所以

$$\lim_{x\to \frac{\pi}{4}}\frac{\tan^2 x}{3+\sin 2x} = \frac{\tan^2 \dfrac{\pi}{4}}{3+\sin\left(2\cdot\dfrac{\pi}{4}\right)} = \frac{1}{4}$$

利用初等函数的连续性，同样可以解决一些复合函数的极限问题.

定理 1.6　设函数 $u=\varphi(x)$ 在点 x_0 的极限存在且为 u_0，即 $\lim\limits_{x\to x_0}\varphi(x)=u_0$，函数 $y=f(u)$ 在点 u_0 处连续，即 $\lim\limits_{u\to u_0} f(u)=f(u_0)$，则复合函数 $y=f[\varphi(x)]$ 在点 x_0 的极限也存在，且

$$\lim_{x \to x_0} f[\varphi(x)] = f[\varphi(x_0)] = f[\lim_{x \to x_0} \varphi(x)]$$

在此定理的条件下，求复合函数的极限时，函数符号 f 与极限符号 $\lim\limits_{x \to x_0}$ 可以交换次序，给我们求极限带来了很大方便.

例 4 求 $\lim\limits_{x \to 0} \dfrac{\ln(1+x)}{x}$.

解 因为 $y=\dfrac{\ln(1+x)}{x}=\ln(1+x)^{\frac{1}{x}}$，所以 y 是由 $y=\ln u$、$u=(1+x)^{\frac{1}{x}}$ 复合而成的，而 $\lim\limits_{x \to 0}(1+x)^{\frac{1}{x}}=\mathrm{e}$，又 $y=\ln u$ 在点 $u=\mathrm{e}$ 处连续，故

$$\lim_{x \to 0} \frac{\ln(1+x)}{x} = \lim_{x \to 0} \ln(1+x)^{\frac{1}{x}} = \ln[\lim_{x \to 0}(1+x)^{\frac{1}{x}}] = \ln \mathrm{e} = 1$$

注 因为分段函数一般不属于初等函数，故讨论分段函数的连续性时，除了各子区间内按初等函数的连续性结论讨论外，还应重点讨论分界点的连续性.

例 5 设函数 $f(x)=\begin{cases} \dfrac{x^2-1}{x-1}, & x \neq 1 \\ a, & x=1 \end{cases}$，问 a 为何值时，函数 $f(x)$ 在 $(-\infty, +\infty)$ 内连续.

解 要使函数 $f(x)$ 在 $(-\infty, +\infty)$ 内连续，只需 $f(x)$ 在分界点 $x=1$ 处连续即可.

因为 $\lim\limits_{x \to 1} f(x)=\lim\limits_{x \to 1} \dfrac{x^2-1}{x-1}=\lim\limits_{x \to 1}(x+1)=2$，又 $f(x)$ 在点 $x=1$ 处连续，所以可得

$$\lim_{x \to 1} f(x) = f(1) = a$$

故 $a=2$.

1.5.2 函数的间断点

由函数 $f(x)$ 在点 x_0 处连续的定义可知，函数 $f(x)$ 在点 x_0 处连续，必须同时满足下列三个条件：

(1) $f(x)$ 在点 x_0 处有定义，即 $f(x_0)$ 存在；

(2) 极限 $\lim\limits_{x \to x_0} f(x)$ 存在；

(3) $\lim\limits_{x \to x_0} f(x)=f(x_0)$.

如果上述条件中有一个不满足，则 $f(x)$ 在点 x_0 处不连续，这时我们称点 x_0 是函数 $f(x)$ 的间断点(或不连续点).

一般地，我们将间断点分为以下两大类.

第一类间断点：设 x_0 为函数 $f(x)$ 的一个间断点，如果函数 $f(x)$ 的左极限 $\lim\limits_{x \to x_0^-} f(x)$ 与右极限 $\lim\limits_{x \to x_0^+} f(x)$ 都存在，则称 x_0 为函数 $f(x)$ 的第一类间断点. 其中：

(1) $\lim\limits_{x \to x_0^-} f(x)=\lim\limits_{x \to x_0^+} f(x)$，即 $\lim\limits_{x \to x_0} f(x)$ 存在，称 x_0 为 $f(x)$ 的可去间断点.

(2) $\lim\limits_{x \to x_0^-} f(x) \neq \lim\limits_{x \to x_0^+} f(x)$，即 $\lim\limits_{x \to x_0} f(x)$ 不存在，称 x_0 为 $f(x)$ 的跳跃间断点.

第二类间断点：设 x_0 为函数 $f(x)$ 的一个间断点，如果函数 $f(x)$ 的左极限 $\lim\limits_{x\to x_0^-} f(x)$ 与右极限 $\lim\limits_{x\to x_0^+} f(x)$ 至少有一个不存在，则称 x_0 为函数 $f(x)$ 的第二类间断点. 其中，若 $\lim\limits_{x\to x_0} f(x)=\infty$，则称 x_0 为 $f(x)$ 的无穷间断点.

下面举例说明间断点的情形.

例 6　讨论 $f(x)=\dfrac{1}{x-1}$ 在点 $x=1$ 处的连续性.

解　因为 $f(x)=\dfrac{1}{x-1}$ 在 $x=1$ 处无定义，所以 $x=1$ 是 $f(x)$ 的间断点. 又因为

$$\lim_{x\to 1}\frac{1}{x-1}=\infty$$

故 $x=1$ 为 $f(x)$ 的无穷间断点，如图 1-17 所示.

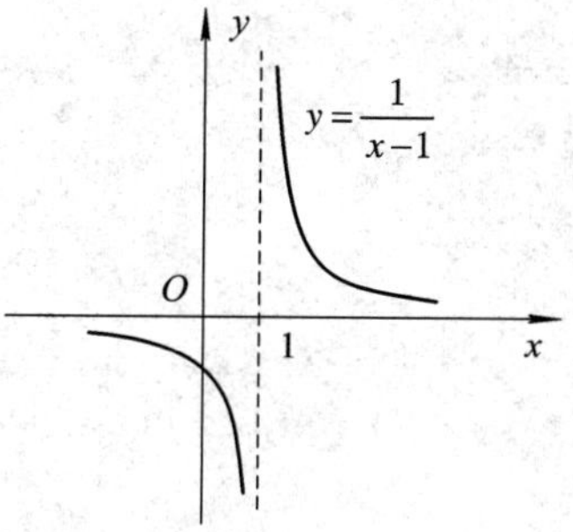

图 1-17

例 7　设 $f(x)=\begin{cases}1+x, & x<0\\ 2, & x=0\\ e^x, & x>0\end{cases}$，讨论 $f(x)$ 在点 $x=0$ 处的连续性.

解　由于

$$\lim_{x\to 0^-} f(x)=\lim_{x\to 0^-}(1+x)=1,\qquad \lim_{x\to 0^+} f(x)=\lim_{x\to 0^+} e^x=1$$

即

$$\lim_{x\to 0} f(x)=1$$

但

$$f(0)=2$$

所以 $f(x)$ 在点 $x=0$ 处不连续，且 $x=0$ 为 $f(x)$ 的可去间断点，如图 1-18 所示.

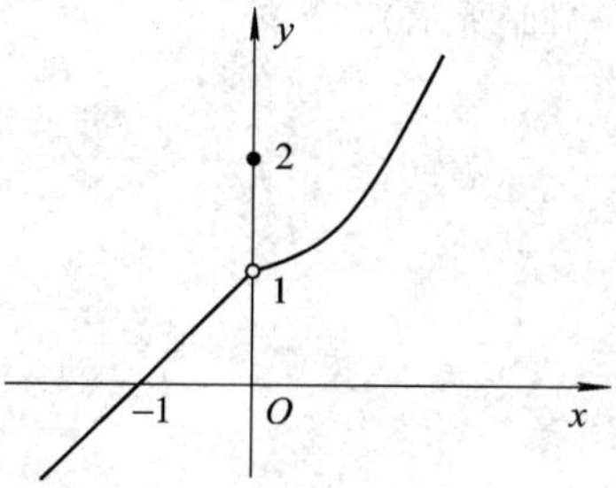

图 1-18

例 8　设 $f(x)=\begin{cases}x-1, & x<1\\ 0, & x=1\\ x+1, & x>1\end{cases}$，讨论在点 $x=1$ 处的连续性.

解　虽然 $f(x)$ 在点 $x=1$ 处有定义，且 $f(1)=0$，但是在点 $x=1$ 处有

$$\lim_{x\to 1^-} f(x)=\lim_{x\to 1^-}(x-1)=0$$

$$\lim_{x\to 1^+} f(x)=\lim_{x\to 1^+}(x+1)=2$$

即左、右极限都存在但不相等，故点 $x=1$ 为 $f(x)$ 的跳跃间断点，如图 1-19 所示.

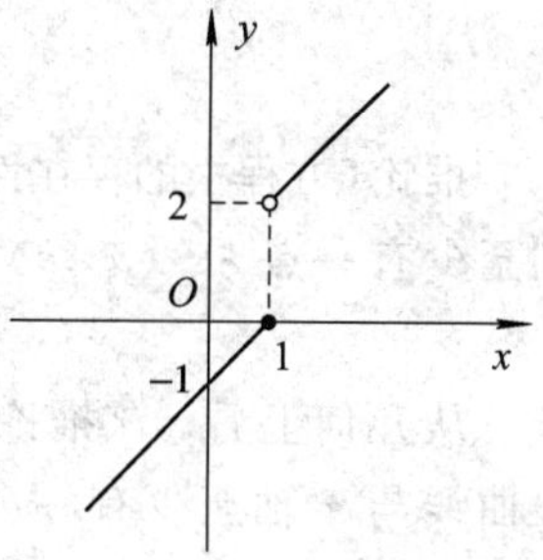

图 1-19

1.5.3　闭区间上连续函数的性质

下面介绍闭区间上连续函数的几个重要性质，仅从几何上加以说明.

性质 1（最值定理） 如果函数 $f(x)$ 在闭区间 $[a, b]$ 上连续，则函数 $f(x)$ 在该区间上一定有最大值和最小值.

例如，在图 1-20 中，$f(x)$ 在闭区间 $[a, b]$ 上连续，其在点 x_1 处取得最大值 M，在点 x_2 处取得最小值 m.

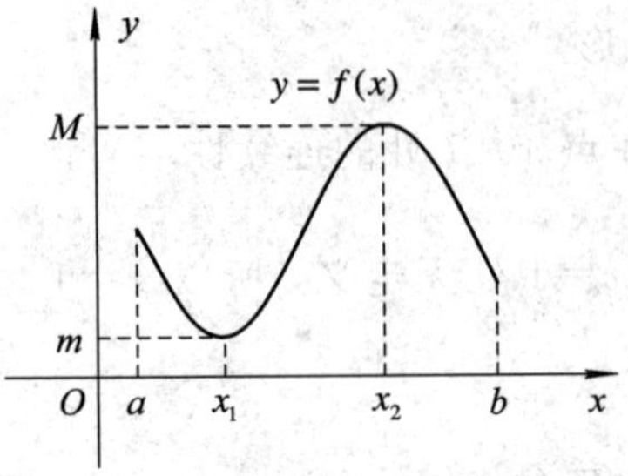

图 1-20

性质 2（介值定理） 如果函数 $f(x)$ 在闭区间 $[a, b]$ 上连续，且 $f(a) \neq f(b)$，则对介于 $f(a)$ 与 $f(b)$ 之间的任一实数 C，则至少有一点 $\xi \in (a, b)$，使得

$$f(\xi) = C$$

这个定理的几何意义是：连续曲线弧 $y = f(x)$ 与水平直线 $y = C$ 至少相交于一点（如图 1-21 所示）.

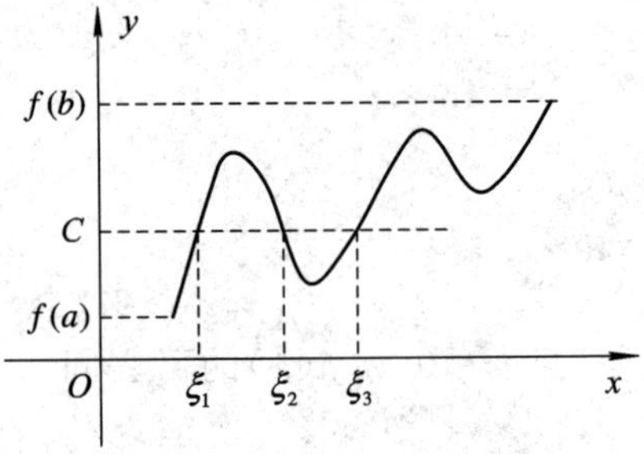

图 1-21

推论（方程根的存在性定理） 如果函数 $f(x)$ 在闭区间 $[a, b]$ 上连续，且 $f(a) \cdot f(b) < 0$，则至少有一点 $\xi \in (a, b)$，使得

$$f(\xi) = 0$$

从几何上看，该推论表示：如果连续曲线 $y = f(x)$ 的两端点位于 x 轴的两侧，那么这段曲线与 x 轴至少有一个交点，即方程 $f(x) = 0$ 在区间 (a, b) 内至少存在一个根.

例 9 证明方程 $e^{3x} - x - 2 = 0$ 在区间 $(0, 1)$ 内至少有一实根.

证明 设 $f(x) = e^{3x} - x - 2$，则 $f(x)$ 在闭区间 $[0, 1]$ 上连续. 又

$$f(0) = -1 < 0$$

$$f(1) = e^3 - 3 > 0$$

故由推论可知，至少存在一点 $\xi \in (0, 1)$，使得 $f(\xi) = 0$，即方程 $e^{3x} - x - 2 = 0$ 在区间 $(0, 1)$ 内至少有一实根.

同步练习 1.5

1. 填空题：

(1) 设函数 $f(x)=\dfrac{x^2-4}{x^2-x-2}$，则其间断点有__________，其中__________是可去间断点，__________是无穷间断点；

(2) 设函数 $f(x)=\begin{cases}kx+1, & x\leqslant 3\\ kx^2-1, & x>3\end{cases}$，则 $k=$__________时，该函数在点 $x=3$ 处连续；

(3) 设函数 $f(x)$在点 x_0处连续，且 $f(x_0)=2$，则 $\lim\limits_{x\to x_0}[3f(x)+5]=$__________；

(4) $\lim\limits_{x\to 0}\cos x=$__________，$\lim\limits_{x\to \frac{\pi}{4}}\tan^2 x=$__________.

2. 指出下列函数的间断点，并说明理由：

(1) $f(x)=\dfrac{\sin x}{x}$；

(2) $f(x)=\dfrac{x^2-2x-15}{x^2-3x-10}$；

(3) $f(x)=(1+x)^{\frac{1}{x}}$；

(4) $f(x)=\begin{cases}1+\cos x, & x<0\\ 2\sin x, & x\geqslant 0\end{cases}$.

3. 设 $f(x)=\begin{cases}\dfrac{2}{x}\sin x, & x<0\\ k, & x=0\\ x\sin\dfrac{1}{x}+2, & x>0\end{cases}$，问 k 取何值时，$f(x)$在定义域内连续.

4. 设函数

$$f(x)=\begin{cases}x^2-1, & 0\leqslant x\leqslant 1\\ x+1, & x>1\end{cases}$$

分别讨论函数 $f(x)$在点 $x=\dfrac{1}{2}$、$x=1$、$x=2$ 处是否连续，并作出函数图像.

5. 求下列函数的极限：

(1) $\lim\limits_{x\to 2}\sqrt{x^2-3x+6}$；

(2) $\lim\limits_{x\to 0}\ln\dfrac{\tan x}{x}$；

(3) $\lim\limits_{x\to 0}\lg\dfrac{x}{\sqrt{x+1}-1}$；

(4) $\lim\limits_{x\to 0}\dfrac{\ln(1+x)}{\sin x}$；

(5) $\lim\limits_{x\to 0}\left[\dfrac{\lg(100+x)}{2^x+\arcsin x}\right]^{\frac{1}{2}}$；

(6) $\lim\limits_{x\to 1}x\ln\left(1+\dfrac{1}{x}\right)$.

6. 证明方程 $x^5-3x=1$ 在 1 和 2 之间至少有一个根.

本章小结

1. 函数

理解函数概念. 首先应明确它是描述变量之间依赖关系的；其次掌握构成函数的二要

素，能正确求解函数的定义域和值域.

理解函数几种特性的表达式和几何意义、反函数的概念、分段函数的概念和求值的方法，掌握六类基本初等函数的性质和图像，能正确地将复合函数和初等函数分解成简单函数.

2. 极限

在了解函数极限以及左、右极限的概念和极限存在的充分必要条件的基础上，掌握极限运算法则和下列求极限的方法.

(1) 利用极限的四则运算法则求极限.

(2) 利用以下两个重要极限求极限，即

① $\lim\limits_{x\to 0}\dfrac{\sin x}{x}=1$；

② $\lim\limits_{x\to\infty}\left(1+\dfrac{1}{x}\right)^{x}=\mathrm{e}$ 或 $\lim\limits_{t\to 0}(1+t)^{\frac{1}{t}}=\mathrm{e}$.

(3) 利用初等函数的连续性求极限，即设 $f(x)$是初等函数，定义域为(a, b)，若 $x_0\in(a, b)$，则$\lim\limits_{x\to x_0}f(x)=f(x_0)$. 这种利用计算函数值来求极限的方法是非常容易掌握的，因此它是求极限的首选方法.

(4) 利用复合函数求极限，即当$\lim\limits_{x\to x_0}\varphi(x)=u_0$，且 $y=f(u)$在点 u_0 处连续时，可以交换函数符号和极限符号，即

$$\lim_{x\to x_0}f[\varphi(x)]=f[\lim_{x\to x_0}\varphi(x)]$$

(5) 利用无穷小与有界变量的乘积仍是无穷小求极限.

(6) 利用无穷小与无穷大的倒数关系求极限.

3. 函数的连续性

(1) 函数在点 x_0 处连续的定义：

① $\lim\limits_{\Delta x\to 0}\Delta y=0$；

② $\lim\limits_{x\to x_0}f(x)=f(x_0)$.

(2) 函数在点 x_0 处连续的三个条件：

① 在点 x_0 处，$f(x)$有定义；

② $\lim\limits_{x\to x_0}f(x)$存在；

③ $\lim\limits_{x\to x_0}f(x)=f(x_0)$.

(3) 间断点的分类：

① 第一类间断点：可去间断点，跳跃间断点；

② 第二类间断点：无穷间断点.

(4) 初等函数的连续性：一切初等函数在其定义域内都连续.

单元测试 1

1. 填空题：

(1) 函数 $f(x)=\dfrac{2x+1}{\sqrt{x^2-x-2}}$的定义域为____________；

(2) 函数 $y=2^{\arctan\frac{1}{x}}$是由__________、__________、__________复合而成的；

(3) 设函数 $f(x)=\begin{cases} x^2-1, & x<0 \\ 2x+5, & x\geqslant 0 \end{cases}$，则函数值 $f(-3)=$__________；

(4) 函数 $f(x)$在 x_0时的左、右极限存在且相等是极限存在的__________条件；

(5) $\lim\limits_{x\to 0}\dfrac{\sin 7x-\tan 5x}{2x}=$__________，$\lim\limits_{x\to 0}=(1-2x)^{\frac{1}{x}}=$__________；

(6) $x=\dfrac{1}{2}$是函数 $y=\dfrac{1}{2x-1}$的__________间断点；

(7) 设函数 $f(x)=\begin{cases} \dfrac{\sin ax}{x}, & x<0 \\ 2, & x=0 \\ \dfrac{2\ln(1+x)}{x}, & x>0 \end{cases}$在点 $x=0$ 处连续，则 $a=$__________；

(8) 当 $x\to 0$ 时，$1-\cos x$ 与 $\dfrac{1}{2}x^2$是__________无穷小；

(9) 已知某商品的需求是 $Q=60-5P$，则其总收益为__________，平均收益为__________；

(10) 某人存入 10000 元，年利率为 5%，若按季计息，则 5 年后的本利和是__________.

2. 选择题：

(1) $f(x)=\dfrac{1}{1-x}$，则 $f[f(-3)]=$(　　).

A. $\dfrac{1}{4}$　　B. 4

C. $\dfrac{3}{4}$　　D. $\dfrac{4}{3}$

(2) 当 $x\to\infty$时，下列为无穷小量的函数是(　　).

A. $\dfrac{1}{x^2}$　　B. 3^x

C. $\dfrac{3x^2+x-1}{x^2-1}$　　D. $\sin 3x$

(3) 已知函数 $f(x)$的定义域为$[0, 1]$，则复合函数 $f(2x-1)$的定义域是(　　).

A. $[0, 1]$　　B. $\left[\dfrac{1}{2}, 1\right]$

C. $\left[\dfrac{1}{2}, \dfrac{3}{2}\right]$　　D. $[0, 2]$

(4) $\lim\limits_{x\to\infty}\frac{x+1}{3x^2-x-5}(2+\cos x)=($　$)$.

A. 1　　　　B. 0；

C. -1；　　　　D. ∞

(5) 当 $x\to\infty$ 时，若 $\sin^2\frac{1}{x}$ 与 $\frac{1}{x^k}$ 是等价无穷小，则 $k=($　$)$.

A. 1　　　　B. $\frac{1}{2}$

C. 2　　　　D. 3

(6) 设函数 $f(x)=\begin{cases}x-1, & 0<x\leqslant 1\\ 2-x, & 1<x\leqslant 3\end{cases}$，则其在点 $x=1$ 处不连续的原因是(　).

A. 在点 $x=1$ 处无定义　　　　B. $\lim\limits_{x\to1^-}f(x)$不存在

C. $\lim\limits_{x\to1^+}f(x)$不存在　　　　D. $\lim\limits_{x\to1}f(x)$不存在

3. 求下列函数的极限：

(1) $\lim\limits_{x\to\infty}\frac{x+1}{x^3-x^2-1}(1+\sin 3x)$；　　(2) $\lim\limits_{x\to1}\frac{x^2+x-2}{x^3-1}$；

(3) $\lim\limits_{x\to\infty}\frac{(2x+1)(3x^2-x-9)}{(2x+1)^3}$；　　(4) $\lim\limits_{x\to0}\frac{\sqrt{1+x}-\sqrt{1-x}}{x}$；

(5) $\lim\limits_{x\to0}\frac{\cos x-\cos 3x}{x^2}$；　　(6) $\lim\limits_{x\to0}\frac{\tan x-\sin x}{x^3}$；

(7) $\lim\limits_{x\to0}\frac{\arcsin 3x}{2x}$；　　(8) $\lim\limits_{x\to\infty}\left(\frac{x+1}{x+2}\right)^{3x}$；

(9) $\lim\limits_{x\to0}\frac{e^x-1}{x}$.

4. 设函数 $f(x)=\begin{cases}x, & 0\leqslant x<1\\ 2x^2-1, & 1\leqslant x<3\\ 2-x, & x\geqslant 3\end{cases}$，试分别讨论 $f(x)$在点 $x=1$、$x=3$ 处的连续性.

5. 设函数 $f(x)=\begin{cases}\frac{3\sin x}{x}, & x<0\\ k, & x=0\\ 3+x^2\sin\frac{1}{x}, & x>0\end{cases}$，要使函数 $f(x)$在定义域内连续，试确定 k 的值.

6. 市场调查显示，某品牌服装售价为 280 元/件，市场需求量为 600 件，若每件降价 80 元，需求量将增加 400 件，试建立该商品的线性需求函数.

7. 某公司投资收益率为 9%，按连续复利计算，现投资多少元，第 10 年末可达 200 万元？

第 2 章　导数与微分

导数与微分统称为微分学，微分学是从数量关系上描述物质运动的数学工具. 在自然科学和工程实践的许多问题中都涉及导数概念，如物体运动的速度、国民经济的发展速度、几何中的切线斜率以及生物繁殖率等，所有这些在数量上都归结为函数的变化率，即导数；微分与导数密切相关，它反映了当自变量有微小变化时，函数改变量的近似值.

本章将在极限概念的基础上引入导数与微分的概念，并介绍导数与微分的基本公式和计算方法.

2.1　导数的概念

导数是微分学中最基本的概念之一，它来源于实际问题. 为了说明导数的基本概念，下面以三个实际问题为背景来建立导数概念.

2.1.1　引例

引例 1(变速直线运动的速度)　设一物体做变速直线运动，运动方程为 $s=s(t)$，现求其在某一时刻 t_0 的瞬时速度 v_0.

设时间 t 由 t_0 变化到 $t_0+\Delta t$，则时间 t 的增量为 Δt. 相应地，路程增量为 $\Delta s=s(t_0+\Delta t)-s(t_0)$. 于是，这段时间内的平均速度为 $\bar{v}=\dfrac{\Delta s}{\Delta t}=\dfrac{s(t_0+\Delta t)-s(t_0)}{\Delta t}$. 显然，当时间增量 Δt 很小时，平均速递就可以近似地表示物体在 t_0 时刻的瞬时速度，并且 Δt 越小，近似的精确度越高. 因此，当 $\Delta t\to 0$ 时，如果极限 $\lim\limits_{\Delta t\to 0}\dfrac{\Delta s}{\Delta t}$ 存在，则这个极限就表示了物体在 t_0 时刻的瞬时速度，即

$$v_0=\lim_{\Delta t\to 0}\frac{\Delta s}{\Delta t}=\lim_{\Delta t\to 0}\frac{s(t_0+\Delta t)-s(t_0)}{\Delta t}$$

例 1　已知物体做自由落体运动，运动方程为

$$s=\frac{1}{2}gt^2$$

求任意时刻 t_0 的瞬时速度 v_0.

解　给时间 t 在 t_0 时刻以增量 Δt，则相应的路程增量为

$$\Delta s=\frac{1}{2}g(t_0+\Delta t)^2-\frac{1}{2}g{t_0}^2=gt_0\Delta t+\frac{1}{2}g(\Delta t)^2$$

于是，这段时间内的平均速度为

$$\bar{v}=\frac{\Delta s}{\Delta t}=gt_0+\frac{1}{2}g\Delta t$$

令 $\Delta t\to 0$，则 t_0 时刻的瞬时速度为

$$v_0=\lim_{\Delta t\to 0}\frac{\Delta s}{\Delta t}=\lim_{\Delta t\to 0}\left(gt_0+\frac{1}{2}g\Delta t\right)=gt_0$$

引例 2(平面曲线的切线斜率)　设曲线 $y=f(x)$ 上有一定点 $M_0(x_0, y_0)$，求曲线在该点的切线斜率.

如图 2-1 所示，在曲线 $y=f(x)$ 上任取一动点 $M(x_0+\Delta x, y_0+\Delta y)$，作割线 M_0M，当动点 M 沿着曲线无限趋近于定点 M_0 时，割线 M_0M 的极限位置 M_0T 就定义为曲线在点 M_0 处的切线，过 M_0 且与切线垂直的直线称为曲线在点 M_0 处的法线. 由于割线 M_0M 的斜率为

$$k_{M_0M}=\frac{\Delta y}{\Delta x}=\frac{f(x_0+\Delta x)-f(x_0)}{\Delta x}$$

故令 $\Delta x\to 0$，则过点 M_0 的切线斜率为

$$k_{M_0T}=\lim_{\Delta x\to 0}\frac{\Delta y}{\Delta x}=\lim_{\Delta x\to 0}\frac{f(x_0+\Delta x)-f(x_0)}{\Delta x}$$

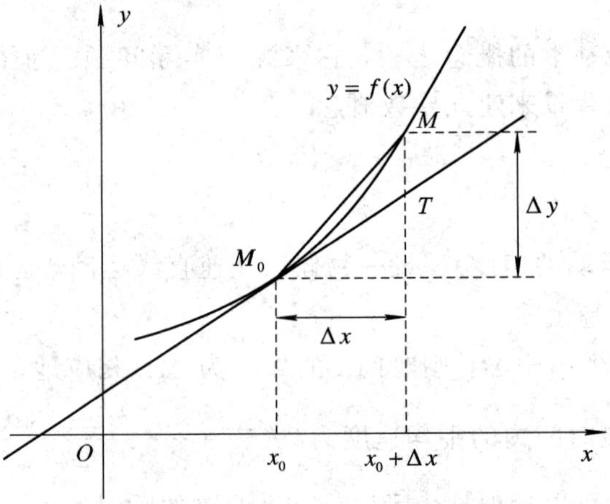

图 2-1

引例 3(边际成本问题)　设某产品的总成本 C 是产量 Q 的函数：$C=C(Q)$，求产量为 Q_0 时，总成本的变化率.

当产量 Q 由 Q_0 变化到 $Q_0+\Delta Q$ 时，总成本的改变量为

$$\Delta C=C(Q_0+\Delta Q)-C(Q_0)$$

于是总成本的平均变化率为

$$\frac{\Delta C}{\Delta Q}=\frac{C(Q_0+\Delta Q)-C(Q_0)}{\Delta Q}$$

当 ΔQ 很小时，上式可近似表示总成本在 Q_0 的变化率，并且 ΔQ 越小，近似程度越高，故令 $\Delta Q\to 0$，可得总成本的变化率为

$$\lim_{\Delta Q\to 0}\frac{\Delta C}{\Delta Q}=\lim_{\Delta Q\to 0}\frac{C(Q_0+\Delta Q)-C(Q_0)}{\Delta Q}$$

在经济学中，总成本的变化率也称为边际成本.

2.1.2　导数的概念

2.1.1 节中的三个引例，虽然背景各不相同，但从数量关系上看，其实质是一样的，都表示为当自变量增量趋近于零时函数增量与自变量增量之比的极限. 在数学上，我们把这种形式的极限定义为函数的导数.

1. 导数的定义

定义 2.1　设函数 $y=f(x)$ 在点 x_0 的某一邻域内有定义，当自变量 x 在点 x_0 处取得增量 $\Delta x(\neq 0)$ 时，函数 $f(x)$ 有相应的增量 $\Delta y=f(x_0+\Delta x)-f(x_0)$. 如果当 $\Delta x\to 0$ 时，

$$\lim_{\Delta x\to 0}\frac{\Delta y}{\Delta x}=\lim_{\Delta x\to 0}\frac{f(x_0+\Delta x)-f(x_0)}{\Delta x}$$

存在，则称 $f(x)$ 在点 x_0 处可导，并将此极限称为函数 $y=f(x)$ 在点 x_0 处的导数，记作 $f'(x_0)$ 或 $y'(x_0)$ 或 $\left.\frac{\mathrm{d}y}{\mathrm{d}x}\right|_{x=x_0}$ 或 $\left.\frac{\mathrm{d}f(x)}{\mathrm{d}x}\right|_{x=x_0}$. 如果 $\lim\limits_{\Delta x\to 0}\frac{\Delta y}{\Delta x}$ 不存在，则称函数 $y=f(x)$ 在点 x_0 处不可导.

注　在上述定义中，若记 $x=x_0+\Delta x$，则导数定义可表示为

$$f'(x_0)=\lim_{x\to x_0}\frac{f(x)-f(x_0)}{x-x_0}$$

例 2　求函数 $y=3x^2-x+1$ 在 $x_0=2$ 处的导数.

解　给自变量 x 在 $x_0=2$ 处以增量 Δx，则函数相应的增量为

$$\Delta y=3(2+\Delta x)^2-(2+\Delta x)+1-11=3(\Delta x)^2+11\Delta x$$

于是

$$\frac{\Delta y}{\Delta x}=3\Delta x+11$$

故有

$$\lim_{\Delta x\to 0}\frac{\Delta y}{\Delta x}=\lim_{\Delta x\to 0}(3\Delta x+11)=11$$

即

$$f'(2)=11$$

定义 2.2　如果函数 $y=f(x)$ 在区间 (a, b) 内的每一点都可导，则称函数 $f(x)$ 在区间 (a, b) 内可导.

如果函数 $f(x)$ 在区间 (a, b) 内可导，则对于任意 $x\in(a, b)$，都有一个确定的导数值 $f'(x)$ 与之对应，这样就确定了一个新函数. 我们称这个新函数为函数 $y=f(x)$ 在区间 (a, b) 内的导函数，简称导数，记作 y' 或 $f'(x)$ 或 $\frac{\mathrm{d}y}{\mathrm{d}x}$ 或 $\frac{\mathrm{d}f(x)}{\mathrm{d}x}$.

注　函数在点 x_0 处的导数等于其导函数在该点的函数值.

有了导数的概念后，2.1.1 节中所讲的三个引例就可以用导数来表示，它们分别表示了导数在物理、几何、经济方面的意义：

导数的物理意义——瞬时速度，即 $v(t)=s'(t)$；

导数的几何意义——切线斜率，即 $k_{切}=f'(x)$；

导数的经济意义——边际成本，即 $MC=C'(Q)$.

根据导数的定义，求函数 $f(x)$的导数的一般步骤如下：

(1) 求函数 $f(x)$的增量：$\Delta y=f(x+\Delta x)-f(x)$；

(2) 求比值：$\frac{\Delta y}{\Delta x}=\frac{f(x+\Delta x)-f(x)}{\Delta x}$；

(3) 取极限：$f'(x)=\lim\limits_{\Delta x\to 0}\frac{f(x+\Delta x)-f(x)}{\Delta x}$.

例 3 求函数 $y=c$(c 为常数)的导数.

解 (1) 求增量：

$$\Delta y = f(x+\Delta x) - f(x) = c - c = 0$$

(2) 求比值：

$$\frac{\Delta y}{\Delta x} = 0$$

(3) 取极限：

$$y' = \lim_{\Delta x\to 0}\frac{\Delta y}{\Delta x} = 0$$

故有

$$c' = 0$$

例 4 求函数 $y=x^2$的导数.

解 (1) 求增量：

$$\Delta y = (x+\Delta x)^2 - x^2 = 2x\Delta x + (\Delta x)^2$$

(2) 求比值：

$$\frac{\Delta y}{\Delta x} = 2x + \Delta x$$

(3) 取极限：

$$\lim_{\Delta x\to 0}\frac{\Delta y}{\Delta x} = \lim_{\Delta x\to 0}(2x+\Delta x) = 2x$$

故有

$$(x^2)' = 2x$$

一般地，对于幂函数 $y=x^a$的导数，有如下公式：

$$(x^a)' = ax^{a-1} \qquad (\text{其中 } a \text{ 为任意常数})$$

例 5 求函数 $y=\sin x$ 的导数.

解 (1) 求增量：

$$\Delta y = \sin(x+\Delta x) - \sin x = 2\cos\left(x+\frac{\Delta x}{2}\right)\sin\frac{\Delta x}{2}$$

(2) 求比值：

$$\frac{\Delta y}{\Delta x} = \cos\left(x+\frac{\Delta x}{2}\right)\frac{\sin\frac{\Delta x}{2}}{\frac{\Delta x}{2}}$$

(3) 取极限：

$$\lim_{\Delta x \to 0} \frac{\Delta y}{\Delta x} = \lim_{\Delta x \to 0} \cos\left(x + \frac{\Delta x}{2}\right) \frac{\sin \frac{\Delta x}{2}}{\frac{\Delta x}{2}} = \lim_{\Delta x \to 0} \cos\left(x + \frac{\Delta x}{2}\right) \lim_{\Delta x \to 0} \frac{\sin \frac{\Delta x}{2}}{\frac{\Delta x}{2}} = \cos x$$

故有

$$(\sin x)' = \cos x$$

类似地，可以得到

$$(\cos x)' = -\sin x$$

例 6　求对数函数 $y = \log_a x\,(a > 0,\ a \neq 1)$ 的导数.

解　(1) 求增量：

$$\Delta y = \log_a(x + \Delta x) - \log_a x = \log_a\left(1 + \frac{\Delta x}{x}\right)$$

(2) 求比值：

$$\frac{\Delta y}{\Delta x} = \frac{1}{x} \log_a \left(1 + \frac{\Delta x}{x}\right)^{\frac{x}{\Delta x}}$$

(3) 取极限：

$$\lim_{\Delta x \to 0} \frac{\Delta y}{\Delta x} = \lim_{\Delta x \to 0} \frac{1}{x} \log_a \left(1 + \frac{\Delta x}{x}\right)^{\frac{x}{\Delta x}} = \frac{1}{x} \log_a \left[\lim_{\Delta x \to 0} \left(1 + \frac{\Delta x}{x}\right)\right]^{\frac{x}{\Delta x}} = \frac{1}{x} \log_a \mathrm{e} = \frac{1}{x \ln a}$$

故有

$$(\log_a x)' = \frac{1}{x \ln a}$$

一般地，

$$(\log_a |x|)' = \frac{1}{x \ln a}, \quad (\ln |x|)' = \frac{1}{x}$$

例 7(边际利润)　在经济数学中，边际利润定义为产量增加一个单位时所增加的利润.

设某产品产量为 Q 个单位时总利润为 $L = L(Q)$，当产量由 Q 变为 $Q + \Delta Q$ 时，总利润函数的改变量为

$$\Delta L = L(Q + \Delta Q) - L(Q)$$

总利润函数的平均变化率为

$$\frac{\Delta L}{\Delta Q} = \frac{L(Q + \Delta Q) - L(Q)}{\Delta Q}$$

它表示产量由 Q 变到 $Q + \Delta Q$ 时，在平均意义下的边际利润.

当总利润函数 $L = L(Q)$ 可导时，其变化率

$$L'(Q) = \lim_{\Delta Q \to 0} \frac{\Delta L}{\Delta Q} = \lim_{\Delta Q \to 0} \frac{L(Q + \Delta Q) - L(Q)}{\Delta Q}$$

表示该产品产量为 Q 时的边际利润，即边际利润是总利润函数关于产量的导数.

类似地，在经济数学中，边际成本定义为多生产一个单位产品所增加的成本投入，即 $C'(Q)$，这里 $C(Q)$ 表示生产量为 Q 时的总成本投入.

2. 左、右导数

由于导数本身就是极限，而极限存在的充要条件是左、右极限存在且相等，因此，

极限：

$$\lim_{\Delta x \to 0^-} \frac{\Delta y}{\Delta x} = \lim_{\Delta x \to 0^-} \frac{f(x_0 + \Delta x) - f(x_0)}{\Delta x} = \lim_{x \to x_0^-} \frac{f(x) - f(x_0)}{x - x_0}$$

$$\lim_{\Delta x \to 0^+} \frac{\Delta y}{\Delta x} = \lim_{\Delta x \to 0^+} \frac{f(x_0 + \Delta x) - f(x_0)}{\Delta x} = \lim_{x \to x_0^+} \frac{f(x) - f(x_0)}{x - x_0}$$

分别称为函数 $y=f(x)$在点 x_0处的左导数和右导数，分别记为 $f'_-(x_0)$和 $f'_+(x_0)$.

于是，有如下定理.

定理 2.1 函数 $f(x)$在点 x_0处可导的充要条件是 $f(x)$在点 x_0处的左、右导数存在且相等.

例 8 设函数 $f(x)=\begin{cases} 2x-1, & x<1 \\ x^2, & x\geqslant 1 \end{cases}$，试讨论 $f(x)$在点 $x=1$ 处是否可导.

解 由于

$$f'_-(1) = \lim_{x \to 1^-} \frac{f(x) - f(1)}{x - 1} = \lim_{x \to 1^-} \frac{2x - 1 - 1}{x - 1} = 2$$

$$f'_+(1) = \lim_{x \to 1^+} \frac{f(x) - f(1)}{x - 1} = \lim_{x \to 1^+} \frac{x^2 - 1}{x - 1} = 2$$

故

$$f'(1) = 2$$

2.1.3 导数的几何意义

由引例 2 可知，函数 $y=f(x)$在点 x_0处的导数就是它所表示的曲线在点 $M_0(x_0, y_0)$处的切线 MT 的斜率，即

$$k = f'(x_0)$$

于是，曲线 $y=f(x)$在点 $M_0(x_0, y_0)$处的切线方程为

$$y - y_0 = f'(x_0)(x - x_0)$$

若 $f'(x_0)\neq 0$，则曲线 $y=f(x)$在点 $M_0(x_0, y_0)$处的法线方程为

$$y - y_0 = -\frac{1}{f'(x_0)}(x - x_0)$$

注 (1) 若 $f'(x)=0$，则 $y=f(x)$在点(x_0, y_0)处的切线平行于 x 轴，切线方程为 $y=y_0$，法线方程为 $x=x_0$.

(2) 若 $f'(x)=\infty$，则 $y=f(x)$在点(x_0, y_0)处的切线垂直于 x 轴，切线方程为 $x=x_0$，法线方程为 $y=y_0$.

例 9 求抛物线 $y=x^3$在点(1, 1)处的切线和法线方程.

解 因为 $y'=3x^2$，由导数的几何意义可知，曲线 $y=x^3$在点(1, 1)处的切线斜率为

$$k = y'|_{x=1} = 3$$

故所求切线方程为

$$y - 1 = 3(x - 1)$$

法线方程为

$$y - 1 = -\frac{1}{3}(x - 1)$$

2.1.4　可导与连续的关系

设函数 $y=f(x)$ 在点 x_0 处可导，即 $\lim\limits_{\Delta x\to 0}\dfrac{\Delta y}{\Delta x}$ 存在，由极限的运算法则得

$$\lim_{\Delta x\to 0}\Delta y=\lim_{\Delta x\to 0}\left(\frac{\Delta y}{\Delta x}\cdot\Delta x\right)=\lim_{\Delta x\to 0}\frac{\Delta y}{\Delta x}.\lim_{\Delta x\to 0}\Delta x=0$$

由函数连续性的定义可知，$f(x)$ 在点 x_0 处连续，故有如下结论.

定理 2.2　如果函数 $y=f(x)$ 在点 x_0 处可导，那么它在点 x_0 处一定连续. 反之，逆命题不一定成立.

例 10　讨论函数 $y=\begin{cases}x, & x\geqslant 0\\ -x, & x<0\end{cases}$ 在点 $x=0$ 处的连续性与可导性.

解　如图 2-2 所示，因为

$$\Delta y=f(0+\Delta x)-f(0)=|\Delta x|$$

所以

$$\lim_{\Delta x\to 0}\Delta y=\lim_{\Delta x\to 0}|\Delta x|=0$$

故 $y=\begin{cases}x, & x\geqslant 0\\ -x, & x<0\end{cases}$ 在点 $x=0$ 处连续.

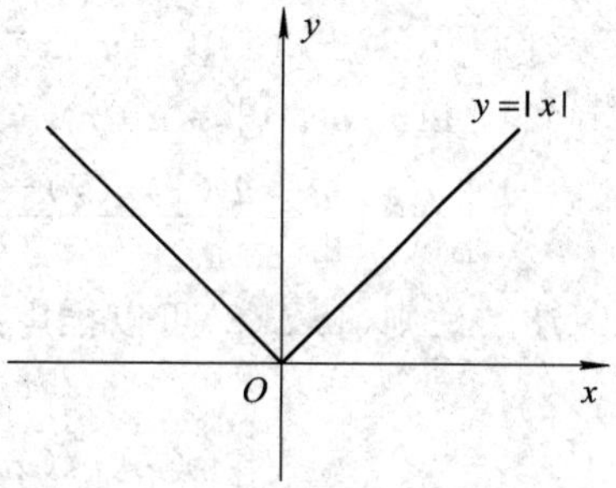

图 2-2

又因为

$$f'_+(0)=\lim_{\Delta x\to 0^+}\frac{\Delta y}{\Delta x}=\lim_{\Delta x\to 0^+}\frac{|\Delta x|}{\Delta x}=1$$

$$f'_-(0)=\lim_{\Delta x\to 0^-}\frac{\Delta y}{\Delta x}=\lim_{\Delta x\to 0^-}\frac{|\Delta x|}{\Delta x}=-1$$

显然左、右导数存在但不相等，故函数在点 $x=0$ 处不可导.

因此，函数连续是可导的必要而非充分条件.

同步练习 2.1

1. 填空题：

(1) $\left(\dfrac{1}{x}\right)'=$________；　(2) $(\sqrt{x})'=$________；

(3) $(x^{\frac{3}{2}})'=$________；　(4) $(\mathrm{lb}x)'=$________.

2. 利用导数定义求下列函数的导数：

(1) $f(x)=3x+1$；　(2) $f(x)=\cos x$.

3. 求曲线 $y=x^{\frac{2}{3}}$ 在点(1，1)处的切线方程和法线方程.

4. 设 $f'(x_0)=2$，利用导数定义试求：

(1) $\lim\limits_{h\to 0}\dfrac{f(x_0+2h)-f(x_0)}{h}$；　(2) $\lim\limits_{h\to 0}\dfrac{f(x_0-h)-f(x_0+h)}{h}$.

5. 讨论函数 $y=x^{\frac{1}{3}}$ 在点 $x=0$ 处的连续性与可导性.

2.2 导数的运算

函数的导数运算是微分学中的基本运算之一，当函数比较复杂时，利用定义求其导数往往是比较困难的．本节给出导数的四则运算法则、反函数求导法则以及复合函数求导法则，进而解决初等函数的导数运算问题．

2.2.1 导数的四则运算法则

定理 2.3 如果函数 $u=u(x)$、$v=v(x)$都在点 x 处可导，则函数 $u(x)\pm v(x)$、$u(x)v(x)$、$\dfrac{u(x)}{v(x)}(v(x)\neq 0)$也在点 x 处可导，且有

(1) $[u(x)\pm v(x)]'=u'(x)\pm v'(x)$；

(2) $[u(x)v(x)]'=u'(x)v(x)+u(x)v'(x)$；

(3) $\left[\dfrac{u(x)}{v(x)}\right]'=\dfrac{u'(x)v(x)-u(x)v'(x)}{v^2(x)}$，其中 $v(x)\neq 0$.

注 法则(1)、(2)可以推广到有限个函数的情形，即

$$(u\pm v\pm w)'=u'\pm v'\pm w'$$
$$(uvw)'=u'vw+uv'w+uvw'$$

其中 $u=u(x)$、$v=v(x)$、$w=w(x)$都在点 x 处可导.

在法则(2)中，如果 $u(x)=c$(c 为常数)，则$(cv)'=cv'$.

例 1 求函数 $y=x^2+\dfrac{3}{x}-\ln x+\sin a$ 的导数.

解
$$y'=(x^2)'+\left(\frac{3}{x}\right)'-(\ln x)'+(\sin a)'=2x-\frac{3}{x^2}-\frac{1}{x}$$

例 2 求函数 $y=(x^3+2x)\cos x$ 的导数.

解
$$\begin{aligned}y'&=(x^3+2x)'\cos x+(x^3+2x)(\cos x)'\\&=(3x^2+2)\cos x-(x^3+2x)\sin x\\&=3x^2\cos x+2\cos x-x^3\sin x-2x\sin x\end{aligned}$$

例 3 求函数 $y=\tan x$ 的导数.

解
$$y'=\left(\frac{\sin x}{\cos x}\right)'=\frac{\cos^2 x+\sin^2 x}{\cos^2 x}=\frac{1}{\cos^2 x}=\sec^2 x$$

即

$$(\tan x)'=\sec^2 x$$

类似地，可得

$$(\cot x)'=-\csc^2 x$$
$$(\sec x)'=\sec x\tan x$$
$$(\csc x)'=-\csc x\cot x$$

例 4 设 $f(x)=\dfrac{e^x\cos x}{x^2}$，求 $f'(x)$.

解
$$f'(x)=\frac{(e^x\cos x)'x^2-(e^x\cos x)(x^2)'}{x^4}$$
$$=\frac{(e^x\cos x-e^x\sin x)x^2-(e^x\cos x)2x}{x^4}$$
$$=\frac{e^x(x\cos x-x\sin x-2\cos x)}{x^3}$$

2.2.2　反函数的求导法则

定理 2.4　如果单调连续函数 $x=g(y)$在点 y 处可导，且 $g'(y)\neq 0$，则其反函数 $y=f(x)$在对应点 x 处也可导，且有

$$f'(x)=\frac{1}{g'(y)}\quad \text{或}\quad \frac{dy}{dx}=\frac{1}{\frac{dx}{dy}}$$

例 5　求 $y=a^x(a>0,\ a\neq 1)$的导数.

解　因为 $y=a^x$是 $x=\log_a y$ 的反函数，且有

$$\frac{dx}{dy}=\frac{1}{y\ln a}$$

所以

$$\frac{dy}{dx}=\frac{1}{\frac{dx}{dy}}=y\ln a=a^x\ln a$$

即

$$(a^x)'=a^x\ln a$$

特别地，当 $a=e$ 时，有

$$(e^x)'=e^x$$

例 6　求 $y=\arcsin x$，$x\in(-1,1)$的导数.

解　因为 $y=\arcsin x$ 是 $x=\sin y$ 的反函数，$y\in\left(-\frac{\pi}{2},\frac{\pi}{2}\right)$，且有

$$\frac{dx}{dy}=\cos y$$

所以

$$\frac{dy}{dx}=\frac{1}{\frac{dx}{dy}}=\frac{1}{\cos y}=\frac{1}{\sqrt{1-\sin^2 y}}=\frac{1}{\sqrt{1-x^2}}$$

即

$$(\arcsin x)'=\frac{1}{\sqrt{1-x^2}},\quad x\in(-1,1)$$

类似地，可得

$$(\arccos x)'=-\frac{1}{\sqrt{1-x^2}},\quad x\in(-1,1)$$

例 7　求 $y=\arctan x$ 的导数.

解 因为 $y=\arctan x$ 是 $x=\tan y\left(-\frac{\pi}{2}<y<\frac{\pi}{2}\right)$ 的反函数，且有

$$\frac{\mathrm{d}x}{\mathrm{d}y}=\sec^2 y\neq 0$$

所以

$$\frac{\mathrm{d}y}{\mathrm{d}x}=\frac{1}{\frac{\mathrm{d}x}{\mathrm{d}y}}=\frac{1}{\sec^2 y}=\frac{1}{1+\tan^2 y}=\frac{1}{1+x^2}$$

即

$$(\arctan x)'=\frac{1}{1+x^2}$$

类似地，可得

$$(\operatorname{arccot} x)'=-\frac{1}{1+x^2}$$

2.2.3 复合函数的求导法则

定理 2.5(复合函数的求导法则) 设函数 $u=\varphi(x)$ 在点 x 处可导，函数 $y=f(u)$ 在相应的点 u 处可导，则复合函数 $y=f[\varphi(x)]$ 在点 x 处也可导，且有

$$\frac{\mathrm{d}y}{\mathrm{d}x}=\frac{\mathrm{d}y}{\mathrm{d}u}\cdot\frac{\mathrm{d}u}{\mathrm{d}x}\quad\text{或}\quad y'_x=y'_u\cdot u'_x$$

该法则可以叙述为：复合函数的导数，等于复合函数对中间变量的导数乘以中间变量对自变量的导数.

注 该法则可以推广到多个中间变量的情形. 例如：$y=f(u)$、$u=\varphi(v)$、$v=\psi(x)$，则由它们构成的复合函数 $y=f\{\varphi[\psi(x)]\}$ 的导数为

$$\frac{\mathrm{d}y}{\mathrm{d}x}=\frac{\mathrm{d}y}{\mathrm{d}u}\cdot\frac{\mathrm{d}u}{\mathrm{d}v}\cdot\frac{\mathrm{d}v}{\mathrm{d}x}$$

例 8 求 $y=\cos(3x+5)$ 的导数.

解 设 $y=\cos u$，$u=3x+5$，则有

$$y'=(\cos u)'(3x+5)'=-3\sin u=-3\sin(3x+5)$$

例 9 求 $y=\sqrt{2x^2+5x-3}$ 的导数.

解 设 $y=\sqrt{u}$，$u=2x^2+5x-3$，则有

$$y'=(\sqrt{u})'(2x^2+5x-3)'=\frac{4x+5}{2\sqrt{u}}=\frac{4x+5}{2\sqrt{2x^2+5x-3}}$$

例 10 求 $y=\ln(\tan 3x)$ 的导数.

解 设 $y=\ln u$，$u=\tan v$，$v=3x$，则有

$$y'=(\ln u)'\cdot(\tan v)'\cdot(3x)'=\frac{1}{u}\cdot\sec^2 v\cdot 3=\frac{3\sec^2 3x}{\tan 3x}=6\csc 6x$$

由以上几例可以看出，运用复合函数求导法则计算函数导数的关键是：先把函数正确地分解成一些基本初等函数或简单函数，然后由外向里逐层求导. 在熟练掌握复合函数的求导公式后，在求导过程中就可以不写出中间变量，直接求复合函数的导数.

例 11　求函数 $y=e^{\tan\frac{1}{x}}$ 的导数.

解
$$y'=(e^{\tan\frac{1}{x}})'=e^{\tan\frac{1}{x}}\sec^2\frac{1}{x}\left(-\frac{1}{x^2}\right)=-\frac{1}{x^2}e^{\tan\frac{1}{x}}\sec^2\frac{1}{x}$$

例 12　求下列函数的导数：

(1) $y=\ln(x+\sqrt{x^2+x+6})$；

(2) $y=\sin^3(3x-2)$.

解　(1)
$$y'=\frac{1}{x+\sqrt{x^2+x+6}}\left(1+\frac{1}{2\sqrt{x^2+x+6}}\right)(2x+1)$$

(2)
$$y'=9\sin^2(3x-2)\cos(3x-2)$$

2.2.4　基本初等函数的导数公式

前面我们利用导数概念、四则运算求导法则、反函数求导法则等内容求出了部分基本初等函数的导数公式. 为了便于记忆和运算，下面将六类基本初等函数的导数公式归纳如下：

(1) $(C)'=0$（C 为常数）；

(2) $(x^a)'=ax^{a-1}$（a 为常数）；

(3) $(a^x)'=a^x\ln a(a>0, a\neq1)$；

(4) $(e^x)'=e^x$；

(5) $(\log_a x)'=\dfrac{1}{x\ln a}$；

(6) $(\ln x)'=\dfrac{1}{x}$；

(7) $(\sin x)'=\cos x$；

(8) $(\cos x)'=-\sin x$；

(9) $(\tan x)'=\sec^2 x$；

(10) $(\cot x)'=-\csc^2 x$；

(11) $(\sec x)'=\sec x\tan x$；

(12) $(\csc x)'=-\csc x\cot x$；

(13) $(\arcsin x)'=\dfrac{1}{\sqrt{1-x^2}}$；

(14) $(\arccos x)'=-\dfrac{1}{\sqrt{1-x^2}}$；

(15) $(\arctan x)'=\dfrac{1}{1+x^2}$；

(16) $(\text{arccot}\,x)'=-\dfrac{1}{1+x^2}$.

2.2.5　高阶导数

2.1.1 节的引例 1 中介绍了变速直线运动的瞬时速度 $v(t)$ 是路程函数 $s=s(t)$ 对时间 t 的导数，即 $v(t)=s'(t)$. 由物理学可知，速度函数 $v(t)$ 对于时间 t 的变化率就是加速度，即

$a(t)=v'(t)$. 于是，加速度 $a(t)$ 就是路程函数 $s=s(t)$ 对时间 t 的导数的导数，我们称为路程函数 $s(t)$ 对时间 t 的二阶导数，记作 $s''(t)$，即 $a(t)=s''(t)$.

一般地，函数 $y=f(x)$ 在点 x 的导数 $y'=f'(x)$ 仍是 x 的函数，若导函数 $f'(x)$ 在点 x 的导数 $[f'(x)]'$ 存在，则称 $[f'(x)]'$ 为函数 $f(x)$ 在点 x 的二阶导数，记作 $f''(x)$ 或 y'' 或 $\frac{d^2y}{dx^2}$ 或 $\frac{d^2f}{dx^2}$.

类似地，二阶导数 $f''(x)$ 的导数称为 $f(x)$ 的三阶导数，记作 $f'''(x)$ 或 y''' 或 $\frac{d^3y}{dx^3}$ 或 $\frac{d^3f}{dx^3}$.

$n-1$ 阶导数的导数称为 $f(x)$ 的 n 阶导数，记作 $f^{(n)}(x)$ 或 $y^{(n)}$ 或 $\frac{d^ny}{dx^n}$ 或 $\frac{d^nf}{dx^n}$.

二阶及二阶以上的导数统称为高阶导数.

由高阶导数的定义可知，求高阶导数并不需要新方法，只需要进行一系列的求导运算，直到所求的阶数即可.

例 13 求下列函数的二阶导数：

(1) $y=x^3+3x^2+1$；

(2) $y=x^2e^{2x}$.

解 (1) $$y'=3x^2+6x,\quad y''=6x+6$$

(2) $$y'=2xe^{2x}+2x^2e^{2x},\quad y''=2e^{2x}+8xe^{2x}+4x^2e^{2x}=e^{2x}(2+8x+4x^2)$$

例 14 设 $f(x)=x^2\ln x$，求 $f'''(x)$、$f'''(2)$.

解 由 $f'(x)=2x\ln x+x$，$f''(x)=2\ln x+3$ 得

$$f'''(x)=\frac{2}{x}$$

故

$$f'''(2)=1$$

例 15 求 $y=\sin x$ 的 n 阶导数.

解 由于

$$y'=\cos x=\sin\left(x+\frac{\pi}{2}\right)$$

$$y''=-\sin x=\sin\left(x+2\cdot\frac{\pi}{2}\right)$$

$$y'''=-\cos x=\sin\left(x+3\cdot\frac{\pi}{2}\right)$$

$$\vdots$$

故以此类推，可得

$$y^{(n)}=\sin\left(x+n\cdot\frac{\pi}{2}\right)$$

同步练习 2.2

1. 求下列函数的导数：

(1) $y=2x^2-x-3$；

(2) $y=3\arcsin x+\ln x-e^a+10$；

(3) $y=x^2\arctan x$；　　(4) $y=x\sin x\ln x$；

(5) $y=\dfrac{x^2-x+2}{x+3}$；　　(6) $y=\dfrac{x+\ln x}{x^2}$.

2. 求下列函数的导数：

(1) $y=(2x+1)^6$；　　(2) $y=\sqrt{4x^2-2x+1}$；

(3) $y=e^x\sec 3x$；　　(4) $y=\arcsin\sqrt{10-x^2}$；

(5) $y=\arctan\sqrt{x}$；　　(6) $y=\left(\arccos\dfrac{x}{3}\right)^3$；

(7) $y=2^{\sin 2x+\tan x}$；　　(8) $y=\sqrt{\ln x}+\ln\sqrt{x}$.

3. 一物体沿直线运动，运动规律为 $s=\dfrac{1}{3}t^3-t^2+t$，何时速度为零？

4. 求下列函数的二阶导数：

(1) $y=3x^2-9x-3$；　　(2) $y=e^{-x}\cos x$；

(3) $y=\cos^2 x$；　　(4) $y=x\ln x$.

2.3　微　　分

我们知道，导数表示函数在点 x 处的变化率，它描述了函数在点 x 处变化的快慢程度，在许多实际问题中，常常还需要了解函数在一点处当自变量有一个微小的改变量时，函数取得相应改变量的大小. 一般地，计算函数改变量 Δy 的精确值往往比较繁琐，于是我们需要寻找一种当 Δx 很小时，能近似替代 Δy 的量，从而引入微分概念.

2.3.1　微分的概念

1. 微分的概念

引例　一块正方形金属薄片受温度变化的影响，其边长由 x_0 变到 $x_0+\Delta x$，如图 2-3 所示，求此薄片的面积改变量.

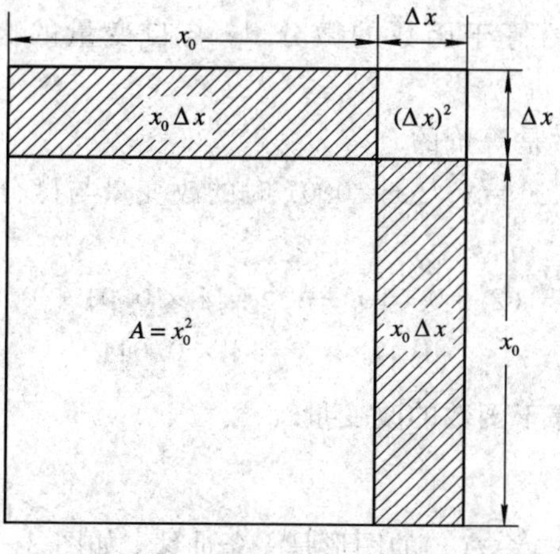

图 2-3

分析　设正方形金属薄片的边长为 x，面积为 A，则 $A=x^2$，薄片受温度变化影响时，面积 A 的改变量为

$$\Delta A=(x_0+\Delta x)^2-x_0^2=2x_0\Delta x+(\Delta x)^2$$

上式包含两个部分：第一部分 $2x_0\Delta x$ 是 Δx 的线性函数，即图中带有斜线的两个矩形面积之和；第二部分 $(\Delta x)^2$ 在图中是空白的小正方形的面积，因为 $\lim\limits_{\Delta x\to 0}\dfrac{(\Delta x)^2}{\Delta x}=0$，即第二部分 $(\Delta x)^2$ 是比 Δx 高阶的无穷小. 由此可见，如果边长 x 的改变量 Δx 的绝对值很小，第二部分 $(\Delta x)^2$ 就可以忽略不计，面积增量 ΔA 可近似地用第一部分代替，即

$$\Delta A\approx 2x_0\Delta x$$

又因为

$$A'(x_0)=(x^2)'\big|_{x=x_0}=2x_0$$

故有

$$\Delta A\approx A'(x_0)\Delta x$$

上述结论具有一般性，于是引入微分概念.

定义 2.3　设函数 $y=f(x)$ 在点 x_0 处可导，则称 $f'(x_0)\Delta x$ 为函数 $y=f(x)$ 在点 x_0 处的微分，记作 $\mathrm{d}y$，即

$$\mathrm{d}y=f'(x_0)\Delta x$$

如引例中，函数 $A=x^2$ 在点 x_0 处的微分为

$$\mathrm{d}A=2x_0\Delta x$$

注　函数 $y=f(x)$ 在任意点 x 处的微分称为函数的微分，记作

$$\mathrm{d}y=f'(x)\Delta x$$

由于对于函数 $y=x$ 而言，$\mathrm{d}y=\mathrm{d}x=(x)'\Delta x=\Delta x$，这说明自变量的微分 $\mathrm{d}x$ 就等于它的改变量 Δx，故而函数的微分可以写成

$$\mathrm{d}y=f'(x)\mathrm{d}x$$

给上式两边同除以 $\mathrm{d}x$，可得

$$f'(x)=\frac{\mathrm{d}y}{\mathrm{d}x}$$

该式表明函数的导数 $f'(x)$ 等于函数的微分 $\mathrm{d}y$ 与自变量的微分 $\mathrm{d}x$ 的商，故导数也称微商.

显而易见，可导与可微是等价的.

例 1　求函数 $y=x^2$ 在 $x_0=2$、$\Delta x=0.01$ 时的改变量与微分.

解

$$\Delta y=(2+0.01)^2-2^2=4\times 0.01+0.0001$$

$$\mathrm{d}y\Big|_{\substack{x_0=2\\ \Delta x=0.01}}=4\times 0.01$$

由此可见，微分近似等于函数的改变量.

2. 微分的几何意义

在直角坐标系中，函数 $y=f(x)$ 的图形是一条曲线，如图 2-4 所示，设曲线上有一定点 $M_0(x_0,y_0)$，当自变量 x 有微小增量 Δx 时，得到曲线上另一动点 $M(x_0+\Delta x,y_0+\Delta y)$，

过点 M_0 作曲线的切线 M_0T，它的倾斜角为 α，则切线的斜率为

$$\tan\alpha = f'(x_0)$$

又由图中可得 $\tan\alpha=\dfrac{NT}{M_0N}$，$M_0N=\Delta x$，于是

$$NT = M_0N \cdot \tan\alpha = f'(x_0) \cdot \Delta x$$

即

$$\mathrm{d}y = NT$$

由此可见，函数微分的几何意义是：在曲线上某一点处，当自变量 x 取得微小改变量 Δx 时，曲线在该点处的切线上纵坐标的改变量.

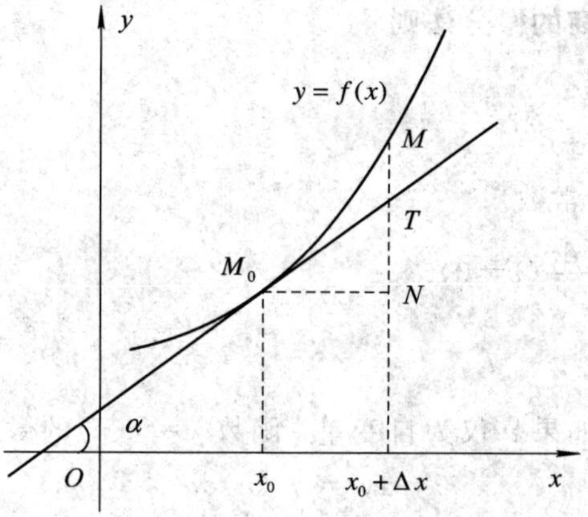

图 2-4

2.3.2　微分的计算

由于函数的微分 $\mathrm{d}y=f'(x)\mathrm{d}x$，故只需计算出函数的导数便可求出其微分. 于是，根据函数的导数公式与导数运算法则，便可得到相应的函数微分公式和运算法则.

1. 微分的基本公式

(1) $\mathrm{d}(C)=0$；

(2) $\mathrm{d}(x^a)=ax^{a-1}\mathrm{d}x$（$a$ 为常数）；

(3) $\mathrm{d}(a^x)=a^x\ln a\,\mathrm{d}x$；

(4) $\mathrm{d}(\mathrm{e}^x)=\mathrm{e}^x\,\mathrm{d}x$；

(5) $\mathrm{d}(\log_a x)=\dfrac{1}{x\ln a}\mathrm{d}x$；

(6) $\mathrm{d}(\ln x)=\dfrac{1}{x}\,\mathrm{d}x$；

(7) $\mathrm{d}(\sin x)=\cos x\,\mathrm{d}x$；

(8) $\mathrm{d}(\cos x)=-\sin x\,\mathrm{d}x$；

(9) $\mathrm{d}(\tan x)=\sec^2 x\,\mathrm{d}x$；

(10) $\mathrm{d}(\cot x)=-\csc^2 x\,\mathrm{d}x$；

(11) $\mathrm{d}(\sec x)=\sec x\tan x\,\mathrm{d}x$；

(12) $d(\csc x)=-\csc x\cot x\,dx$;

(13) $d(\arcsin x)=\frac{1}{\sqrt{1-x^2}}\,dx$;

(14) $d(\arccos x)=-\frac{1}{\sqrt{1-x^2}}\,dx$;

(15) $d(\arctan x)=\frac{1}{1+x^2}\,dx$;

(16) $d(\text{arccot}\,x)=-\frac{1}{1+x^2}\,dx$.

2. 函数和、差、积、商的微分法则

(1) $d(u\pm v)=du\pm dv$;

(2) $d(uv)=v\,du+u\,dv$;

(3) $d(cu)=c\,du$(c 为常数);

(4) $d\left(\frac{u}{v}\right)=\frac{v\,du-u\,dv}{v^2}(v\neq 0)$.

3. 微分形式的不变性

对于函数 $y=f(u)$,如果 u 仅为自变量,函数 $y=f(u)$的微分是

$$dy=f'(u)du$$

如果 u 不是自变量,而是 x 的可导函数 $u=\varphi(x)$,则由于复合函数 $y=f[\varphi(x)]$的导数为

$$y'=f'(u)\varphi'(x)$$

所以函数的微分为

$$dy=f'(u)\varphi'(x)dx$$

又由于中间变量 u 的微分为

$$du=\varphi'(x)dx$$

所以

$$dy=f'(u)du$$

由此可知,无论 u 是自变量还是中间变量,函数 $y=f(u)$的微分总是保持同一形式 $dy=f'(u)du$,这一性质称为函数微分形式的不变性. 利用它求复合函数的微分比较方便.

例 2 设 $y=\sin^2(2x+1)$,求 dy.

解 方法 1:因为

$$y'=2\sin(2x+1)\cos(2x+1)\cdot 2=2\sin(4x+2)$$

所以

$$dy=2\sin(4x+2)dx$$

方法 2:

$$\begin{aligned}dy&=2\sin(2x+1)d\sin(2x+1)\\&=2\sin(2x+1)\cos(2x+1)d(2x+1)\\&=2\sin(4x+2)dx\end{aligned}$$

例 3　设 $y=\ln\cos 2x$，求 $\mathrm{d}y$.

解　方法 1：因为

$$y'=\frac{1}{\cos 2x}(-\sin 2x)\cdot 2=-2\tan 2x$$

所以

$$\mathrm{d}y=-2\tan 2x\,\mathrm{d}x$$

方法 2：

$$\mathrm{d}y=\frac{1}{\cos 2x}\mathrm{d}\cos 2x=\frac{1}{\cos 2x}(-\sin 2x)\mathrm{d}(2x)=-2\tan 2x\,\mathrm{d}x$$

2.3.3　微分在近似计算中的应用

如果函数 $y=f(x)$在点 x_0处的导数 $f'(x_0)$存在，且当$|\Delta x|$很小时，由微分概念可得

$$\Delta y\approx f'(x_0)\Delta x\quad\text{（函数增量 }\Delta y\text{ 的近似计算公式）}$$

又 $\Delta y=f(x_0+\Delta x)-f(x_0)$，上式可变为

$$f(x_0+\Delta x)-f(x_0)\approx f'(x_0)\Delta x$$

即

$$f(x_0+\Delta x)\approx f(x_0)+f'(x_0)\Delta x\quad\text{（函数在点 }x_0\text{ 附近某一点函数值的近似计算公式）}$$

例 4　一种金属圆片，半径为 20 cm，加热后其半径增大 0.05 cm，则该金属圆片的面积增大了多少？

解　圆面积公式为 $S=\pi r^2$，令 $r_0=20$ cm，$\Delta r=0.05$ cm，则面积增量为

$$\Delta S=2\pi r_0\cdot\Delta r\approx 2\times 3.14\times 20\times 0.05=6.28\ \text{cm}^2$$

例 5　计算 $\sqrt[3]{0.97}$的近似值.

解　设 $f(x)=\sqrt[3]{x}$，令 $x_0=1$，$\Delta x=-0.03$，则由函数在点 x_0 附近某一点函数值的近似计算公式可得

$$\sqrt[3]{0.97}\approx\sqrt[3]{1}+\frac{1}{3}x^{-\frac{2}{3}}\Big|_{x_0=1}\times(-0.03)=0.99$$

同步练习 2.3

1. 选取适当的函数填入下列括号内，使各等式成立：

(1) $\mathrm{d}(\qquad)=\frac{1}{\sqrt{x}}\mathrm{d}x$；　(2) $\mathrm{d}(\qquad)=x^3\mathrm{d}x$；

(3) $\mathrm{d}(\qquad)=\frac{1}{\sqrt{1-x^2}}\mathrm{d}x$；　(4) $\mathrm{d}(\qquad)=-\frac{1}{x^2}\mathrm{d}x$；

(5) $\mathrm{d}(\qquad)=\mathrm{e}^{3x}\mathrm{d}x$；　(6) $\mathrm{d}(\qquad)=\sec x\tan x\,\mathrm{d}x$.

2. 求下列函数的微分：

(1) $y=\sqrt{x}+\sin 2x$；　(2) $y=\mathrm{e}^{2x}\sin 3x$；

(3) $y=\arccos^2 2x$；　(4) $y=\ln(1+2x^2)$；

(5) $y=\tan^3(2x^2-x+3)$；　(6) $y=\mathrm{e}^{\arctan\frac{1}{x}}$.

3. 利用微分求近似值：

(1) $\sqrt{1.01}$；　　(2) $e^{0.02}$；

(3) $\sin 31°$；　　(4) arctan1.01；

(5) $\sqrt[3]{65}$.

4. 设某国的国民经济消费模型为 $y=10+0.4x+0.01x^{\frac{1}{2}}$，其中 y 为总消费(单位：十亿元). x 为可支配收入(单位：十亿元). 当 $x=100.05$ 时，问总消费是多少？

本章小结

本章主要介绍了导数和微分的基本概念及基本运算，主要内容如下：

1. 基本概念

(1) 导数：

$$f'(x_0)=\lim_{\Delta x\to 0}\frac{\Delta y}{\Delta x}=\lim_{\Delta x\to 0}\frac{f(x_0+\Delta x)-f(x_0)}{\Delta x}=\lim_{x\to x_0}\frac{f(x)-f(x_0)}{x-x_0}$$

(2) 导函数：

$$f'(x)=\lim_{\Delta x\to 0}\frac{\Delta y}{\Delta x}=\lim_{\Delta x\to 0}\frac{f(x+\Delta x)-f(x)}{\Delta x}$$

(3) 函数微分：

$$y=f'(x)\Delta x=f'(x)\mathrm{d}x$$

2. 导数的意义

(1) 物理意义：变速直线运动的瞬时速度.

(2) 几何意义：曲线上某点的切线斜率.

(3) 经济意义：边际成本.

3. 微分的几何意义

微分的几何意义：曲线上某点的切线上对应的纵坐标的改变量.

4. 基本运算

(1) 导数的四则运算法则：设函数 $u=u(x)$、$v=v(x)$都在点 x 处可导，则

① $[u(x)\pm v(x)]'=u'(x)+v'(x)$；

② $[u(x)v(x)]'=u'(x)v(x)+u(x)v'(x)$；

③ $\left[\frac{u(x)}{v(x)}\right]'=\frac{u'(x)v(x)-u(x)v'(x)}{v^2(x)}$，其中 $v(x)\neq 0$.

推论：$(cu)'=cu'$(c 是常数)，$\left(\frac{1}{v}\right)'=-\frac{v'}{v^2}(v\neq 0)$.

(2) 复合函数求导法则：设函数 $u=\varphi(x)$在点 x 处可导，函数 $y=f(u)$在相应的 u 处可导，则复合函数 $y=f[\varphi(x)]$在点 x 处可导，且有

$$\frac{\mathrm{d}y}{\mathrm{d}x}=\frac{\mathrm{d}y}{\mathrm{d}u}\cdot\frac{\mathrm{d}u}{\mathrm{d}x}\quad 或\quad y'_x=y'_u\cdot u'_x$$

(3) 反函数求导法则：如果单调连续函数 $x=\varphi(y)$ 在点 y 处可导，且 $\varphi'(y)\neq 0$，则其反函数 $y=f(x)$ 在对应的点 x 处也可导，且有

$$f'(x)=\frac{1}{\varphi'(x)} \quad 或 \quad \frac{dy}{dx}=\frac{1}{\frac{dx}{dy}}$$

5. 微分在近似计算中的简单应用

当 $|\Delta x|$ 很小时，有如下近似计算公式：

$$\Delta y\approx f'(x_0)\Delta x$$
$$f(x_0+\Delta x)\approx f(x_0)+f'(x_0)\Delta x$$

单元测试 2

1. 选择题：

(1) 设 $f(0)=0$，且极限 $\lim\limits_{x\to 0}\frac{f(x)}{x}$ 存在，则 $\lim\limits_{x\to 0}\frac{f(x)}{x}=$(　　).

A. $f(0)$　　B. $f'(0)$　　C. $f'(x)$　　D. 0

(2) 设 $f'(x_0)=1$，则 $\lim\limits_{h\to 0}\frac{f(x_0-2h)-f(x_0)}{3h}=$(　　).

A. 1　　B. 2　　C. $-\frac{2}{3}$　　D. 0

(3) 下列命题正确的是(　　).

A. 若函数 $y=f(x)$ 在点 x_0 处有极限，则它在点 x_0 处连续

B. 若函数 $y=f(x)$ 在点 x_0 处连续，则它在点 x_0 处可导

C. 若函数 $y=f(x)$ 在点 x_0 处连续，则它在点 x_0 处可微

D. 若函数 $y=f(x)$ 在点 x_0 处可导，则它在点 x_0 处可微

(4) 曲线 $y=x^3-2x-1$ 在点(1，−2)处的切线方程是(　　).

A. $x-y-3=0$　　B. $x+y-3=0$

C. $y=2x+1$　　D. $y=2x-1$

(5) 设 $y=\ln\sin x$，则 $y'=$(　　).

A. $\frac{1}{\sin x}$　　B. $\frac{1}{\cos x}$　　C. $\cot x$　　D. $\tan x$

(6) 设 $y=\ln|x|$，则 $dy=$(　　).

A. $\frac{1}{|x|}dx$　　B. $-\frac{1}{|x|}dx$　　C. $\frac{1}{x}dx$　　D. $-\frac{1}{x}dx$.

2. 填空题：

(1) 函数 $y=f(x)$ 在点 $x_0=2$ 处的切线倾斜角为 $\frac{\pi}{6}$，则 $f'(2)=$ ________；

(2) 函数 $f(x)$ 在点 x_0 处连续是它在该点可导的________条件(填“充分”或“必要”)；

(3) 设 $f(x)=\ln\sqrt{x}$，则 $dy=$ ________；

(4) 设 $f(x)=x\ln x$，则 $f''(1)=$ ________；

(5) $\arcsin 0.01\approx$________，$\sqrt[3]{1.01}\approx$________；

(6) 曲线 $y=x-e^{2x}$ 上点________处的切线与直线 $y=x+1$ 垂直.

3. 求下列函数的导数：

(1) $y=\sqrt{x}-\sin x+e^{a}-7$；

(2) $y=\left(\sqrt{x}+\frac{1}{\sqrt{x}}\right)^{2}$；

(3) $y=\cos^{3}\frac{1}{x}$；

(4) $y=(5x+11)^{3}$；

(5) $y=\ln(x+\sqrt{x^{2}+3})$；

(6) $y=\arcsin^{2}3x$；

(7) $y=\ln\tan\frac{x}{3}$；

(8) $y=3^{x\ln x}$.

4. 求下列函数的高阶导数：

(1) $y=4x^{3}-2x^{2}+x-9$，求 y''；

(2) $y=x^{2}\arctan x$，求 y''；

(3) $y=x^{2}e^{x}$，求 $y''(0)$；

(4) $y=xe^{x}$，求 $y^{(n)}$.

5. a、b 取何值时，可以使 $y=\frac{1}{x}$ 和 $y=ax+b$ 相切于点 $\left(2,\frac{1}{2}\right)$.

6. 求下列函数的微分：

(1) $y=\sqrt{\sin x}$；

(2) $y=\arctan x^{2}$；

(3) $y=e^{2x}\ln x$；

(4) $y=\sin x^{2}$.

7. 利用微分求近似值：

(1) $\sqrt[3]{1.01}$；

(2) $\arctan 0.03$.

第 3 章　微分中值定理及其应用

第 2 章中，我们学习了导数的概念及其求导方法，在此基础上，本章将介绍微分中值定理，利用导数求极限的方法——洛必达法则，以及利用导数来研究函数的某些性态的一般方法，并解决一些实际问题.

3.1　微分中值定理

微分中值定理是微积分学中的重要理论基础，它包括三个定理和两个推论.

3.1.1　罗尔定理

定理 3.1(罗尔(Rolle)定理)　如果函数 $f(x)$满足条件：

(1) 在闭区间$[a, b]$上连续；

(2) 在开区间(a, b)内可导；

(3) $f(a)=f(b)$，

则在开区间(a, b)内至少存在一点 ξ，使得 $f'(\xi)=0$.

罗尔定理的几何意义如下：图 3-1 中，函数 $y=f(x)$表示了(a, b)内一条光滑连续的曲线，且曲线两端点 A、B 的纵坐标相等，即 $f(a)=f(b)$，那么在曲线上至少存在一点 ξ，使得曲线在该点处的切线平行于 x 轴，即 $f'(\xi)=0$.

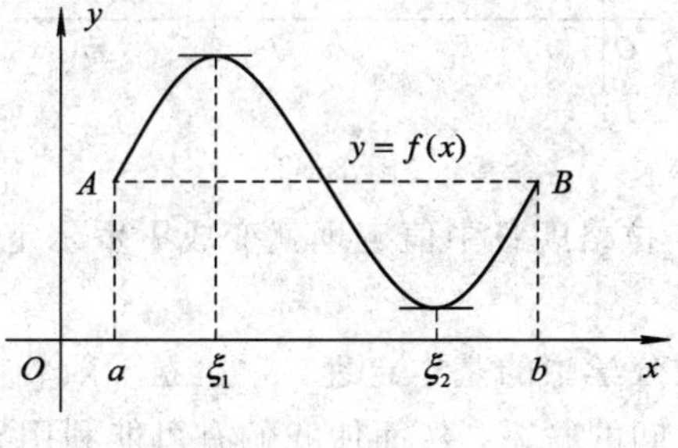

图 3-1

例 1　验证函数 $f(x)=x\sqrt{2-x}$在区间$[0, 2]$上满足罗尔定理的条件，并求出罗尔定理中的 ξ 值.

解　显然，函数 $f(x)=x\sqrt{2-x}$在闭区间$[0, 2]$上连续，在开区间$(0, 2)$内可导，且 $f(0)=0$，$f(2)=0$.

又由于

$$f'(x) = \sqrt{2-x} + \frac{-x}{2\sqrt{2-x}} = \frac{4-3x}{2\sqrt{2-x}}$$

令 $f'(x)=0$，解得

$$x = \frac{4}{3}$$

因 $\frac{4}{3}\in(0, 2)$，故取 $\xi=\frac{4}{3}$.

3.1.2 拉格朗日(Lagrange)中值定理

定理 3.2(拉格朗日(Lagrange)中值定理) 如果函数 $f(x)$满足条件：

(1) 在闭区间$[a, b]$上连续；

(2) 在开区间(a, b)内可导，

则在区间(a, b)内至少存在一点 ξ，使得

$$f'(\xi) = \frac{f(b)-f(a)}{b-a}$$

或

$$f(b)-f(a) = f'(\xi)(b-a)$$

显然，拉格朗日中值定理的几何意义如下：图 3-2 中，函数 $y=f(x)$表示了(a, b)内一条光滑连续的曲线，则在曲线上至少存在一点 ξ，使得曲线在该点处的切线与弦 AB 平行.

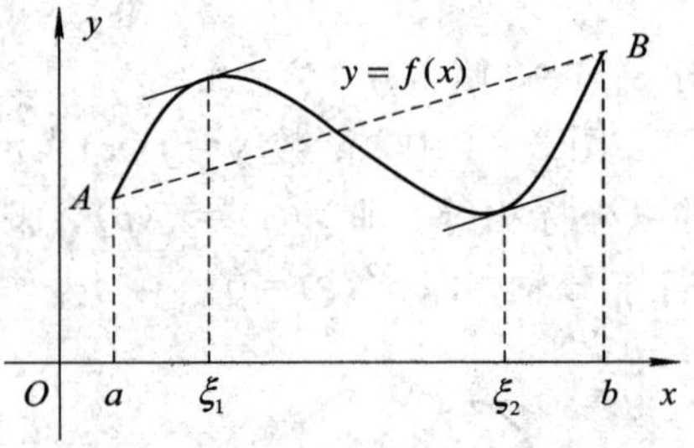

图 3-2

注 当 $f(a)=f(b)$时，拉格朗日中值定理就变成了罗尔定理，即罗尔定理是拉格朗日中值定理的特殊情形.

拉格朗日中值定理是微分学中的基本定理，它建立了函数在一个区间上的改变量和函数在该区间内某点的导数之间的联系，从而使我们有可能利用导数去研究函数在区间上的性态.

拉格朗日中值定理有如下两个推论.

推论 1 如果函数 $f(x)$在(a, b)内每一点的导数 $f'(x)=0$，则在(a, b)内 $f(x)$为一个常数.

证明 在(a, b)内任取两点 x_1、x_2，且 $x_1<x_2$，于是 $f(x)$在闭区间$[x_1, x_2]$上满足拉格朗日中值定理条件，因此在(x_1, x_2)内必存在一点 ξ，使得

$$f(x_2)-f(x_1) = f'(\xi)\cdot(x_2-x_1)$$

又因为在(a, b)内恒有 $f'(x)=0$，故 $f'(\xi)=0$，从而

$$f(x_2)-f(x_1)=0$$

即

$$f(x_2)=f(x_1)$$

由于 x_1、x_2 是(a, b)内的任意两点，故证得在(a, b)内 $f(x)$是常函数.

推论 2　如果函数 $f(x)$和 $g(x)$在区间(a, b)内的导数处处相等，即 $f'(x)=g'(x)$，则 $f(x)$和 $g(x)$在区间(a, b)内只相差一个常数，即

$$f(x)=g(x)+C$$

例 2　求证：在$(-\infty, +\infty)$内，$\arctan x+\operatorname{arccot} x=\dfrac{\pi}{2}$恒成立.

证明　令 $f(x)=\arctan x+\operatorname{arccot} x$，则有

$$f'(x)=\frac{1}{1+x^2}+\left(-\frac{1}{1+x^2}\right)=0$$

故由推论 1 知 $f(x)$在$(-\infty, +\infty)$内是一个常函数，即

$$\arctan x+\operatorname{arccot} x=C \qquad (C\text{ 为常数})$$

取 $x=1$，可得

$$\arctan 1+\operatorname{arccot} 1=\frac{\pi}{2}$$

故证得在$(-\infty, +\infty)$内，

$$\arctan x+\operatorname{arccot} x=\frac{\pi}{2}$$

恒成立.

例 3　求证：当 $x>0$ 时，不等式 $x>\ln(1+x)$成立.

证明　设 $f(x)=x-\ln(1+x)$，因为 $f(x)$为初等函数，故其在$[0, +\infty)$上连续. 又

$$f'(x)=1-\frac{1}{1+x}$$

由此可知 $f(x)$在$(0, +\infty)$内可导，于是 $f(x)$在区间$[0, x]$$(x>0)$上满足拉格朗日中值定理条件，所以至少存在一点 $\xi\in(0, x)$，使得

$$f(x)-f(0)=f'(\xi)(x-0)$$

而

$$f'(\xi)=1-\frac{1}{1+\xi}=\frac{\xi}{1+\xi}$$

已知 $x>0$，所以 $\xi>0$，$\dfrac{\xi}{1+\xi}>0$，从而 $f'(\xi)>0$，且 $f(0)=0$，于是

$$f(x)>0$$

即

$$x>\ln(1+x)$$

3.1.3　柯西定理

定理 3.3(柯西(Cauchy)定理)　如果函数 $f(x)$与 $g(x)$都在闭区间$[a, b]$上连续，在

开区间(a, b)内可导，且$g'(x)\neq 0$，则在开区间(a, b)内至少存在一点ξ，使得

$$\frac{f(b)-f(a)}{g(b)-g(a)}=\frac{f'(\xi)}{g'(\xi)}$$

注 在该定理中，如果令$g(x)=x$，柯西定理就变成了拉格朗日中值定理，故拉格朗日中值定理是柯西定理的特殊情形.

同步练习3.1

1. 验证函数$f(x)=x\sqrt{3-x}$在区间$[0, 3]$上满足罗尔定理条件，并求出罗尔定理结论中的ξ值.

2. 判断函数$f(x)=2x^3$在区间$[-1, 1]$是否满足拉格朗日中值定理条件？如满足，求出定理中的ξ值.

3. 求证：在区间$[-1, 1]$上，$\arcsin x+\arccos x=\frac{\pi}{2}$恒成立.

4. 求证：

(1) 当$x>0$时，不等式$1+\frac{1}{2}x>\sqrt{1+x}$成立；

(2) 当$x>0$时，不等式$xe^x>e^x-1$成立.

3.2 洛必达法则

在求极限的过程中，我们经常会遇到分子、分母极限同时趋于零或趋于无穷大的情形，例如$\lim\limits_{x\to 0}\frac{\sin 3x}{2x}$和$\lim\limits_{x\to +\infty}\frac{\ln x}{x}$，这时比值的极限可能存在，也可能不存在，通常我们把这种类型的极限称为“$\frac{0}{0}$”型或“$\frac{\infty}{\infty}$”型基本未定式. 本节介绍的洛必达法则就是以导数为工具求未定式极限的方法.

3.2.1 “$\frac{0}{0}$”和“$\frac{\infty}{\infty}$”基本未定式

定理 3.4(洛必达法则一) 如果函数$f(x)$与$g(x)$满足条件：

(1) $\lim\limits_{x\to x_0}f(x)=0$，$\lim\limits_{x\to x_0}g(x)=0$；

(2) $f(x)$与$g(x)$在点x_0的某个邻域内(点x_0可除外)可导，且$g'(x)\neq 0$；

(3) $\lim\limits_{x\to x_0}\frac{f'(x)}{g'(x)}=A$(或$\infty$)，

则有

$$\lim_{x\to x_0}\frac{f(x)}{g(x)}=\lim_{x\to x_0}\frac{f'(x)}{g'(x)}=A(\text{或}\ \infty)$$

定理 3.5(洛必达法则二) 如果函数$f(x)$与$g(x)$满足条件：

(1) $\lim\limits_{x\to x_0}f(x)=\infty$，$\lim\limits_{x\to x_0}g(x)=\infty$；

(2) $f(x)$与$g(x)$在点x_0的某个邻域内(点x_0可除外)可导，且$g'(x)\neq 0$;

(3) $\lim\limits_{x\to x_0}\dfrac{f'(x)}{g'(x)}=A$(或$\infty$)，

则有

$$\lim_{x\to x_0}\frac{f(x)}{g(x)}=\lim_{x\to x_0}\frac{f'(x)}{g'(x)}=A(\text{或}\ \infty)$$

注　(1) 对于法则一和法则二，把$x\to x_0$改为$x\to\infty$，该法则仍然成立.

(2) 如果应用洛必达法则后，仍得到未定式“$\dfrac{0}{0}$”型或“$\dfrac{\infty}{\infty}$”型，则当其满足定理条件时，可重复使用该法则.

例 1　求$\lim\limits_{x\to 2}\dfrac{x^2-4}{x^2-5x+6}$.

解　这是“$\dfrac{0}{0}$”型未定式，因此

$$\lim_{x\to 2}\frac{x^2-4}{x^2-5x+6}=\lim_{x\to 2}\frac{2x}{2x-5}=-4$$

例 2　求$\lim\limits_{x\to 0}\dfrac{e^x-1}{x}$.

解　这是“$\dfrac{0}{0}$”型未定式，因此

$$\lim_{x\to 0}\frac{e^x-1}{x}=\lim_{x\to 0}\frac{e^x}{1}=1$$

例 3　求$\lim\limits_{x\to 0}\dfrac{1-\cos x}{x^3}$.

解　这是“$\dfrac{0}{0}$”型未定式，因此

$$\lim_{x\to 0}\frac{1-\cos x}{x^3}=\lim_{x\to 0}\frac{\sin x}{3x^2}=\lim_{x\to 0}\frac{\cos x}{6x}=\infty$$

例 4　求$\lim\limits_{x\to +\infty}\dfrac{\ln^2 x}{x}$.

解　这是“$\dfrac{\infty}{\infty}$”型未定式，因此

$$\lim_{x\to+\infty}\frac{\ln^2 x}{x}=\lim_{x\to+\infty}\frac{2\ln x}{x}=\lim_{x\to+\infty}\frac{2}{x}=0$$

注　该题中使用一次洛必达法则后仍满足法则条件，故可重复使用.

例 5　求$\lim\limits_{x\to\frac{\pi}{2}^+}\dfrac{\ln\left(x-\dfrac{\pi}{2}\right)}{\tan x}$.

解　这是“$\dfrac{\infty}{\infty}$”型未定式，因此

$$\lim_{x\to\frac{\pi}{2}^+}\frac{\ln\left(x-\dfrac{\pi}{2}\right)}{\tan x}=\lim_{x\to\frac{\pi}{2}^+}\frac{\cos^2 x}{x-\dfrac{\pi}{2}}=\lim_{x\to\frac{\pi}{2}^+}(-2\cos x\sin x)=0$$

3.2.2 其他未定式

洛必达法则除了求“$\frac{0}{0}$”型和“$\frac{\infty}{\infty}$”型基本未定式的极限外，还可以用来求“$0\cdot\infty$”、“$\infty-\infty$”、“0^0”、“∞^0”、“1^∞”型等其他未定式的极限，但需先将它们化为基本未定式“$\frac{0}{0}$”或“$\frac{\infty}{\infty}$”型，再使用洛必达法则计算.

例 6 求$\lim\limits_{x\to0^+}x^2\ln x$.

解 这是“$0\cdot\infty$”型未定式，因此

$$\lim_{x\to0^+}x^2\ln x=\lim_{x\to0^+}\frac{\ln x}{x^{-2}}=-\frac{1}{2}\lim_{x\to0^+}\frac{\frac{1}{x}}{\frac{1}{x^3}}=-\frac{1}{2}\lim_{x\to0^+}x^2=0$$

例 7 求$\lim\limits_{x\to0}\left(\frac{1}{x}-\frac{1}{e^x-1}\right)$.

解 这是“$\infty-\infty$”型未定式，因此

$$\lim_{x\to0}\left(\frac{1}{x}-\frac{1}{e^x-1}\right)=\lim_{x\to0}\frac{e^x-x-1}{x(e^x-1)}=\lim_{x\to0}\frac{e^x-1}{xe^x+e^x-1}$$

$$=\lim_{x\to0}\frac{e^x}{xe^x+2e^x}=\frac{1}{2}$$

例 8 求$\lim\limits_{x\to+\infty}x^{\frac{1}{x}}$.

解 这是“∞^0”型未定式，因此

$$\lim_{x\to+\infty}x^{\frac{1}{x}}=\lim_{x\to+\infty}e^{\frac{1}{x}\cdot\ln x}=e^{\lim\limits_{x\to+\infty}\frac{1}{x}\cdot\ln x}$$

又

$$\lim_{x\to+\infty}\frac{1}{x}\cdot\ln x=\lim_{x\to+\infty}\frac{\ln x}{x}=\lim_{x\to+\infty}\frac{1}{x}=0$$

所以

$$\lim_{x\to+\infty}x^{\frac{1}{x}}=e^0=1$$

最后，还须说明，洛必达法则有时会失效，但所求极限可能存在.

例 9 求$\lim\limits_{x\to\infty}\frac{x+\sin x}{x}$.

解 这是“$\frac{\infty}{\infty}$”型未定式，因此

$$\lim_{x\to\infty}\frac{x+\sin x}{x}=\lim_{x\to\infty}\frac{1+\cos x}{1}$$

这时，不满足洛必达法则条件(3)，所以不能使用该法则. 但是，原极限用如下方法可解：

$$\lim_{x\to\infty}\frac{x+\sin x}{x}=\lim_{x\to\infty}\frac{1+\frac{\sin x}{x}}{1}=1$$

同步练习 3.2

用洛必达法则求下列极限：

(1) $\lim\limits_{x\to 0}\dfrac{\sin 4x}{3x}$；　　(2) $\lim\limits_{x\to 2}\dfrac{x^2+2x-8}{x^2-x-2}$；

(3) $\lim\limits_{x\to +\infty}\dfrac{\dfrac{\pi}{2}-\arctan x}{\dfrac{1}{x}}$；　　(4) $\lim\limits_{x\to +\infty}\dfrac{\ln x}{x}$；

(5) $\lim\limits_{x\to 0^+}x\ln x$；　　(6) $\lim\limits_{x\to \frac{\pi}{2}}(\sec x-\tan x)$；

(7) $\lim\limits_{x\to 0}x\cot 2x$；　　(8) $\lim\limits_{x\to 0^+}x^x$.

3.3　函数的单调性与极值

3.3.1　函数的单调性

单调性是函数的一个重要性质，第 1 章中我们给出了函数单调性的定义，但是利用定义来判断函数的单调性往往是比较复杂的. 本节将讨论函数的单调性与导数间的关系，继而给出利用导数判断函数单调性的新的方法.

在图 3-3 中，曲线沿 x 轴正向是上升的，其上每一点的切线与 x 轴正向的夹角都是锐角，因而切线的斜率都大于零，即曲线上各点的导数都大于零；相反地，在图 3-4 中，曲线沿 x 轴正向是下降的，其上每一点的切线与 x 轴正向的夹角都是钝角，因而切线的斜率都小于零，即曲线上各点的导数都小于零.

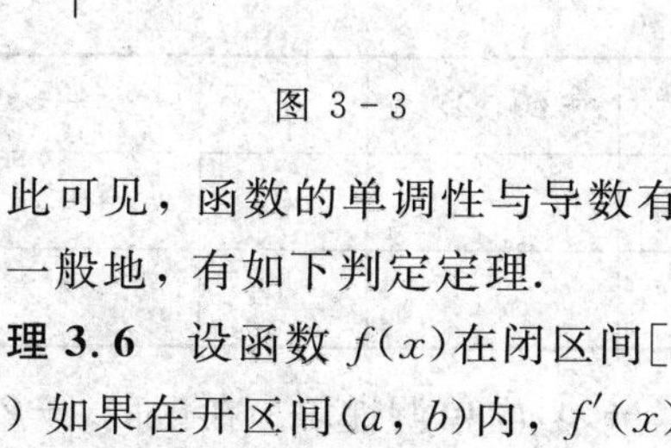

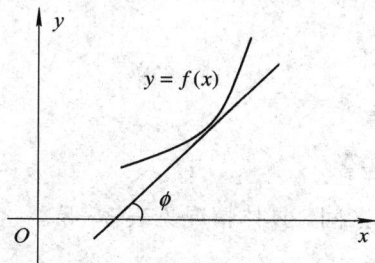

图 3-3

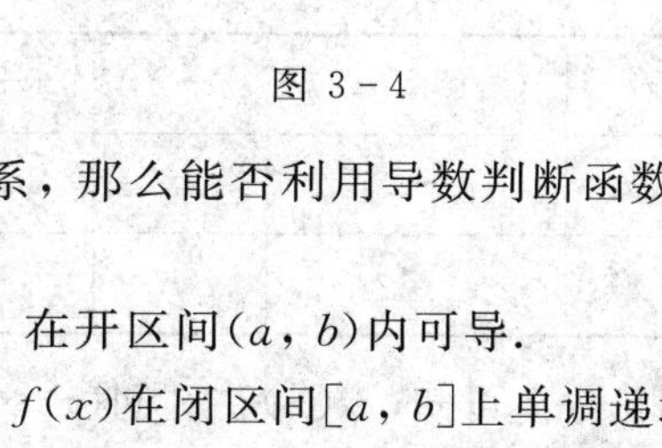

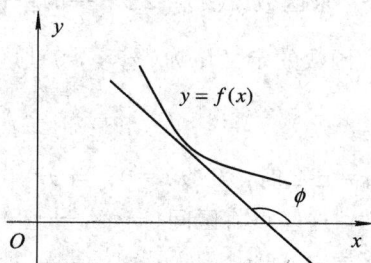

图 3-4

由此可见，函数的单调性与导数有着密切的关系，那么能否利用导数判断函数的单调性呢？一般地，有如下判定定理.

定理 3.6　设函数 $f(x)$ 在闭区间 $[a, b]$ 上连续，在开区间 (a, b) 内可导.

(1) 如果在开区间 (a, b) 内，$f'(x)>0$，则函数 $f(x)$ 在闭区间 $[a, b]$ 上单调递增；

(2) 如果在开区间 (a, b) 内，$f'(x)<0$，则函数 $f(x)$ 在闭区间 $[a, b]$ 上单调递减.

注　(1) 该定理中的连续区间若改为开区间或半闭半开区间，结论也相应成立.

(2) 如果函数 $f(x)$在区间(a, b)内的个别点的导数等于零，在其余点的导数同号，则不影响函数在该区间内的单调性. 如：$y=x^3$，在 $x=0$ 处的导数等于零，而在其余点的导数都大于零，故它在$(-\infty, +\infty)$内单调递增.

(3) 有的函数在整个定义域上并不具有单调性，但在其各个子区间上却具有单调性. 如：$y=x^2+1$，在区间$(-\infty, 0)$内单调递减，在区间$(0, +\infty)$内单调递增，并且分界点 $x=0$ 处有 $f'(0)=0$(通常把导数为零的点称为驻点).

因此，要求函数的单调区间，一般分三步：

(1) 求一阶导数 $f'(x)$.

(2) 求分界点：使一阶导数 $f'(x)=0$ 的驻点和一阶导数不存在的点.

(3) 讨论各子区间上的单调性.

例 1 求函数 $f(x)=x^3-6x^2+9x-4$ 的单调区间.

解 函数 $f(x)=x^3-6x^2+9x-4$ 的定义域为$(-\infty, +\infty)$，由于

$$f'(x) = 3x^2 - 12x + 9 = 3(x-1)(x-3)$$

所以令 $f'(x)=0$，得

$$x_1 = 1, x_2 = 3$$

显然，这些点将区间$(-\infty, +\infty)$划分为三个子区间，具体情况见表 3-1.

表 3-1

x	$(-\infty, 1)$	1	$(1, 3)$	3	$(3, +\infty)$
$f'(x)$	+	0	−	0	+
$f(x)$	↗		↘		↗

由表 3-1 知，$f(x)$在区间$(-\infty, 1)$和$(3, +\infty)$内单调递增，在区间$(1, 3)$内单调递减.

例 2 求函数 $f(x)=2x+\dfrac{8}{x}$的单调区间.

解 函数的定义域为$(-\infty, 0)\cup(0, +\infty)$，由于

$$f'(x) = 2 - \frac{8}{x^2}$$

所以当 $x=\pm 2$ 时，$f'(x)=0$；当 $x=0$ 时，$f'(x)$不存在.

显然，这些点将区间$(-\infty, +\infty)$划分为四个子区间，具体情况见表 3-2.

表 3-2

x	$(-\infty, -2)$	-2	$(-2, 0)$	0	$(0, 2)$	2	$(2, +\infty)$
$f'(x)$	+	0	−	不存在	−	0	+
$f(x)$	↗		↘		↘		↗

由表 3-2 可知，$f(x)$在区间$(-\infty, -2)$和$(2, +\infty)$内单调递增；在区间$(-2, 0)$和$(0, 2)$内单调递减.

3.3.2　函数的极值

1. 极值的概念

定义 3.1　设函数 $f(x)$在点 x_0 的某一邻域内有定义，如果对于该邻域内任一点($x\neq x_0$)，恒有 $f(x)<f(x_0)$，则称 $f(x_0)$为函数 $f(x)$的一个极大值，并称 x_0 为极大值点；若 $f(x)>f(x_0)$，则称 $f(x_0)$为函数 $f(x)$的一个极小值，并称 x_0 为极小值点.

函数的极大值与极小值统称为函数的极值，极大值点与极小值点统称为极值点.

注　(1) 极值是一个局部概念，是相对于极值点附近的某一邻域而言的；最值是一个整体概念，是针对整个区间而言的.

(2) 极值只能在区间内部取得；最值不仅可以在区间内部取得，还可以在区间的端点处取得.

(3) 一个区间内可能有多个极值，并且极大值不一定大于极小值，如图 3-5 中极小值 $f(x_4)$就大于极大值 $f(x_1)$；最值如果存在，则有且只有一个.

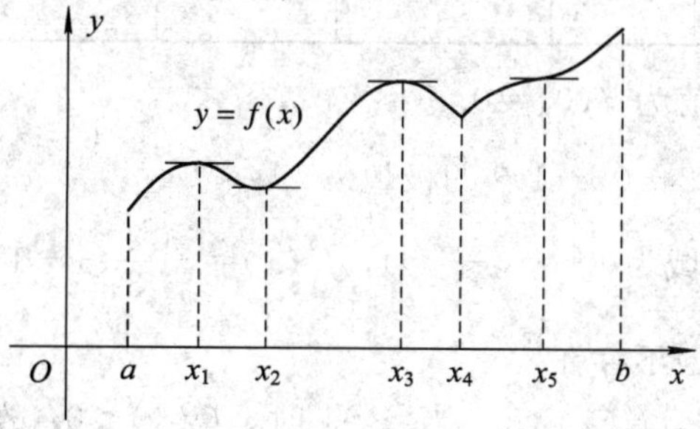

图 3-5

2. 极值的求法

从图 3-5 中可以看出，可导函数在极值点的切线一定是水平方向的，但是有水平切线的点却不一定是极值点，如图中的 x_5 点.

下面介绍极值存在的必要条件和充分条件.

定理 3.7(极值存在的必要条件)　如果函数 $f(x)$在 x_0 处可导，且在 x_0 处取得极值，则 $f'(x_0)=0$.

由此可知，可导函数的极值点一定是驻点；反之，驻点不一定是极值点，如图 3-5 中的 x_5 点.

对于一个连续函数而言，它的极值点也可能是导数不存在的点，如图 3-5 中的 x_4 点.

总之，导数为零的驻点和不可导点是函数的可能极值点，连续函数在这些点能否取得极值，是极大值还是极小值，还需进一步判定.

定理 3.8(极值存在的第一充分条件)　设函数 $f(x)$在点 x_0 的某一邻域内连续且可导(x_0 点可以不可导)，当 x 由左到右经过 x_0 点时：

(1) 若 $f'(x)$由正变负，那么 x_0 点是极大值点；

(2) 若 $f'(x)$由负变正，那么 x_0 点是极小值点；

(3) 若 $f'(x)$不变号，那么 x_0 点不是极值点.

由定理 3.8 可知，求函数极值点和极值的一般步骤如下：

(1) 求出函数的定义域及导数 $f'(x)$.

(2) 求出 $f(x)$的全部驻点和导数不存在的点.

(3) 用这些点将定义域划分为若干个子区间，列表考察各子区间内导数 $f'(x)$的符号，用定理 3.8 确定该点是否为极值点.

例 3 求函数 $f(x)=(x^2-1)^3+1$ 的极值.

解 (1) $f(x)$的定义域为$(-\infty,+\infty)$，$f'(x)=6x(x^2-1)^2$.

(2) 令 $f'(x)=0$，解得驻点 $x_1=-1$，$x_2=0$，$x_3=1$.

(3) 用这些驻点将定义域划分为四个子区间，见表 3-3.

表 3-3

x	$(-\infty,-1)$	-1	$(-1,0)$	0	$(0,1)$	1	$(1,+\infty)$
$f'(x)$	$-$	0	$-$	0	$+$	0	$+$
$f(x)$	↘		↘	极小值 $f(0)=0$	↗		↗

由此可知，函数极小值为 $f(0)=0$.

例 4 求函数 $f(x)=2-(x-1)^{\frac{2}{3}}$ 的极值.

解 (1) $f(x)$的定义域为$(-\infty,+\infty)$，$f'(x)=-\dfrac{2}{3}(x-1)^{-\frac{1}{3}}=-\dfrac{2}{3\sqrt[3]{x-1}}$.

(2) 当 $x=1$ 时，$f'(x)$不存在.

(3) 显然，当 $x<1$ 时，$f'(x)>0$；当 $x>1$ 时，$f'(x)<0$. 故有极大值 $f(1)=1$.

定理 3.9(极值存在的第二充分条件) 设函数 $f(x)$在点 x_0 处具有二阶导数，且 $f'(x_0)=0$，$f''(x_0)\neq 0$.

(1) 若 $f''(x_0)<0$，则函数 $f(x)$在点 x_0处取得极大值；

(2) 若 $f''(x_0)>0$，则函数 $f(x)$在点 x_0处取得极小值.

例 5 求函数 $f(x)=x^3-4x^2+4$ 的极值.

解 (1) $f(x)$的定义域为$(-\infty,+\infty)$，$f'(x)=3x^2-8x=x(3x-8)$.

(2) 令 $f'(x)=0$，解得驻点 $x_1=0$，$x_2=\dfrac{8}{3}$.

(3) 由于 $f''(x)=6x-8$，所以有

$$f''(0)=-8<0,\quad f''\left(\frac{8}{3}\right)=8>0$$

故函数有极小值 $f\left(\dfrac{8}{3}\right)=-\dfrac{148}{27}$，极大值 $f(0)=4$.

3.3.3 函数的最值

在工农业生产、工程技术和经济管理等活动中，经常会遇到这样一类问题：在一定的条件下，如何才能做到“用料最省”、“成本最低”、“利润最大”、“效率最高”等问题，这类问题在数学上都可以归结为求函数的最大值、最小值问题.

由闭区间上连续函数的性质可知，闭区间$[a, b]$上的连续函数 $f(x)$一定有最大值和最小值. 由极值和最值间的关系不难看出，函数在闭区间$[a, b]$上的最大值和最小值只能在开区间(a, b)内的极值点或区间的端点处取得. 因此，闭区间$[a, b]$上函数的最大值和最小值可按如下方法求得：

(1) 求出函数 $f(x)$在(a, b)内的所有可能极值点(驻点或不可导点).

(2) 求出所有可能极值点的函数值以及端点的函数值 $f(a)$和 $f(b)$.

(3) 比较求出的所有函数值的大小，其中最大的就是函数 $f(x)$在闭区间$[a, b]$上的最大值，最小的就是函数 $f(x)$在闭区间$[a, b]$上的最小值.

例 6　求函数 $f(x)=2x-\sqrt{x}$在$[0, 4]$上的最大值和最小值.

解　因为

$$f'(x)=2-\frac{1}{2\sqrt{x}}=\frac{4\sqrt{x}-1}{2\sqrt{x}}$$

令 $f'(x)=0$，解得驻点

$$x=\frac{1}{16}$$

由于 $f\left(\frac{1}{16}\right)=-\frac{1}{8}$，而端点值

$$f(0)=0, \quad f(4)=6$$

故函数 $f(x)$在$[0, 4]$上的最大值为 $f(4)=6$，最小值为 $f\left(\frac{1}{16}\right)=-\frac{1}{8}$.

在实际问题中，往往可以根据问题的性质就断定在定义域内一定有最大值或最小值. 可以证明，如果函数在其定义域内存在着最大值或最小值，且只有一个可能极值点，那么，可以断定函数在该点一定取得相应的最大值或最小值.

例 7　已知某个企业的生产成本函数为

$$C=q^3-9q^2+30q+25$$

其中：C 为成本(单位：千元)；q 为产量(单位：吨). 求平均可变成本 y(单位：千元)的最小值.

解　依题意，平均可变成本为

$$y=\frac{C-25}{q}=q^2-9q+30$$

故 $y'=2q-9$. 令 $y'=2q-9=0$，得 $q=4.5$ 吨.

又$y''|_{q=4.5}=2>0$，所以 $q=4.5$ 时，y 取得极小值，由于是唯一的极小值，故也是最小值. 即当产量 $q=4.5$ 吨时，平均可变成本 y 取得最小值 $y=9.75$ 千元.

例 8　设某商品每天的市场需求量 $Q=18-\frac{P}{4}$，若工厂每天生产该商品的成本函数是 $C(Q)=120+2Q+Q^2$(元)，问该厂每天产量为多少时，可使利润最大？这时价格是多少？

解　由 $Q=18-\frac{P}{4}$可得

$$P=72-4Q$$

故总收入函数为

$$R(Q)=(72-4Q)Q=72Q-4Q^2$$

利润函数为

$$L(Q)=R(Q)-C(Q)=-5Q^2+70Q-120$$

又 $L'(Q)=-10Q+70$，故令 $L'(Q)=0$，可得

$$Q=7$$

由实际情况可得，当每天的产量 $Q=7$ 时，有最大利润 $L(7)=125$ 元，这时商品的价格 $P=72-4\times7=44$ 元.

同步练习 3.3

1. 求下列函数的单调区间：

(1) $f(x)=x^3-3x^2+5$；　(2) $f(x)=(x+2)^2(x-1)^4$；

(3) $f(x)=\dfrac{x^2}{1+x}$；　(4) $f(x)=x-\dfrac{3}{2}x^{\frac{2}{3}}$.

2. 求下列函数的极值：

(1) $f(x)=x^3-6x^2+9x-4$；　(2) $f(x)=x-\ln(1+x)$；

(3) $f(x)=\dfrac{2}{3}x-(x-1)^{\frac{2}{3}}$；　(4) $f(x)=x^2\ln x$.

3. 求下列函数的最值：

(1) $f(x)=2x^3+3x^2-12x+2$，$x\in[-3, 4]$；

(2) $y=\ln(x^2+2)$，$x\in[-1, \mathrm{e}]$.

4. 如图 3-6 所示，铁路上 A、B 两点间距离为 100 km，工厂 C 距 A 处的距离为 20 km，AC 垂直于 AB，今要在 AB 线上选定一点 D 向工厂修筑一条公路，已知铁路与公路每千米货运费之比为 3∶5，问 D 选在何处，才能使从 B 到 C 的运费最少？

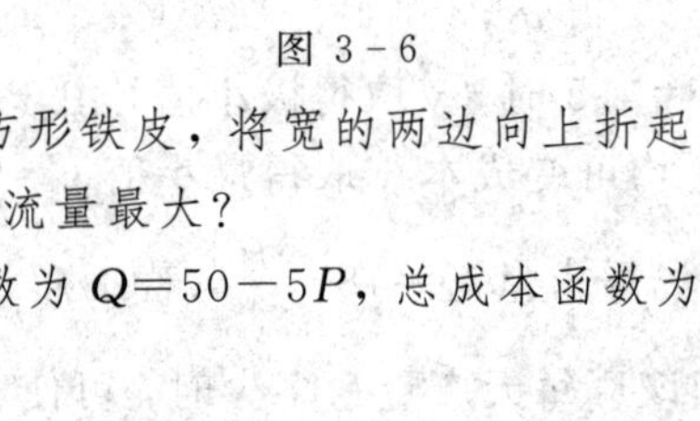

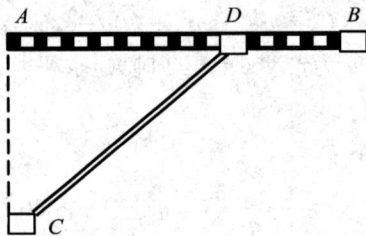

图 3-6

5. 用一块宽为 6 米的长方形铁皮，将宽的两边向上折起，做成一个开口水槽，其横截面为矩形，问高为多少时水槽流量最大？

6. 已知某产品的需求函数为 $Q=50-5P$，总成本函数为 $C(Q)=50+2Q$，问产量为多少时利润最大？

3.4 曲线的凹向与拐点

前面我们利用导数研究了函数的单调性和极值，这对函数的作图有一定的帮助，但是

仅仅知道这些还无法准确描绘函数的图形，还应知道它的弯曲方向和不同弯曲方向的分界点. 本节将研究曲线的凹向、拐点和渐近线.

3.4.1　曲线的凹向与拐点

1. 曲线凹向与拐点的概念

定义 3.2　如果在区间(a, b)内，曲线始终位于其上各点的切线的上方，则称曲线在区间(a, b)内是上凹的；如果曲线始终位于其上每一点的切线的下方，则称曲线在这个区间内是下凹的.

从图 3-7 中不难看出，在区间(a, b)内曲线段 AB 是下凹的，在区间(b, c)内曲线段 BC 是上凹的.

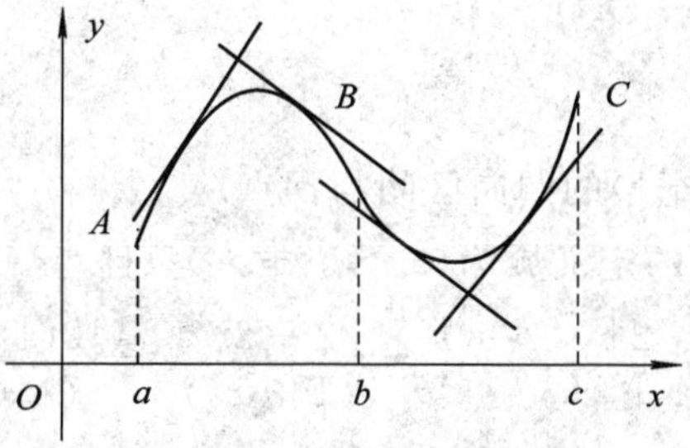

图 3-7

定义 3.3　连续曲线上上凹与下凹的分界点称为曲线的拐点.

2. 曲线凹向的判定

定理 3.10(曲线凹向判定定理)　设函数 $f(x)$在开区间(a, b)内具有二阶导数.

(1) 若在开区间(a, b)内，恒有 $f''(x)>0$，则曲线 $y=f(x)$在开区间(a, b)内是上凹的；

(2) 若在开区间(a, b)内，恒有 $f''(x)<0$，则曲线 $y=f(x)$在开区间(a, b)内是下凹的.

由于拐点是连续曲线上凹与下凹的分界点，故在拐点两侧的二阶导数 $f''(x)$必然异号，从而在拐点处必有 $f''(x)=0$ 或 $f''(x)$不存在. 也就是说，二阶导数为零的点或二阶导数不存在的点都可能是曲线的拐点.

例 1　求曲线 $y=\ln x$ 的凹向区间与拐点.

解　函数 $y=\ln x$ 的定义域为$(0, +\infty)$，且

$$y'=\frac{1}{x}, \quad y''=-\frac{1}{x^2}$$

因此，在$(0, +\infty)$内，恒有 $y''<0$，故曲线 $y=\ln x$ 在$(0, +\infty)$内是下凹的，无拐点.

例 2　求曲线 $y=3x^4-4x^3+1$ 的凹向区间与拐点.

解　函数 $y=3x^4-4x^3+1$ 的定义域为$(-\infty, +\infty)$，且

$$y'=12x^3-12x^2, \quad y''=36x^2-24x=12x(3x-2)$$

令 $y''=0$，解得

$$x_1=0,\quad x_2=\frac{2}{3}$$

这些点将定义域划分为三个子区间，见表 3-4.

表 3-4

x	$(-\infty,0)$	0	$\left(0,\frac{2}{3}\right)$	$\frac{2}{3}$	$\left(\frac{2}{3},+\infty\right)$
$f''(x)$	+	0	−	0	+
$f(x)$	$\cup$	拐点(0，1)	$\cap$	拐点$\left(\frac{2}{3},\frac{11}{27}\right)$	$\cup$

由表 3-4 知，曲线在$\left(0,\frac{2}{3}\right)$内是下凹的，在$(-\infty,0)$和$\left(\frac{2}{3},+\infty\right)$内是上凹的．拐点为(0，1)和$\left(\frac{2}{3},\frac{11}{27}\right)$.

例 3 求曲线 $y=\ln(x^2+1)$的凹向区间与拐点.

解 函数 $y=\ln(x^2+1)$的定义域为$(-\infty,+\infty)$，且

$$y'=\frac{2x}{1+x^2},\quad y''=\frac{2-2x^2}{(1+x^2)^2}=\frac{2(1-x^2)}{(1+x^2)^2}$$

令 $y''=0$，解得

$$x_1=-1,\quad x_2=1$$

这些点将定义域划分为三个子区间，见表 3-5.

表 3-5

x	$(-\infty,-1)$	-1	$(-1,1)$	1	$(1,+\infty)$
$f''(x)$	−	0	+	0	−
$f(x)$	$\cap$	拐点(−1，ln2)	$\cup$	拐点(1，ln2)	$\cap$

由表 3-5 知，曲线在$(-1,1)$内是上凹的，在$(-\infty,-1)$和$(1,+\infty)$内是下凹的，拐点为$(-1,\ln2)$和$(1,\ln2)$.

3.4.2 曲线的渐近线

在描绘函数图像时会遇到这样一种情形：有些函数的定义域(或值域)是无限区间，此时函数的图像向无穷远处延伸，并且常常会接近某一条直线，这样的直线称为曲线的渐近线，如双曲线$\frac{x^2}{a^2}-\frac{y^2}{b^2}=1$、指数函数曲线 $y=a^x$等.

定义 3.4 若曲线上的动点沿着曲线无限远移时，该点与某条定直线的距离趋近于零，则称这条定直线为曲线的渐近线.

渐近线分水平渐近线、铅直渐近线和斜渐近线三类．下面介绍前两种渐近线的求法.

(1) 水平渐近线：如果曲线 $y=f(x)$满足$\lim\limits_{x\to\infty}f(x)=A$，则称直线 $y=A$ 为曲线 $f(x)$的水平渐近线.

(2) 铅直渐近线：如果曲线 $y=f(x)$在点 x_0处间断，且$\lim\limits_{x\to x_0}f(x)=\infty$，则称直线 $x=x_0$为曲线 $f(x)$的铅直渐近线.

例 4　求曲线 $y=\dfrac{1}{x-1}$的水平渐近线和铅直渐近线.

解　因为$\lim\limits_{x\to\infty}\dfrac{1}{x-1}=0$，所以直线 $y=0$ 是曲线的水平渐近线.

又 $x=1$ 是间断点，且$\lim\limits_{x\to 1}\dfrac{1}{x-1}=\infty$，所以直线 $x=1$ 是曲线的铅直渐近线，如图 3-8 所示.

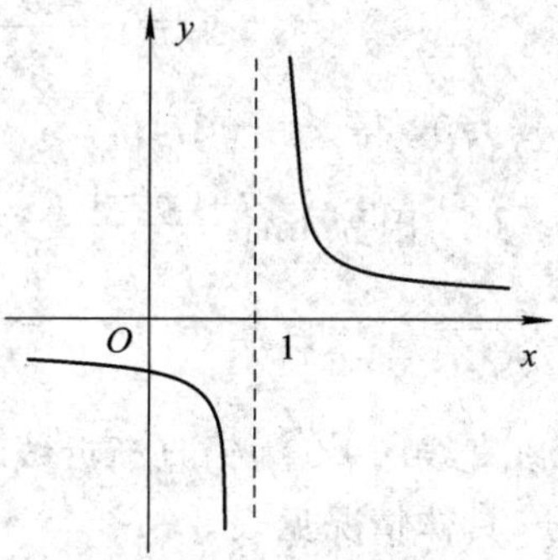

图 3-8

例 5　求曲线 $y=\dfrac{3x^2}{x^2-3x-4}$的水平渐近线和铅直渐近线.

解　因为 $\lim\limits_{x\to\infty}\dfrac{3x^2}{x^2-3x-4}=3$，所以直线 $y=3$ 为曲线的水平渐近线.

又曲线在点 $x_1=-1$ 和 $x_2=4$ 处间断，且

$$\lim_{x\to -1}\frac{3x^2}{x^2-3x-4}=\infty,\quad \lim_{x\to 4}\frac{3x^2}{x^2-3x-4}=\infty$$

所以直线 $x=-1$ 和 $x=4$ 均为曲线的铅直渐近线.

3.4.3　函数图形的描绘

前面我们利用导数研究了函数的单调性、极值与最值、凹向区间与拐点、渐近线等特征，这样结合中学的描点作图法，就可以准确地描绘出函数的图像. 通常按以下几个步骤来作函数图像：

(1) 确定函数的定义域和值域.

(2) 确定曲线与坐标轴的交点.

(3) 判断函数的奇偶性和周期性.

(4) 确定函数的单调区间并求极值.

(5) 确定曲线的凹向区间和拐点.

(6) 确定曲线的渐近线.

(7) 根据以上讨论，描绘出函数的图像.

例 6　描绘函数 $y=\dfrac{4(x+1)}{x^2}-2$ 的图像.

解　(1) 函数的定义域为$(-\infty,\ 0)\cup(0,\ +\infty)$.

(2) 令 $y=0$，即$\dfrac{4(x+1)-2x^2}{x^2}=0$，化简得 $2x^2-4x-4=0$，解得 $x=1\pm\sqrt{3}$，即曲线与 x 轴交于$(1-\sqrt{3},\ 0)$和$(1+\sqrt{3},\ 0)$两点.

(3) 无奇偶性、周期性.

(4) 因为

$$y'=\frac{4x^2-8x(x+1)}{x^4}=\frac{-4x^2-8x}{x^4}=-\frac{4(x+2)}{x^3}$$

令 $y'=0$，解得驻点 $x=-2$.

（5）因为

$$y''=-\frac{4x^3-12x^2(x+2)}{x^6}=\frac{8x^3+24x^2}{x^6}=\frac{8(x+3)}{x^4}$$

令 $y''=0$，得 $x=-3$.

（6）因为 $\lim\limits_{x\to\infty}\left(\frac{4(x+1)}{x^2}-2\right)=-2$，所以直线 $y=-2$ 为水平渐近线. 又

$$\lim_{x\to 0}\left(\frac{4(x+1)}{x^2}-2\right)=\infty$$

所以直线 $x=0$ 为铅直渐近线.

具体情况见表 3-6.

表 3-6

x	$(-\infty, -3)$	-3	$(-3, -2)$	-2	$(-2, 0)$	0	$(0, +\infty)$
$f'(x)$	$-$	$-$	$-$	0	$+$	不存在	$-$
$f''(x)$	$-$	0	$+$	$+$	$+$	不存在	$+$
$f(x)$	∩↘	拐点 $\left(-3, -\frac{26}{9}\right)$	∪↘	极小 $f(-2)=-3$	∪↗	不存在	∪↘

（7）根据上述特征，描绘出函数图像，见图 3-9.

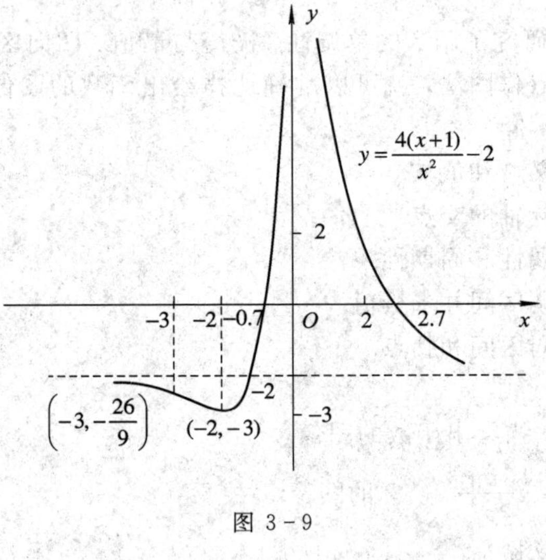

图 3-9

同步练习 3.4

1. 求下列函数的凹向区间和拐点：

（1）$y=x^3-6x^2+9x+2$；　　（2）$y=x+\frac{1}{x}$；

(3) $y=2+(x-4)^{\frac{1}{3}}$；　　(4) $y=1+\sqrt[3]{x}$.

2. 试证明函数 $y=\left(\frac{1}{2}\right)^x$ 在 $(-\infty, +\infty)$ 内是处处上凹的.

3. 曲线 $y=ax^3+bx^2$ 以点 $(1, 3)$ 为拐点，试求 a、b 的值.

4. 求下列曲线的水平渐近线和铅直渐近线：

(1) $y=\frac{1}{(4+x)^3}$；　　(2) $y=\frac{1}{x^2-4x-5}$；

(3) $y=\frac{e^x}{2+x}$；　　(4) $y=\arctan x$.

5. 描绘下列函数的图像：

(1) $y=\frac{8}{4-x^2}$；　　(2) $y=x^3-2x^2-3$.

本章小结

1. 基本定理

本章介绍了微分学中的三大定理以及三大定理间的关系，其中微分中值定理是微分学的基本定理，是本章内容的理论依据，是沟通函数与其导数的桥梁，是利用导数研究函数性质的依据.

罗尔(Rolle)定理		拉格朗日(Lagrange)中值定理		柯西(Cauchy)定理
如果函数 $f(x)$ 满足条件： (1) 在闭区间 $[a, b]$ 上连续； (2) 在开区间 (a, b) 内可导； (3) $f(a)=f(b)$， 则在开区间 (a, b) 内至少存在一点 ξ，使得 $f'(\xi)=0$	推广 ⇄ 特例 $f(a)=f(b)$	如果函数 $f(x)$ 满足条件： (1) 在闭区间 $[a, b]$ 上连续； (2) 在开区间 (a, b) 内可导， 则在开区间 (a, b) 内至少存在一点 ξ，使得 $f'(\xi)=\frac{f(b)-f(a)}{b-a}$ 推论 1　若 $f'(x)=0$，则 $f'(x)=C$ 推论 2　若 $f'(x)=g'(x)$，则 $f(x)=g(x)+C$	推广 ⇄ $g(x)=x$ 特例	如果函数 $f(x)$ 与 $g(x)$ 满足条件： (1) 在闭区间 $[a, b]$ 上连续； (2) 在开区间 (a, b) 内可导； (3) $g'(x)\neq 0$， 则在开区间 (a, b) 内至少存在一点 ξ，使得 $\frac{f(b)-f(a)}{g(b)-g(a)}=\frac{f'(\xi)}{g'(\xi)}$

2. 洛必达法则

如果函数 $f(x)$ 与 $g(x)$ 满足条件：

(1) $\lim\limits_{x\to x_0}f(x)=0$(或$\infty$)，$\lim\limits_{x\to x_0}g(x)=0$(或$\infty$)；

(2) $f(x)$与$g(x)$在点x_0的某个邻域内(点x_0可除外)可导，且$g'(x)\neq0$；

(3) $\lim\limits_{x\to x_0}\dfrac{f'(x)}{g'(x)}=A$(或$\infty$)，

则有

$$\lim_{x\to x_0}\frac{f(x)}{g(x)}=\lim_{x\to x_0}\frac{f'(x)}{g'(x)}=A(\text{或 }\infty)$$

洛必达法则用于求“$\dfrac{0}{0}$”和“$\dfrac{\infty}{\infty}$”型两类基本未定式，在使用时应注意以下几个方面：

(1) 每次使用前应检查是否符合法则条件；

(2) 在满足条件下可以重复使用；

(3) 法则失效时，并不说明极限不存在，需用别的方法求解；

(4) 洛必达法则还可用于“$0\cdot\infty$”、“$\infty-\infty$”、“0^0”、“∞^0”、“1^∞”型等其他未定式，但在使用前应先转化为基本未定式.

3. 利用导数研究函数的性质

(1) 函数的单调判定：设函数$f(x)$在闭区间$[a,b]$上连续，在开区间(a,b)内可导.

① 如果在开区间(a,b)内，$f'(x)>0$，则函数$f(x)$在闭区间$[a,b]$上严格单调递增；

② 如果在开区间(a,b)内，$f'(x)<0$，则函数$f(x)$在闭区间$[a,b]$上严格单调递减.

(2) 函数的极值判定：

① 极值存在的第一充分条件：设函数$f(x)$在点x_0的某一邻域内连续且可导(x_0点可以不可导)，当x由左到右经过x_0点时：若$f'(x)$由正变负，则x_0点是极大值点；若$f'(x)$由负变正，则x_0点是极小值点；若$f'(x)$不变号，则x_0点不是极值点.

② 极值存在的第二充分条件：设函数$f(x)$在点x_0处具有二阶导数，且$f'(x_0)=0$，$f''(x_0)\neq0$. 若$f''(x_0)<0$，则函数$f(x)$在点x_0处取得极大值；若$f''(x_0)>0$，则函数$f(x)$在点x_0处取得极小值.

(3) 函数在闭区间上的最值求解：利用函数的极值(或驻点的函数值)和端点值相比较求得.

(4) 曲线的凹向与拐点：设函数$f(x)$在开区间(a,b)内具有二阶导数，若在开区间(a,b)内，恒有$f''(x)>0$，则曲线$y=f(x)$在开区间(a,b)内是上凹的；若在开区间(a,b)内，恒有$f''(x)<0$，则曲线$y=f(x)$在开区间(a,b)内是下凹的.

(5) 曲线的渐近线：

① 水平渐近线：如果曲线$y=f(x)$满足$\lim\limits_{x\to\infty}f(x)=A$，则称直线$y=A$为曲线$f(x)$的水平渐近线.

② 铅直渐近线：如果曲线$y=f(x)$在点x_0处间断，且$\lim\limits_{x\to x_0}f(x)=\infty$，则称直线$x=x_0$为曲线$f(x)$的铅直渐近线.

(6) 函数的作图：在上述五个问题讨论的基础上作函数图像.

单元测试 3

1. 单项选择题：

(1) 函数 $f(x)=x\sqrt{5-x}$ 在区间[0, 5]上满足罗尔定理条件，则定理确定的 ξ 为(　　).

A. $\frac{10}{3}$　　B. 2　　C. $-\frac{10}{3}$　　D. -2

(2) 下列函数在区间[−1, 1]满足拉格朗日中值定理条件的是(　　).

A. $y=1-x^{\frac{3}{2}}$　　B. $y=x^2+x-3$　　C. $y=\ln x$　　D. $y=\frac{1}{x}$

(3) 设函数 $f(x)=(x-1)(x-2)(x-3)(x-4)$，则方程 $f'(x)=0$ 有(　　).

A. 一个实根　　B. 二个实根　　C. 三个实根　　D. 无实根

(4) 下列结论正确的是(　　).

A. 若函数 $f(x)$ 在 x_0 点可导，且在该点取得极值，则必有 $f'(x_0)=0$

B. 若 x_0 为函数 $f(x)$ 的极值点，则必有 $f'(x_0)=0$

C. 若 $f'(x_0)=0$，则点 x_0 一定是函数 $f(x)$ 的极值点

D. 函数 $f(x)$ 在区间 (a, b) 内的极大值一定大于极小值

(5) 函数 $f(x)=x^2+2x-3$ 的单调递减区间是(　　).

A. $(-\infty, 1)$　　B. $(-\infty, -1)$　　C. $(1, +\infty)$　　D. $(-1, +\infty)$

(6) 若函数 $f(x)$ 在 (a, b) 内满足 $f'(x)<0$，$f''(x)<0$，则 $f(x)$ 在区间 (a, b) 内(　　).

A. 递增上凹　　B. 递增下凹　　C. 递减上凹　　D. 递减下凹

2. 填空题：

(1) $\lim\limits_{x\to+\infty}\frac{x^2}{e^x}=$__________，$\lim\limits_{x\to1}\frac{\sqrt{x+3}-2}{x-1}=$__________；

(2) 设函数 $f(x)$ 有一阶连续导数，且 $f(0)=f'(0)=1$，则 $\lim\limits_{x\to0}\frac{f(x)-1}{\ln f(x)}=$__________；

(3) 设函数 $y=f(x)$ 有连续的二阶导数，且 $f(0)=0$，$f'(0)=1$，$f''(0)=-2$，则 $\lim\limits_{x\to0}\frac{f(x)-x}{x^2}=$__________；

(4) 函数 $f(x)=x^2+2x-8$ 的单调递增区间是__________；

(5) 函数 $f(x)=x^3-3x^2+1$ 在区间[−3, 3]上的最大值为______，最小值为______；

(6) 设函数 $f(x)=x^3+px-5$ 在 $x=2$ 点取得极小值，则 $p=$__________；

(7) 曲线 $y=3x^4-4x^3+1$ 在__________内上凹，在__________内下凹；

(8) 曲线 $y=\frac{1}{x^2-x-6}$ 的水平渐近线是______，铅直渐近线是______.

3. 利用洛必达法则求下列极限：

(1) $\lim\limits_{x\to0}\frac{\sin7x}{3x}$；　　(2) $\lim\limits_{x\to0}\frac{e^x-e^{-x}}{2x}$；

(3) $\lim\limits_{x\to+\infty}\frac{\ln x}{x^3}$；　　(4) $\lim\limits_{x\to0}\left(\frac{1}{\sin x}-\frac{1}{x}\right)$；

(5) $\lim\limits_{x\to 0}x^2 e^{\frac{1}{x^2}}$；　　　　(6) $\lim\limits_{x\to +\infty}\left(\frac{2}{\pi}\arctan x\right)^x$.

4. 证明：当 $0<x<\frac{\pi}{3}$时，不等式 $\tan x>x-\frac{x^3}{3}$成立.

5. 求下列函数的单调区间：

(1) $y=x^4-2x^2+3$；　　　　(2) $y=e^x-x+2$.

6. 求下列函数的极值：

(1) $y=(x-4)(x+1)^{\frac{2}{3}}$；　　　　(2) $y=(x-3)^2(x-2)$.

7. 设函数 $f(x)=a\ln x+bx^2+x$ 在 $x_1=1$ 和 $x_2=2$ 处都取得极值，试求 a、b 的值，并判断这时 $f(x)$在 $x_1=1$ 和 $x_2=2$ 处取得极大值还是极小值？

8. 现用长为 6 m 的木料加工一日字形窗框，问它的长和宽分别为多少时，才能使窗框的面积最大？最大值是多少？

9. 求下列曲线的凹向区间与拐点：

(1) $y=x^3-5x^2+3x-1$；　　　　(2) $y=xe^{-x}$.

10. 求下列曲线的渐近线：

(1) $y=\frac{2x+3}{x^2-x-2}$；　　　　(2) $y=e^{\frac{1}{x}}-4$.

第 4 章　不 定 积 分

前面我们学习了如何求一个已知函数的导数或微分的一类问题，在科学技术和经济管理方面的很多理论和实际问题中，我们常常需要解决它的逆问题：已知函数 $f(x)$，求一个函数 $F(x)$，使得 $F'(x)=f(x)$，这是积分学的基本问题之一. 本章主要介绍原函数与不定积分的概念、求不定积分的方法、常微分方程的基本概念和方法等内容.

4.1　不定积分的概念及性质

4.1.1　不定积分的概念

1. 原函数

例 1　已知某曲线经过坐标原点，且曲线上每一点处的切线斜率等于该点横坐标的二倍，试求该曲线的方程.

解　设所求曲线的方程为 $y=f(x)$，则由函数导数的几何意义有 $f'(x)=2x$. 根据导数公式知 $(x^2+C)'=2x$，其中 C 为任意常数，故

$$f(x)=x^2+C$$

又因为曲线经过坐标原点，所以有 $f(0)=0$，将其代入上式得 $C=0$，因此所求曲线的方程为

$$y=x^2$$

此例提出一类问题：已知某一个函数 $f(x)$，能否确定一个函数 $F(x)$，使得 $F(x)$ 的导数等于 $f(x)$，即 $F'(x)=f(x)$. 对于这类问题，我们引入如下概念.

定义 4.1　设函数 $f(x)$ 在区间 (a, b) 上有定义，若存在函数 $F(x)$，使得对于任意的 $x\in(a, b)$，都有

$$F'(x)=f(x) \quad 或 \quad \mathrm{d}F(x)=f(x)\mathrm{d}x$$

则称 $F(x)$ 为 $f(x)$ 在区间 (a, b) 上的一个原函数.

例如，因为 $(\sin x)'=\cos x$，$(\sin x+2)'=\cos x$，$(\sin x+C)'=\cos x$，$x\in(-\infty, +\infty)$，所以 $\sin x$、$\sin x+2$、$\sin x+C$ 都是 $\cos x$ 在 $(-\infty, +\infty)$ 内的原函数. 这说明 $\cos x$ 的原函数并不唯一，且这些原函数之间只相差一个常数.

一般而言，原函数有如下性质.

性质 1　若 $F(x)$ 是 $f(x)$ 在区间 I 上的原函数，则对于任意常数 C，函数 $F(x)+C$ 是 $f(x)$ 的原函数.

证明　由已知得 $F'(x)=f(x)$，则

$$[F(x)+C]'=F'(x)+C'=f(x)$$

因此 $F(x)+C$ 也是 $f(x)$ 的原函数.

性质 2 若 $F(x)$、$G(x)$ 为 $f(x)$ 在区间 I 上的两个原函数，则 $G(x)=F(x)+C$.

证明 因为 $F'(x)=f(x)$，$G'(x)=f(x)$，所以

$$[F(x)-G(x)]'=F'(x)-G'(x)=0$$

根据微分中值定理推论，可得

$$G(x)-F(x)=C$$

故

$$G(x)=F(x)+C$$

上述性质表明：若 $F(x)$ 为 $f(x)$ 在区间 I 上的一个原函数，则 $F(x)+C$ 表示 $f(x)$ 在区间 I 上的所有原函数.

例如，因为 $(\sin x)'=\cos x$，$x\in(-\infty, +\infty)$，所以函数族 $\sin x+C$（C 为任意常数）表示 $\cos x$ 在 $x\in(-\infty, +\infty)$ 上的所有原函数.

2. 不定积分的概念

定义 4.2 若 $F(x)$ 是 $f(x)$ 在区间 I 上的一个原函数，则称 $f(x)$ 的全体原函数 $F(x)+C$ 为 $f(x)$ 在区间 I 上的不定积分，记为

$$\int f(x)\mathrm{d}x=F(x)+C$$

其中："$\int$"称为积分号；$f(x)$ 称为被积函数；$f(x)\mathrm{d}x$ 称为被积表达式；x 称为积分变量；任意常数 C 称为积分常量.

由不定积分的定义可知，不定积分运算与导数(或微分)运算互为逆运算，故有如下性质：

(1) $\left(\int f(x)\mathrm{d}x\right)'=f(x)$ 或 $\mathrm{d}\left(\int f(x)\mathrm{d}x\right)=f(x)\mathrm{d}x$；

(2) $\int F'(x)\mathrm{d}x=F(x)+C$ 或 $\int \mathrm{d}F(x)=F(x)+C$.

例 2 求不定积分 $\int \frac{\mathrm{d}x}{1+x^2}$.

解 因为 $(\arctan x)'=\frac{1}{1+x^2}$，所以 $\arctan x$ 是 $\frac{1}{1+x^2}$ 的一个原函数，故

$$\int \frac{1}{1+x^2}\mathrm{d}x=\arctan x+C$$

例 3 求不定积分 $\int x^3\,\mathrm{d}x$.

解 因为 $\left(\frac{1}{4}x^4\right)'=x^3$，所以 $\frac{1}{4}x^4$ 是 x^3 的一个原函数，故

$$\int x^3\,\mathrm{d}x=\frac{1}{4}x^4+C$$

3. 不定积分的几何意义

若函数 $F(x)$ 是函数 $f(x)$ 的一个原函数，则函数 $y=F(x)$ 的图像称为函数 $f(x)$ 的一

条积分曲线. 于是，函数 $f(x)$的不定积分在几何上表示由函数 $f(x)$的一条积分曲线 $F(x)$沿纵轴方向平移所得的积分曲线族，在横坐标相同点处其每一条积分曲线的切线是互相平行的，如图 4－1 所示，这就是不定积分的几何意义.

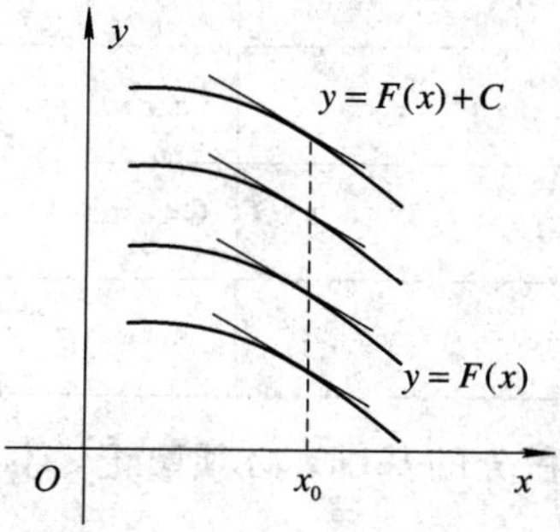

图 4－1

4.1.2　基本积分公式

由于不定积分是导数的逆运算，因此根据基本初等函数的导数公式，可得到相对应的积分公式.

例如：因为 $x'=1$，所以$\int dx = x+C$；因为$\left(\frac{1}{\ln a}a^x\right)'=a^x$，所以$\int a^x dx = \frac{1}{\ln a}a^x + C$ $(a>0, a\neq 1)$.

类似地，我们可以得到其他不定积分的基本公式，为了方便大家掌握，我们把积分基本公式与导数公式进行对照，见表 4－1.

表 4－1

积分基本公式	导 数 公 式
$\int dx = x+C$	$x'=1$
$\int x^a dx = \frac{x^{a+1}}{1+a}+C, a\neq -1$	$(x^a)'=ax^{a-1}$
$\int \frac{1}{x}dx = \ln\lvert x\rvert + C$	$(\ln x)'=\frac{1}{x}$
$\int a^x dx = \frac{a^x}{\ln a}+C$	$(a^x)'=a^x \ln a$
$\int e^x dx = e^x + C$	$(e^x)'=e^x$
$\int \sin x dx = -\cos x + C$	$(\cos x)'=-\sin x$
$\int \cos x dx = \sin x + C$	$(\sin x)'=\cos x$
$\int \sec^2 x dx = \tan x + C$	$(\tan x)'=\sec^2 x$
$\int \csc^2 x dx = -\cot x + C$	$(\cot x)'=-\csc^2 x$

续表

积分基本公式	导数公式
$\int \sec x \tan x \, dx = \sec x + C$	$(\sec x)' = \sec x \tan x$
$\int \csc x \cdot \cot x \, dx = -\csc x + C$	$(\csc x)' = -\csc x \cdot \cot x$
$\int \frac{1}{\sqrt{1-x^2}} dx = \arcsin x + C$	$(\arcsin x)' = \frac{1}{\sqrt{1-x^2}}$
$\int \frac{1}{1+x^2} dx = \arctan x + C$	$(\arctan x)' = \frac{1}{1+x^2}$

表 4-1 所示公式是求不定积分的基础，必须熟记，不仅要熟记公式右边的结果，还要记清公式左边对应的形式.

例 4 求不定积分 $\int 5^x \, dx$.

解 由基本积分公式 $\int a^x \, dx = \frac{a^x}{\ln a} + C$ 得

$$\int 5^x \, dx = \frac{5^x}{\ln 5} + C$$

4.1.3 不定积分的性质

根据不定积分的定义和求导法则，可以得到下列性质.

性质 1 函数代数和的不定积分等于各自不定积分的代数和，即

$$\int [f(x) \pm g(x)] dx = \int f(x) dx \pm \int g(x) dx$$

性质 2 被积函数中的常量因子可以提到不定积分符号的前面，即

$$\int k f(x) dx = k \int f(x) dx \quad (k \text{ 为常数})$$

例 5 求不定积分 $\int (x^2 + \cos x) dx$.

解 先利用积分性质变形，再积分：

$$\int (x^2 + \cos x) dx = \int x^2 \, dx + \int \cos x \, dx = \frac{1}{3} x^3 + \sin x + C$$

有时候，我们需要对被积函数作恒等变形后，才能应用积分性质和积分公式求不定积分.

例 6 求不定积分 $\int \frac{x e^x + x^3 + 3}{x} dx$.

解 先化简被积函数，再积分：

$$\begin{aligned} \int \frac{x e^x + x^3 + 3}{x} dx &= \int \left(e^x + x^2 + \frac{3}{x} \right) dx \\ &= \int e^x \, dx + \int x^2 \, dx + 3 \int \frac{1}{x} \, dx \\ &= e^x + \frac{x^3}{3} + 3 \ln |x| + C \end{aligned}$$

例 7　求下列不定积分：

(1) $\int \frac{x^2}{1+x^2}\,dx$；

(2) $\int \frac{1}{x^2(1+x^2)}\,dx$.

解　先将被积函数拆分变形，再求积分.

(1) $\int \frac{x^2}{1+x^2}\,dx = \int\left(1-\frac{1}{1+x^2}\right)dx = x - \arctan x + C$

(2) $\int \frac{1}{x^2(1+x^2)}\,dx = \int\left(\frac{1}{x^2}-\frac{1}{1+x^2}\right)dx = -\frac{1}{x} - \arctan x + C$

例 8　计算下列不定积分：

(1) $\int \cos^2 \frac{x}{2}\,dx$；

(2) $\int \tan^2 x\,dx$.

解　(1) 因为 $\cos^2\frac{x}{2}=\frac{1+\cos x}{2}$，所以

$$\begin{aligned}\int \cos^2 \frac{x}{2}\,dx &= \int \frac{1}{2}(1+\cos x)\,dx \\ &= \frac{1}{2}\left(\int dx + \int \cos x\,dx\right) \\ &= \frac{1}{2}(x+\sin x)+C\end{aligned}$$

(2) 因为 $\sec^2 x = 1+\tan^2 x$，所以

$$\int \tan^2 x\,dx = \int(\sec^2 x - 1)\,dx = \tan x - x + C$$

这种直接应用积分公式和性质，或者恒等变形后，应用积分公式和性质求不定积分的方法称为直接积分法. 要检验计算结果是否正确，只需要对结果进行求导运算，看其导数是否等于被积函数.

同步练习 4.1

1. 求下列函数的一个原函数：

(1) $4x^2$；　(2) $\frac{1}{x}$；

(3) $\frac{1}{\sqrt{1-x^2}}$；　(4) $\frac{\sin x}{\cos^2 x}$.

2. 求下列不定积分：

(1) $\int(x^3+\sqrt{x})\,dx$；　(2) $\int(e^x - \sin x)\,dx$；

(3) $\int(2^x + x^2)\,dx$；　(4) $\int 2^x \cdot 3^x\,dx$；

(5) $\int(4x+\sin x)\mathrm{d}x$；

(6) $\int\frac{x\mathrm{e}^x-2}{x}\mathrm{d}x$；

(7) $\int\frac{x^2}{x^2+1}\,\mathrm{d}x$；

(8) $\int\frac{2x^2+1}{x^2(x^2+1)}\mathrm{d}x$；

(9) $\int\frac{\mathrm{e}^{2x}-1}{\mathrm{e}^x-1}\,\mathrm{d}x$；

(10) $\int\cot^2 x\,\mathrm{d}x$；

(11) $\int\sin^2\frac{x}{2}\,\mathrm{d}x$；

(12) $\int\frac{\cos^2 x-\sin^2 x}{\cos x+\sin x}\,\mathrm{d}x$.

3. 已知某曲线经过(1，2)点，且曲线上每一点处的切线斜率等于该点横坐标的倒数，试求该曲线方程.

4. 用微分法验证下列积分结果：

(1) $\int(2x+\sin x-3)\mathrm{d}x=x^2-\cos x-3x+C$；

(2) $\int\cos 2x\,\mathrm{d}x=\frac{1}{2}\sin 2x+C$.

4.2 不定积分的换元积分法

直接积分法只能解决一部分简单的不定积分，对于一般不定积分常常作用有限，甚至一些简单函数的不定积分，如$\int\tan x\,\mathrm{d}x$、$\int\cot x\,\mathrm{d}x$、$\int\frac{2x}{x^2+3}\,\mathrm{d}x$等也难以应用直接积分法解决，为此，我们需要进一步讨论求不定积分的其他方法. 本节将介绍不定积分的换元积分法.

4.2.1 第一类换元积分法(凑微分法)

例 1 求不定积分$\int\frac{1}{3x+2}\mathrm{d}x$.

解 由基本积分公式知$\int\frac{1}{x}\,\mathrm{d}x=\ln|x|+C$，$\int\frac{1}{3x+2}\,\mathrm{d}x$与该公式相近但不一致，所以不能直接套用该公式(因为$[\ln|3x+2|+C]'=\frac{3}{3x+2}\neq\frac{1}{3x+2}$).

考虑把所求积分转化成上述公式的形式. 因为 $\mathrm{d}(3x+2)=3\,\mathrm{d}x$，所以有

$$\int\frac{1}{3x+2}\,\mathrm{d}x=\frac{1}{3}\int\frac{1}{3x+2}\cdot 3\,\mathrm{d}x=\frac{1}{3}\int\frac{1}{3x+2}\mathrm{d}(3x+2)$$

$$\xlongequal{\text{令 }3x+2=u}\frac{1}{3}\int\frac{1}{u}\,\mathrm{d}u=\frac{1}{3}\ln|u|+C$$

$$\xlongequal{\text{回代 }u=3x+2}\frac{1}{3}\ln|3x+2|+C$$

验证结果，因为$\left[\frac{1}{3}\ln|3x+2|+C\right]'=\frac{1}{3x+2}$，所以$\frac{1}{3}\ln|3x+2|+C$是$\frac{1}{3x+2}$的原函数. 故该题的计算结果是正确的.

例 1 的解法特点是通过引入一个新变量 u，先将原不定积分转化为新变量 u 的积分(与

基本积分公式一致的形式)，然后用基本积分公式求解，最后进行变量回代而得到积分结果. 这个方法可以推广，一般地，我们有下述定理.

定理 4.1　如果$\int f(x)\mathrm{d}x = F(x)+C$，则对于 x 的任一可微函数 $u=\varphi(x)$，有

$$\begin{aligned}\int f[\varphi(x)]\varphi'(x)\mathrm{d}x &\xlongequal{\text{凑微分}} \int f[\varphi(x)]\mathrm{d}\varphi(x)\\ &\xlongequal{\text{令 }\varphi(x)=u} \int f(u)\mathrm{d}u = F(u)+C\\ &\xlongequal{\text{回代 }u=\varphi(x)} F[\varphi(x)]+C\end{aligned}$$

这种先"凑"微分，再作变量代换求不定积分的方法，称为第一类换元积分法，也称凑微分法.

例 2　求不定积分$\int (ax+b)^{10}\mathrm{d}x(a\neq 0)$.

解

$$\begin{aligned}\int (ax+b)^{10}\,\mathrm{d}x &= \frac{1}{a}\int (ax+b)^{10}\,\mathrm{d}(ax+b)\\ &\xlongequal{\text{令 }u=ax+b} \frac{1}{a}\int u^{10}\,\mathrm{d}u = \frac{1}{11a}u^{11}+C\\ &\xlongequal{\text{回代}} \frac{1}{11a}(ax+b)^{11}+C\end{aligned}$$

例 3　求不定积分$\int \frac{2x}{x^2+5}\,\mathrm{d}x$.

解　因为 $\mathrm{d}(x^2+5)=2x\,\mathrm{d}x$，所以

$$\begin{aligned}\int \frac{2x}{x^2+5}\,\mathrm{d}x &= \int \frac{1}{x^2+5}\mathrm{d}(x^2+5)\\ &\xlongequal{\text{令 }u=x^2+5} \int \frac{1}{u}\,\mathrm{d}u = \ln|u|+C\\ &\xlongequal{\text{回代}} \ln(x^2+5)+C\end{aligned}$$

凑微分法熟练后，可以省略换元和回代过程，直接写出积分结果. 如例 3 的解题过程可以简化写成

$$\int \frac{2x}{x^2+5}\,\mathrm{d}x = \int \frac{1}{x^2+5}\mathrm{d}(x^2+5) = \ln(x^2+5)+C$$

例 4　求不定积分$\int \cos x\,\sin x\,\mathrm{d}x$.

解　方法 1：$\int \cos x\,\sin x\,\mathrm{d}x = -\int \cos x\,\mathrm{d}(\cos x) = -\frac{1}{2}\cos^2 x+C$

方法 2：$\int \cos x\,\sin x\,\mathrm{d}x = \int \sin x\,\mathrm{d}(\sin x) = \frac{1}{2}\sin^2 x+C$

方法 3：$\int \cos x\,\sin x\,\mathrm{d}x = \frac{1}{2}\int \sin 2x\,\mathrm{d}x = \frac{1}{4}\int \sin 2x\,\mathrm{d}(2x) = -\frac{1}{4}\cos 2x+C$

例 4 说明凑微分时把积分表达式中的那一部分凑成 $\mathrm{d}\varphi(x)$，其实是灵活多变的，需要根据积分表达式具体分析，选择不同，积分结果表达形式可能不同. 凑微分法运用的难点在于把积分表达式中的那一部分凑成 $\mathrm{d}\varphi(x)$，这需要解题经验的积累.

下面给出一些常见的凑微分形式：

(1) $\int f(ax+b)\mathrm{d}x=\frac{1}{a}\int f(ax+b)\mathrm{d}(ax+b)$；

(2) $\int f(ax^n+b)x^{n-1}\,\mathrm{d}x=\frac{1}{na}\int f(ax^n+b)\mathrm{d}(ax^n+b)$；

(3) $\int f(\ln x)\frac{\mathrm{d}x}{x}=\int f(\ln x)\mathrm{d}(\ln x)$；

(4) $\int f\left(\frac{1}{x}\right)\cdot\frac{\mathrm{d}x}{x^2}=-\int f\left(\frac{1}{x}\right)\mathrm{d}\left(\frac{1}{x}\right)$；

(5) $\int f(\mathrm{e}^x)\mathrm{e}^x\,\mathrm{d}x=\int f(\mathrm{e}^x)\mathrm{d}(\mathrm{e}^x)$；

(6) $\int f(\sin x)\cos x\,\mathrm{d}x=\int f(\sin x)\mathrm{d}(\sin x)$；

(7) $\int f(\cos x)\sin x\,\mathrm{d}x=-\int f(\cos x)\mathrm{d}(\cos x)$；

(8) $\int f(\tan x)\sec^2 x\,\mathrm{d}x=\int f(\tan x)\mathrm{d}(\tan x)$；

(9) $\int f(\cot x)\csc^2 x\,\mathrm{d}x=-\int f(\cot x)\mathrm{d}(\cot x)$；

(10) $\int\frac{f(\arcsin x)}{\sqrt{1-x^2}}\mathrm{d}x=\int f(\arcsin x)\mathrm{d}(\arcsin x)$；

(11) $\int\frac{f(\arctan x)\mathrm{d}x}{1+x^2}=\int f(\arctan x)\mathrm{d}(\arctan x)$.

例 5　求下列不定积分：

(1) $\int\tan x\,\mathrm{d}x$；　　(2) $\int\sec x\,\mathrm{d}x$；

(3) $\int\cos x\cos 3x\,\mathrm{d}x$.

解　(1) $\int\tan x\,\mathrm{d}x=\int\frac{\sin x}{\cos x}\,\mathrm{d}x=-\int\frac{1}{\cos x}\,\mathrm{d}(\cos)x=-\ln|\cos x|+C$

类似地，可以得到$\int\cot x\,\mathrm{d}x=\ln|\sin x|+C$.

(2)
$$\begin{aligned}\int\sec x\,\mathrm{d}x&=\int\frac{\sec^2 x+\sec x\tan x}{\sec x+\tan x}\,\mathrm{d}x=\int\frac{\mathrm{d}(\sec x+\tan x)}{\sec x+\tan x}\\&=\ln|\sec x+\tan x|+C\end{aligned}$$

类似地，可以得到$\int\csc x\,\mathrm{d}x=\ln|\csc x-\cot x|+C$.

(3) 因为 $\cos\alpha\cos\beta=\frac{1}{2}[\cos(\alpha+\beta)+\cos(\alpha-\beta)]$，所以

$$\begin{aligned}\int\cos x\cos 3x\,\mathrm{d}x&=\frac{1}{2}\int(\cos 4x+\cos 2x)\mathrm{d}x\\&=\frac{1}{2}\left(\frac{1}{4}\int\cos 4x\,\mathrm{d}4x+\frac{1}{2}\int\cos 2x\,\mathrm{d}2x\right)\\&=\frac{1}{8}\sin 4x+\frac{1}{4}\sin 2x+C\end{aligned}$$

例 6　求下列不定积分：

(1) $\int \frac{1}{a^2+x^2}\,\mathrm{d}x$；　　(2) $\int \frac{1}{\sqrt{a^2-x^2}}\,\mathrm{d}x \quad (a>0)$.

解　(1)
$$\int \frac{1}{a^2+x^2}\,\mathrm{d}x=\frac{1}{a^2}\int \frac{1}{1+\left(\frac{x}{a}\right)^2}\,\mathrm{d}x=\frac{1}{a}\int \frac{1}{1+\left(\frac{x}{a}\right)^2}\,\mathrm{d}\left(\frac{x}{a}\right)$$
$$=\frac{1}{a}\arctan\frac{x}{a}+C$$

(2)
$$\int \frac{1}{\sqrt{a^2-x^2}}\mathrm{d}x=\frac{1}{a}\int \frac{1}{\sqrt{1-\left(\frac{x}{a}\right)^2}}\mathrm{d}x=\int \frac{1}{\sqrt{1-\left(\frac{x}{a}\right)^2}}\mathrm{d}\left(\frac{x}{a}\right)$$
$$=\arcsin\frac{x}{a}+C$$

例 7　求 $\int \frac{1}{x^2}\cos\frac{1}{x}\,\mathrm{d}x$.

解
$$\int \frac{1}{x^2}\cos\frac{1}{x}\,\mathrm{d}x=-\int \cos\frac{1}{x}\,\mathrm{d}\left(\frac{1}{x}\right)=-\sin\frac{1}{x}+C$$

由以上例题可以看出，在运用换元积分法时，有时需要对被积函数作适当的变形处理，然后再凑微分，技巧性很强，无一般规律可循. 因此，只有在练习过程中，随时总结、归纳，积累经验，才能灵活运用.

例 8　求 $\int \frac{1}{x\sqrt{1-\ln^2 x}}\mathrm{d}x$.

解
$$\int \frac{1}{x\sqrt{1-\ln^2 x}}\,\mathrm{d}x=\int \frac{1}{\sqrt{1-\ln^2 x}}\mathrm{d}(\ln x)=\arcsin(\ln x)+C$$

例 9　求 $\int (x-1)\mathrm{e}^{x^2-2x}\,\mathrm{d}x$.

解
$$\int (x-1)\mathrm{e}^{x^2-2x}\,\mathrm{d}x=\frac{1}{2}\int \mathrm{e}^{x^2-2x}\,\mathrm{d}(x^2-2x)=\frac{1}{2}\mathrm{e}^{x^2-2x}+C$$

4.2.2　第二类换元积分法

在第一类换元积分法中，我们是通过变量代换 $u=\varphi(x)$，将形如 $\int f[\varphi(x)]\varphi'(x)\mathrm{d}x$ 的不定积分转化为形如 $\int f(u)\mathrm{d}u$ 的不定积分，然后计算. 有时候我们会遇到相反的情形，需要通过变量代换 $x=\psi(t)$，将形如 $\int f(x)\mathrm{d}x$ 的不定积分转化为形如 $\int f[\psi(t)]\psi'(t)\mathrm{d}t$ 的不定积分后再进行计算.

例 10　求不定积分 $\int \frac{1}{1+\sqrt{x}}\mathrm{d}x$.

解　这个不定积分的主要困难是分式中出现根式，凑微分法难于求出积分结果，可以考虑先把根式消去，再积分.

令 $x=t^2(t\geqslant 0)$，则 $\mathrm{d}x=2t\,\mathrm{d}t$，于是

$$\int \frac{dx}{1+\sqrt{x}} = \int \frac{2t\ dt}{1+t} = 2\int\left(1-\frac{1}{1+t}\right)dt = 2t - 2\ \ln|t+1| + C$$

将 $t=\sqrt{x}$ 代入上式，回到原积分变量，则有

$$\int \frac{dx}{1+\sqrt{x}} = 2\sqrt{x} - 2\ \ln(\sqrt{x}+1) + C$$

定理 4.2 设 $x=\psi(t)$ 单调可导，如果 $f[\psi(t)]\psi'(t)$ 有原函数 $F(t)$，则

$$\int f(x)dx \xlongequal{x=\psi(t)} \int f[\psi(t)]\psi'(t)dt = F(t) + C \xlongequal{\text{还原}} F[\psi^{-1}(x)] + C$$

其中 $t=\psi^{-1}(x)$ 是 $x=\psi(t)$ 的反函数. 这种求不定积分的方法称为第二类换元积分法.

例 11 求 $\int \frac{x\ dx}{\sqrt{x-1}}$.

解 令 $\sqrt{x-1}=t$，$t\geqslant 0$，即 $x=t^2+1$，则 $dx=2t\ dt$，于是

$$\int \frac{x\ dx}{\sqrt{x-1}} = \int \frac{t^2+1}{t}\cdot 2t\ dt = 2\int(t^2+1)dt = \frac{2}{3}t^3 + 2t + C$$

$$\xlongequal{\text{还原}} \frac{2}{3}(\sqrt{x-1})^3 + 2\sqrt{x-1} + C$$

例 12 求 $\int \sqrt{a^2-x^2}\ dx (a>0)$.

解 设 $x=a\ \sin t$，$t\in\left(-\frac{\pi}{2}, \frac{\pi}{2}\right)$，则 $dx=a\ \cos t\ dt$，于是

$$\int \sqrt{a^2-x^2}dx = a^2\int \cos^2 t\ dt = a^2\int \frac{1+\cos 2t}{2}\ dt$$

$$= \frac{a^2}{2}t + \frac{a^2}{4}\sin 2t + C$$

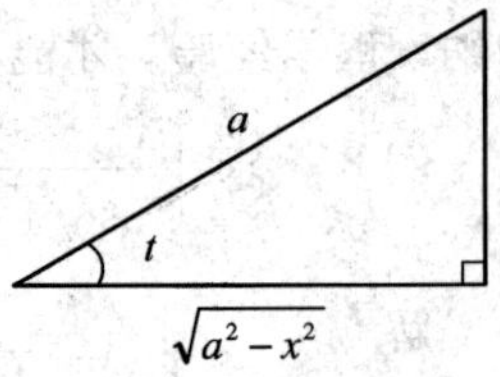

图 4-2

为了把变量 t 还原为 x，根据 $\sin t = \frac{x}{a}$ 作如图 4-2 所示的辅助三角形，于是有

$$\int \sqrt{a^2-x^2}dx = \frac{a^2}{2}\arcsin\frac{x}{a} + \frac{x}{2}\sqrt{a^2-x^2} + C$$

例 13 求 $\int \frac{dx}{\sqrt{a^2+x^2}}(a>0)$.

解 令 $x=a\ \tan t$，则 $dx=a\ \sec^2 t\ dt$，于是

$$\int \frac{1}{\sqrt{a^2+x^2}}dx = \int \sec t\ dt$$

$$= \ln|\sec t + \tan t| + C_1$$

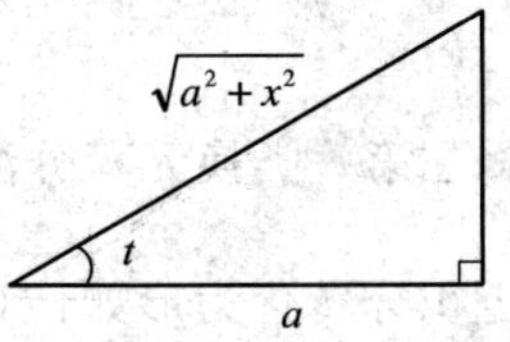

图 4-3

为了把 $\sec t$ 和 $\tan t$ 换成 x 的函数，作如图 4-3 所示的辅助三角形，即 $\tan t = \frac{x}{a}$，$\sec t = \frac{\sqrt{a^2+x^2}}{a}$，将其代入上式，得

$$\int \frac{1}{\sqrt{a^2+x^2}}dx = \ln\left|\frac{x}{a} + \frac{\sqrt{a^2+x^2}}{a}\right| + C_1 = \ln\left|x + \sqrt{a^2+x^2}\right| + C$$

其中，$C=C_1-\ln a$，仍为任意常数.

例 14　求$\int\frac{1}{\sqrt{x^2-a^2}}\mathrm{d}x\ (a>0)$.

解　令 $x=a\sec t$，则 $t\in\left(0,\frac{\pi}{2}\right)$，$\mathrm{d}x=a\sec t\tan t\,\mathrm{d}t$，于是

$$\int\frac{1}{\sqrt{x^2-a^2}}\mathrm{d}x=\int\frac{a\sec t\tan t}{a\tan t}\mathrm{d}t=\int\sec t\,\mathrm{d}t=\ln|\sec t+\tan t|+C_1$$

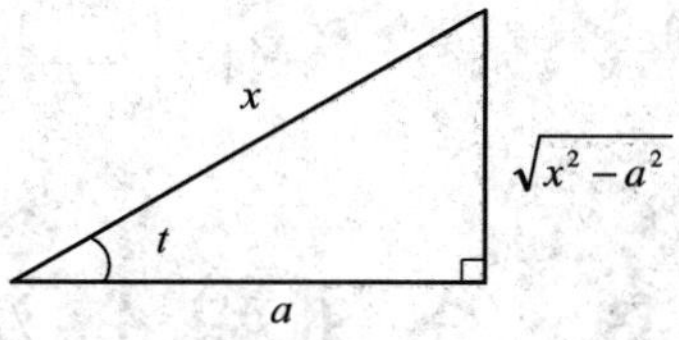

图 4－4

根据 $\sec t=\frac{x}{a}$ 作如图 4－4 所示的辅助三角形，于是有 $\tan t=\frac{\sqrt{x^2-a^2}}{a}$，将其代入上式，得

$$\int\frac{1}{\sqrt{x^2-a^2}}\mathrm{d}x=\ln\left|\frac{x}{a}+\frac{\sqrt{x^2-a^2}}{a}\right|+C_1=\ln\left|x+\sqrt{x^2-a^2}\right|+C$$

其中，$C=C_1-\ln a$.

由上面例题可以归纳出消根号常用的变量代换：

(1) 如果被积函数含有 $\sqrt[n]{ax+b}$，则令 $ax+b=t^n(t>0)$；

(2) 如果被积函数含有 $\sqrt{a^2-x^2}$，则令 $x=a\sin t$，$t\in\left(-\frac{\pi}{2},\frac{\pi}{2}\right)$；

(3) 如果被积函数含有 $\sqrt{x^2+a^2}$，则令 $x=a\tan t$，$t\in\left(-\frac{\pi}{2},\frac{\pi}{2}\right)$；

(4) 如果被积函数含有 $\sqrt{x^2-a^2}$，则令 $x=a\sec t$，$t\in\left(0,\frac{\pi}{2}\right)$.

后面三种代换方法常称为三角代换.

同步练习 4.2

1. 用第一类换元法计算下列不定积分：

(1) $\int\frac{1}{3x+2}\,\mathrm{d}x$；　　(2) $\int x(1+x^2)^{100}\,\mathrm{d}x$；

(3) $\int\frac{\sqrt{1+2\arctan x}}{1+x^2}\,\mathrm{d}x$；　　(4) $\int\frac{2x+2}{x^2+2x+3}\,\mathrm{d}x$；

(5) $\int\frac{1}{x^2-a^2}\,\mathrm{d}x$；　　(6) $\int\frac{1}{x^2+2x+2}\,\mathrm{d}x$；

(7) $\int\sin^4x\cos x\,\mathrm{d}x$；　　(8) $\int\cos^2x\,\mathrm{d}x$；

(9) $\int \cos 2x \cos 4x \, dx$； (10) $\int \frac{1}{x(1+3\ln x)} \, dx$；

(11) $\int \frac{1}{x\sqrt{1-\ln^2 x}} \, dx$； (12) $\int \frac{1}{x^2} \sin \frac{1}{x} \, dx$.

2. 用第二类换元法计算下列不定积分：

(1) $\int \frac{dx}{1+\sqrt{x}}$； (2) $\int \frac{\cos \sqrt{x} \, dx}{\sqrt{x}}$；

(3) $\int \frac{dx}{\sqrt{a^2 - x^2}} \ (a > 0)$； (4) $\int \frac{1}{\sqrt{x^2 - 9}} \, dx$.

4.3 分部积分法

4.2 节学习了换元积分法，大大拓展了求不定积分的范围，但是仍然有一些简单函数的不定积分，如$\int x e^x \, dx$、$\int x \sin x \, dx$、$\int e^x \sin x \, dx$、$\int \ln x \, dx$、$\int \arcsin x \, dx$等不能解决. 本节介绍不定积分的分部积分法.

设函数 $u = u(x)$、$v = v(x)$ 具有连续的导数，由函数乘积的微分法则可得

$$d(uv) = u \, dv + v \, du$$

即

$$u \, dv = d(uv) - v \, du$$

两边取不定积分，可得

$$\int u \, dv = uv - \int v \, du \quad 或 \quad \int uv' \, dx = uv - \int u'v \, dx$$

即分部积分公式.

分部积分公式实际上是一个积分的转化关系式，如果公式左侧的不定积分不易计算，则利用该公式将左侧较难的积分转化为右侧较简单的积分，可起到化难为易的作用.

例 1 求不定积分$\int x e^x \, dx$.

解 设 $u = x$，$v' = e^x$，则 $du = dx$，$v = e^x$，由分部积分公式得

$$\int x e^x \, dx = x e^x - \int e^x \, dx = x e^x - e^x + C$$

如果设 $u = e^x$，$v' = x$，则 $du = e^x \, dx$，$v = \frac{1}{2} x^2$，于是

$$\int x e^x \, dx = \frac{1}{2} x^2 e^x - \frac{1}{2} \int x^2 \, de^x = \frac{1}{2} x^2 e^x - \frac{1}{2} \int x^2 e^x \, dx$$

这时，后面的积分$\int x^2 e^x \, dx$ 要比原来的积分$\int x e^x \, dx$ 更复杂、更难计算.

因此，应用分部积分公式求不定积分的关键在于正确地选择 u 和 v. 一般遵循以下两点：

(1) 由 v' 易求出 v；

(2) 右侧积分$\int u'v\,\mathrm{d}x$要比左侧积分$\int uv'\,\mathrm{d}x$简单易求.

例 2　计算下列不定积分：

(1) $\int x\cos x\,\mathrm{d}x$；

(2) $\int x^2\mathrm{e}^x\,\mathrm{d}x$.

解　(1) 设 $u=x$，则 $v=\sin x$，于是

$$\int x\cos x\,\mathrm{d}x = x\sin x-\int\sin x\,\mathrm{d}x = x\sin x-\cos x+C$$

(2)
$$\begin{aligned}\int x^2\mathrm{e}^x\,\mathrm{d}x &= \int x^2\,\mathrm{d}\mathrm{e}^x = x^2\mathrm{e}^x-2\int x\mathrm{e}^x\,\mathrm{d}x = x^2\mathrm{e}^x-2\int x\,\mathrm{d}\mathrm{e}^x\\ &= x^2\mathrm{e}^x-2x\mathrm{e}^x+2\int\mathrm{e}^x\,\mathrm{d}x = x^2\mathrm{e}^x-2x\mathrm{e}^x+2\mathrm{e}^x+C\end{aligned}$$

例 3　求不定积分$\int x^2\ln x\,\mathrm{d}x$.

解
$$\begin{aligned}\int x^2\ln x\,\mathrm{d}x &= \int\ln x\,\mathrm{d}\left(\frac{1}{3}x^3\right) = \frac{1}{3}x^3\ln x-\frac{1}{3}\int x^3\cdot\frac{1}{x}\,\mathrm{d}x\\ &= \frac{1}{3}x^3\ln x-\frac{1}{9}x^3+C\end{aligned}$$

例 4　求不定积分$\int\arccos x\,\mathrm{d}x$.

解
$$\begin{aligned}\int\arccos x\,\mathrm{d}x &= x\arccos x+\int\frac{x}{\sqrt{1-x^2}}\,\mathrm{d}x\\ &= x\arccos x-\frac{1}{2}\int\frac{1}{\sqrt{1-x^2}}\,\mathrm{d}(1-x^2)\\ &= x\arccos x-\sqrt{1-x^2}+C\end{aligned}$$

例 5　求不定积分$\int\mathrm{e}^x\sin x\,\mathrm{d}x$.

解　因为

$$\begin{aligned}\int\mathrm{e}^x\sin x\,\mathrm{d}x &= \int\mathrm{e}^x\,\mathrm{d}(-\cos x)\\ &= -\mathrm{e}^x\cos x+\int\mathrm{e}^x\cos x\,\mathrm{d}x\\ &= -\mathrm{e}^x\cos x+\int\mathrm{e}^x\,\mathrm{d}(\sin x)\\ &= -\mathrm{e}^x\cos x+\mathrm{e}^x\sin x-\int\mathrm{e}^x\sin x\,\mathrm{d}x.\end{aligned}$$

等式右端出现了原不定积分，于是移项，除以 2 加上任意常数，得

$$\int\mathrm{e}^x\sin x\,\mathrm{d}x = \frac{\mathrm{e}^x}{2}(\sin x-\cos x)+C$$

在这个例子中可以看到连续使用两次分部积分公式后得到所求不定积分满足的一个方程，用解方程的方法得到所求的不定积分.

小结　分部积分公式适用于两种类型函数乘积的不定积分，u 和 v' 的选择有一定的规

律可循.下面几种形式的不定积分，均可应用分部积分公式求解.

(1) 形如$\int x^n e^x \mathrm{d}x$、$\int x^n \sin x \mathrm{d}x$、$\int x^n \cos x \mathrm{d}x$等积分，一般令$u=x^n$，并且分部积分公式使用的次数等于幂指数$n$；

(2) 形如$\int x^n \ln x \mathrm{d}x$、$\int x^n \arcsin x \mathrm{d}x$、$\int x^n \arctan x \mathrm{d}x$等积分，一般分别令$u=\ln x$、$\arcsin x$、$\arctan x$；

(3) 形如$\int e^x \sin x \mathrm{d}x$、$\int e^x \cos x \mathrm{d}x$等积分，$u$和$v'$可任意选取，需用两次分部积分公式.

例 6 求不定积分$\int \arctan\sqrt{x} \mathrm{d}x$.

解 令$t=\sqrt{x}$，则$x=t^2$，$\mathrm{d}x=2t\mathrm{d}t$，于是

$$\begin{aligned}\int \arctan\sqrt{x}\mathrm{d}x &= \int \arctan t \mathrm{d}t^2 = t^2\arctan t-\int\frac{t^2}{t^2+1}\mathrm{d}t\\&=t^2\arctan t-\int \mathrm{d}t+\int\frac{1}{1+t^2}\mathrm{d}t\\&=t^2\arctan t-t+\arctan t+C\\&=x\arctan\sqrt{x}-\sqrt{x}+\arctan\sqrt{x}+C\end{aligned}$$

同步练习 4.3

用分部积分法求下列各不定积分：

(1) $\int x\sin x \mathrm{d}x$；

(2) $\int x e^x \mathrm{d}x$；

(3) $\int x\ln x \mathrm{d}x$；

(4) $\int \ln x \mathrm{d}x$；

(5) $\int \arcsin x \mathrm{d}x$；

(6) $\int x\arctan x \mathrm{d}x$；

(7) $\int e^x \cos x \mathrm{d}x$；

(8) $\int x\cos 3x \mathrm{d}x$；

(9) $\int x e^{-x} \mathrm{d}x$；

(10) $\int \frac{\ln x}{x^2} \mathrm{d}x$；

(11) $\int e^{\sqrt{x}} \mathrm{d}x$；

(12) $\int \ln(1+x^2)\mathrm{d}x$.

4.4 常微分方程初步

在科学实验和经济管理方面的许多问题中，常常需要确定所涉及的变量间的函数关系.在一些比较复杂的问题中，我们只能确定含有未知函数的导数或微分的方程，通过求解这样的方程确定该函数的函数关系.本节介绍微分方程的基本概念和简单微分方程的解法.

4.4.1　微分方程的概念

例 1　已知某曲线经过点(1, 0)，且曲线上每一点处的切线斜率等于该点横坐标的倒数，求该曲线的方程.

解　设所求曲线的方程为 $y = f(x)$，则由导数的几何意义可得

$$\frac{dy}{dx} = \frac{1}{x}$$

根据导数公式知$(\ln|x| + C)' = \frac{1}{x}$，其中 C 为任意常数，于是

$$y = \ln|x| + C$$

又因为曲线经过点(1, 0)，即$y|_{x=1} = 0$，将其代入上式，解得 $C = 0$，故所求曲线的方程为

$$y = \ln|x|$$

上述例题实际上是求解含有未知函数的导数(或微分) 所满足的方程.

一般地，我们把含有未知函数的导数(或微分) 的方程称为微分方程. 如果在一个微分方程中出现的未知函数只含一个自变量，则这个方程称为常微分方程. 本书主要讨论常微分方程.

注　在微分方程中，自变量及未知函数可以不出现，但未知函数的导数或微分必须出现.

微分方程中未知函数的导数(或微分) 的最高阶数称为微分方程的阶数. 如$\frac{dy}{dx} = \frac{1}{x}$是一阶微分方程，$y'' - 2y' + 3y = e^x$ 是二阶微分方程，$y''' + y' = 0$ 是三阶微分方程.

满足微分方程的函数称为微分方程的解. 如函数 $y = \ln|x| + C$、$y = \ln x$ 都是微分方程$\frac{dy}{dx} = \frac{1}{x}$的解. 其中：$y = \ln x$ 不含任意常数，是具体的解，称为特解；$y = \ln|x| + C$ 含有任意常数，代表微分方程$\frac{dy}{dx} = \frac{1}{x}$的所有解，称为通解.

一般地，如果微分方程的解含有任意常数，且任意常数的个数和方程的阶数相等，则这种解称为微分方程的通解，不含任意常数的解称为特解. n 阶微分方程的通解中含有 n 个独立的任意常数.

在通解中，利用附加条件确定任意常数的取值，可得微分方程的特解. 用来确定通解中任意常数的附加条件称为初始条件. 如微分方程$\frac{dy}{dx} = \frac{1}{x}$满足初始条件$y|_{x=1} = 0$ 的特解为 $y = \ln x$.

例 2　验证：函数 $y = C_1 \sin x + C_2 \cos x$ 是微分方程 $y'' + y = 0$ 的通解.

解

$$y' = C_1 \cos x - C_2 \sin x,\ y'' = -C_1 \sin x - C_2 \cos x$$

将它们代入方程，得

$$y'' + y = -C_1 \sin x - C_2 \cos x + C_1 \sin x + C_2 \cos x = 0$$

所以，函数 $y = C_1 \sin x + C_2 \cos x$ 是微分方程 $y'' + y = 0$ 的解，且含有两个独立的任意常数，故函数 $y = C_1 \sin x + C_2 \cos x$ 是微分方程 $y'' + y = 0$ 的通解.

例 3　求微分方程 $y''' = e^x$ 的通解.

解
$$y''=\int e^x\,dx=e^x+C_1$$
$$y'=\int (e^x+C_1)dx=e^x+C_1x+C_2$$
$$y=\int (e^x+C_1x+C_2)dx=e^x+\frac{1}{2}C_1x^2+C_2x+C_3$$

4.4.2 可分离变量的一阶微分方程

定义 4.3 形如

$$\frac{dy}{dx}=f(x)\cdot g(y) \tag{4-1}$$

的微分方程称为可分离变量的一阶微分方程.

解法：分离变量，可化为

$$\frac{dy}{g(y)}=f(x)dx \qquad (g(y)\neq 0) \tag{4-2}$$

上式两边积分，得

$$\int \frac{dy}{g(y)}=\int f(x)dx+C \tag{4-3}$$

则微分方程$\frac{dy}{dx}=f(x)\cdot g(y)$的通解为

$$G(y)=F(x)+C \qquad (C\text{为任意常数})$$

其中，$G(y)$、$F(x)$分别是$\frac{1}{g(y)}$、$f(x)$的一个原函数.

以上求解微分方程的方法称为变量分离法. 式(4-2)称为已分离变量的微分方程. 式(4-3)为式(4-1)的通解表达式.

例 4 求微分方程$\frac{dy}{dx}=-\frac{x}{y}$的通解.

解 分离变量，得

$$y\,dy=-x\,dx$$

两边积分，得

$$\int y\,dy=\int -x\,dx+C_1$$

故有

$$\frac{1}{2}y^2=-\frac{1}{2}x^2+C_1$$

故原方程的通解为

$$x^2+y^2=C \qquad (C=2C_1)$$

例 5 求微分方程$\frac{dy}{dx}=2xy$ 的通解.

解 分离变量，得

$$\frac{1}{y}\mathrm{d}y=2x\,\mathrm{d}x$$

两边积分，得

$$\int\frac{1}{y}\mathrm{d}y=\int 2x\,\mathrm{d}x$$

故有

$$\ln|y|=x^2+C_1$$

令 $C=\pm \mathrm{e}^{C_1}$，则原方程的通解为

$$y=C\mathrm{e}^{x^2}$$

例 6 求微分方程 $\mathrm{e}^y(1+x^2)\mathrm{d}y=2x(1+\mathrm{e}^y)\mathrm{d}x$ 满足初始条件$y|_{x=0}=0$ 的特解.

解 变量分离，得

$$\frac{\mathrm{e}^y}{1+\mathrm{e}^y}\,\mathrm{d}y=\frac{2x}{1+x^2}\,\mathrm{d}x$$

两边积分，得

$$\int\frac{\mathrm{e}^y}{1+\mathrm{e}^y}\,\mathrm{d}y=\int\frac{2x}{1+x^2}\,\mathrm{d}x$$

于是

$$\ln(1+\mathrm{e}^y)=\ln(1+x^2)+\ln C$$

故原方程的通解为

$$1+\mathrm{e}^y=C(1+x^2)$$

即

$$y=\ln[C(1+x^2)-1]$$

将初始条件$y|_{x=0}=0$ 代入上式，可得 $C=2$，故原方程的特解为

$$y=\ln[2(1+x^2)-1]$$

4.4.3 一阶线性微分方程

定义 4.4 形如

$$y'+P(x)y=Q(x) \tag{4-4}$$

的微分方程称为一阶线性微分方程，其特征是：未知函数及其导数都是一次的.

当 $Q(x)=0$ 时，式(4-4)化为

$$\frac{\mathrm{d}y}{\mathrm{d}x}+P(x)y=0 \tag{4-5}$$

方程(4-5)称为一阶线性齐次微分方程；当 $Q(x)\neq 0$ 时，方程(4-4)称为一阶线性非齐次微分方程.

1. 一阶线性齐次微分方程的通解

将方程(4-5)变量分离，得

$$\frac{\mathrm{d}y}{y}=-P(x)\mathrm{d}x$$

两边积分，得

$$\int \frac{\mathrm{d}y}{y} = \int -P(x)\mathrm{d}x$$

$$\ln y = -\int P(x)\mathrm{d}x + \ln C$$

故一阶线性齐次微分方程的通解为

$$y = C\mathrm{e}^{-\int P(x)\mathrm{d}x} \tag{4-6}$$

2. 一阶线性非齐次微分方程的通解

方程(4-4)的通解可以利用“常数变易法”求得：首先求得方程(4-4)对应的一阶线性齐次微分方程(4-5)的通解，再将一阶线性齐次微分方程(4-5)的通解中的任意常数 C 换成待定函数 $C(x)$，即设一阶线性非齐次微分方程(4-5)的通解为

$$y = C(x)\mathrm{e}^{-\int P(x)\mathrm{d}x} \tag{4-7}$$

则

$$y' = C'(x)\mathrm{e}^{-\int P(x)\mathrm{d}x} - C(x)P(x)\mathrm{e}^{-\int P(x)\mathrm{d}x} \tag{4-8}$$

把式(4-7)和式(4-8)代入方程(4-5)，得

$$C'(x) = Q(x)\mathrm{e}^{\int P(x)\mathrm{d}x}$$

两边积分，得

$$C(x) = \int Q(x)\mathrm{e}^{\int P(x)\mathrm{d}x}\mathrm{d}x + C$$

故一阶线性非齐次微分方程的通解为

$$y = \mathrm{e}^{-\int P(x)\mathrm{d}x}\left(\int Q(x)\mathrm{e}^{\int P(x)\mathrm{d}x}\mathrm{d}x + C\right) \tag{4-9}$$

式(4-9)可化为

$$y = \underbrace{\mathrm{e}^{-\int P(x)\mathrm{d}x}\int Q(x)\mathrm{e}^{\int P(x)\mathrm{d}x}\mathrm{d}x}_{\text{非齐次方程的特解}} + \underbrace{C\mathrm{e}^{-\int P(x)\mathrm{d}x}}_{\text{齐次方程的通解}}$$

由此可见，一阶线性非齐次微分方程的通解等于其对应的齐次方程的通解与非齐次方程的一个特解之和.

一般地，一阶线性非齐次微分方程 $y'+P(x)y=Q(x)$ 的求解步骤如下：

(1) 求对应的齐次方程 $y'+P(x)y=0$ 的通解：

$$y = C\mathrm{e}^{-\int P(x)\mathrm{d}x}$$

(2) 利用常数变易法，设 $y = C(x)\mathrm{e}^{-\int P(x)\mathrm{d}x}$ 为原方程的解，将其代入原方程，求得

$$C(x) = \int Q(x)\mathrm{e}^{\int P(x)\mathrm{d}x}\mathrm{d}x + C$$

(3) 将 $C(x)$ 代入，得到一阶线性非齐次微分方程的通解：

$$y = \mathrm{e}^{-\int P(x)\mathrm{d}x}\left[\int Q(x)\mathrm{e}^{\int P(x)\mathrm{d}x}\mathrm{d}x + C\right]$$

若求特解，只需要把初始条件代入通解求得任意常数的值即可.

例 7　求微分方程 $y'+2xy=2xe^{-x^2}$ 的通解.

解　首先求解对应的一阶线性齐次微分方程

$$y'+2xy=0$$

解得通解为

$$y=Ce^{-\int 2x\mathrm{d}x}=Ce^{-x^2}$$

其次，利用常数变易法，设原方程的解为 $y=C(x)e^{-x^2}$，则

$$y'=C'(x)e^{-x^2}-2xC(x)e^{-x^2}$$

将 y、y' 代入原方程，得

$$C'(x)e^{-x^2}-2xC(x)e^{-x^2}+2xC(x)e^{-x^2}=2xe^{-x^2}$$

化简，得

$$C'(x)=2x$$

两边积分，得

$$C(x)=x^2+C$$

故原方程的通解为

$$y=(x^2+C)e^{-x^2}$$

例 8　求一阶线性非齐次微分方程 $y'-y\cot x=2x\sin x$ 的通解.

解　方法 1：应用常数变易法. 先求解对应的一阶线性齐次微分方程

$$y'-y\cot x=0$$

分离变量，得

$$\frac{\mathrm{d}y}{y}=\cot x\,\mathrm{d}x$$

两边积分，整理可得一阶线性齐次微分方程的通解为

$$y=C\sin x$$

设 $y=C(x)\sin x$ 为原方程的解，则

$$y'=C'(x)\sin x+C(x)\cos x$$

将 y、y' 代入原方程，得

$$C'(x)\sin x+C(x)\cos x-C(x)\sin x\cot x=2x\sin x$$

化简，得

$$C'(x)=2x$$

两边积分，得

$$C(x)=x^2+C$$

故原方程的通解为

$$y=(x^2+C)\sin x$$

方法 2：应用公式法. 由题意得

$$P(x)=-\cot x$$

$$Q(x)=2x\sin x$$

将其代入一阶线性非齐次微分方程的通解公式，得原方程的通解为

$$y=e^{-\int \cot x \mathrm{d}x}\left(\int 2x\sin x e^{-\int \cot x \mathrm{d}x}\mathrm{d}x+C\right)$$
$$=e^{\ln|\sin x|}\left(\int 2x\sin x e^{-\ln|\sin x|}\mathrm{d}x+C\right)$$
$$=\sin x\left(\int 2x\sin x\frac{1}{\sin x}\mathrm{d}x+C\right)$$
$$=(x^2+C)\sin x$$

例 9 设某商品的供给函数 $S(x)$ 和需求函数 $D(x)$ 分别为 $S(x)=-12+2P$，$D(x)=18-P$，其中价格 P 是时间 t 的函数，即 $P=P(t)$，且价格的变化率等于需求量与供给量之差的二倍，求商品的价格函数 $P(t)$.

解 根据题意，得

$$\frac{\mathrm{d}P}{\mathrm{d}t}=2(30-3P)$$

即

$$\frac{\mathrm{d}P}{\mathrm{d}t}+6P=60$$

此方程为一阶线性非齐次微分方程，将其代入一阶线性非齐次微分方程的通解公式，得原方程的通解为

$$P=e^{-\int 6\mathrm{d}t}\left(\int 60e^{\int 6\mathrm{d}t}\mathrm{d}t+C\right)$$
$$=e^{-6t}\left(60\int e^{6t}\mathrm{d}t+C\right)$$
$$=e^{-6t}(10e^{6t}+C)$$
$$=10+Ce^{-6t}$$

同步练习 4.4

1. 用变量分离法求下列微分方程的通解：

(1) $y'=x^2+1$； (2) $y'=\frac{2}{x}$；

(3) $y'=3x^2y$； (4) $(1+y)\mathrm{d}x+(x-1)\mathrm{d}y=0$；

(5) $(x^2+1)y'-y\ln y=0$； (6) $\sqrt{1-x^2}y'=\sqrt{1-y^2}$；

(7) $e^xy'-1=0$，$y|_{x=0}=1$； (8) $y'=e^{x-2y}$.

2. 求下列微分方程的通解或在给定初始条件下的特解：

(1) $y'+y=e^x$； (2) $y'-\frac{2}{x}y=0$；

(3) $\frac{\mathrm{d}y}{\mathrm{d}x}+2xy=4x$，$y|_{x=0}=3$； (4) $\frac{\mathrm{d}y}{\mathrm{d}x}-\frac{2}{x+1}y=(x+1)^3$.

3. 已知曲线过点(0，1)，且曲线上任一点处的切线斜率为该点横坐标的余弦函数值，求此曲线的方程.

4. 某商品的需求量 Q 对价格 P 的弹性为 $-P\ln 2$，已知 $P=0$ 时，$Q=1100$，求商品的

需求函数.

本章小结

1. 不定积分的基本概念和性质

1）基本概念

(1) 原函数：设函数 $f(x)$在区间 I 上有定义，若存在函数 $F(x)$，使得对任意的 $x\in I$，都有 $F'(x)=f(x)$或 $\mathrm{d}F(x)=f(x)\mathrm{d}x$，则称 $F(x)$为 $f(x)$在区间 I 上的一个原函数.

(2) 不定积分：$f(x)$的全体原函数 $F(x)+C$ 称为 $f(x)$在区间 I 上的不定积分，记为 $\int f(x)\mathrm{d}x = F(x)+C$.

2）不定积分的性质

(1) $\left[\int f(x)\mathrm{d}x\right]' = f(x)$ 或 $\mathrm{d}\int f(x)\mathrm{d}x = f(x)\mathrm{d}x$；

(2) $\int F'(x)\mathrm{d}x = F(x)+C$ 或 $\int \mathrm{d}F(x) = F(x)+C$；

(3) $\int [f(x)\pm g(x)]\mathrm{d}x = \int f(x)\mathrm{d}x \pm \int g(x)\mathrm{d}x$；

(4) $\int kf(x)\mathrm{d}x = k\int f(x)\mathrm{d}x$　（k 为常数）.

3）不定积分的几何意义

不定积分的几何意义：$f(x)$ 的全体原函数 $F(x)+C$ 表示无数条积分曲线.

2. 积分公式与积分方法

1）积分公式

(1) $\int \mathrm{d}x = x+C$；

(2) $\int x^a\,\mathrm{d}x = \dfrac{x^{a+1}}{1+a}+C$，$a\neq -1$；

(3) $\int \dfrac{1}{x}\mathrm{d}x = \ln|x|+C$；

(4) $\int a^x\,\mathrm{d}x = \dfrac{a^x}{\ln a}+C$；

(5) $\int \mathrm{e}^x\,\mathrm{d}x = \mathrm{e}^x+C$；

(6) $\int \sin x\,\mathrm{d}x = -\cos x+C$；

(7) $\int \cos x\,\mathrm{d}x = \sin x+C$；

(8) $\int \sec^2 x\,\mathrm{d}x = \int \dfrac{1}{\cos^2 x}\,\mathrm{d}x = \tan x+C$；

(9) $\int \csc^2 x\,\mathrm{d}x = \int \dfrac{1}{\sin^2 x}\,\mathrm{d}x = -\cot x+C$；

(10) $\int \sec x \tan x \,\mathrm{d}x = \sec x + C$;

(11) $\int \csc x \cot x \,\mathrm{d}x = -\csc x + C$;

(12) $\int \frac{1}{\sqrt{1-x^2}} \,\mathrm{d}x = \arcsin x + C$;

(13) $\int \frac{1}{1+x^2} \,\mathrm{d}x = \arctan x + C$;

(14) $\int \tan x \,\mathrm{d}x = -\ln|\cos x| + C$;

(15) $\int \cot x \,\mathrm{d}x = \ln|\sin x| + C$;

(16) $\int \sec x \,\mathrm{d}x = \ln|\sec x + \tan x| + C$;

(17) $\int \csc x \,\mathrm{d}x = \ln|\csc x - \cot x| + C$;

(18) $\int \frac{1}{ax+b} \,\mathrm{d}x = \frac{1}{a}\ln|ax+b| + C$;

(19) $\int \frac{1}{x^2+a^2}\mathrm{d}x = \frac{1}{a}\arctan \frac{x}{a} + C$;

(20) $\int \frac{1}{x^2-a^2} \,\mathrm{d}x = \frac{1}{2a}\ln\left|\frac{x-a}{x+a}\right| + C$.

2) 积分方法

(1) 直接积分法：将被积函数直接或进行恒等变形后利用积分公式和性质计算积分的方法.

(2) 换元积分法：包括第一类换元积分法和第二类换元积分法.

第一类换元积分法(凑微分法)：

$$\int f[\varphi(x)]\varphi'(x)\mathrm{d}x = \int f[\varphi(x)]\mathrm{d}[\varphi(x)] = F[\varphi(x)] + C$$

第二类换元积分法：

$$\int f(x)\mathrm{d}x = \int f[\varphi(t)]\varphi'(t)\mathrm{d}t = F[\varphi^{-1}(x)] + C$$

(3) 分部积分法：

$$\int u \,\mathrm{d}v = uv - \int v \,\mathrm{d}u \quad \text{或} \quad \int uv' \,\mathrm{d}x = uv - \int u'v \,\mathrm{d}x$$

3. 微分方程的概念与解法

1) 基本概念

(1) 微分方程：含有未知函数的导数(或微分)的方程称为微分方程. 含有一元未知函数的微分方程称为常微分方程.

(2) 微分方程的解：满足微分方程的函数. 如果微分方程的解含有任意常数，且独立的任意常数的个数与方程的阶数相等，则这种解称为方程的通解；不含任意常数的解称为特解.

(3) 微分方程的阶数：未知函数的导数(或微分)的最高阶数.

2) 可变量分离的微分方程$\frac{dy}{dx}=f(x)g(y)$的解法

可变量分离的微分方程$\frac{dy}{dx}=f(x)g(x)$的解法：变量分离法.

3) 一阶线性非齐次微分方程 $y'+P(x)y=Q(x)$的解法

(1) 公式法：一阶线性齐次方程的通解公式为

$$y = Ce^{-\int P(x)dx}$$

一阶线性非齐次微分方程的通解公式为

$$y = e^{-\int P(x)dx}\left[\int Q(x)e^{\int P(x)dx}dx + C\right]$$

(2) 常数变易法：先解对应的齐次微分方程 $y' + P(x)y = 0$ 的通解 $y = Ce^{-\int P(x)dx}$；再进行常数变易，设一阶线性非齐次方程的解为 $y = C(x)e^{-\int P(x)dx}$，将其代入原方程，得通解为

$$y = e^{-\int P(x)dx}\left[\int Q(x)e^{\int P(x)dx}\,dx + C\right]$$

单元测试 4

1. 判断题：

(1) 因为$(x^2)' = 2x$，所以 x^2 是 $2x$ 的一个原函数.　(　　)

(2) $\int\cos 3x\,dx = \sin 3x + C$.　(　　)

(3) $d\int f(x)dx = f(x)dx + C$.　(　　)

(4) 微分方程 $y' = 3xy$ 是可变量分离的微分方程.　(　　)

2. 填空题：

(1) 若 $\ln x$ 是 $f(x)$ 的一个原函数，则$\int f(x)dx =$ ________；

(2) 若$\int f(x)dx = \sin 2x + C$，则 $f(x) =$ ________；

(3) $\int e^{-x}\,dx =$ ________；

(4) 若$\int f(x)dx = \ln x + C$，则$\int\cos x\cdot f(\sin x)dx =$ ________.

3. 选择题：

(1) 若 $f(x)$ 的导数是 $\sin x$，则 $f(x)$ 有一个原函数是(　　).

A. $\sin x$　　B. $-\sin x$

C. $\cos x$　　D. $-\cos x$

(2) $\left[\int f(x)dx\right]' =$ (　　).

A. $f'(x)$　　B. $f(x)$

C. $f'(x)+C$　　D. $f(x)+C$

(3) 不定积分$\int \arctan x \, dx=$（　　）.

A. $x\arctan x-\frac{1}{2}\ln(1+x^2)$　　B. $x\arctan x+\frac{1}{2}\ln(1+x^2)$

C. $x\arctan x-\frac{1}{2}\ln(1+x^2)+C$　　D. $x\arctan x+\frac{1}{2}\ln(1+x^2)+C$

(4) 方程（　　）是一阶线性非齐次微分方程.

A. $y'=3xy^2$　　B. $y''-(x+2)y=1$

C. $y'+3xy-x^2=0$　　D. $y'-x\ln y=0$

4. 求下列不定积分：

(1) $\int \sqrt{2x+3}\,dx$；　　(2) $\int \sin 5x\,dx$；

(3) $\int \frac{\cos\sqrt{x}}{\sqrt{x}}dx$；　　(4) $\int \frac{\ln x}{x}\,dx$；

(5) $\int \frac{(\ln x)^5}{x}\,dx$；　　(6) $\int \sin^2 x\cos x\,dx$；

(7) $\int 2x(x^2+4)^3\,dx$；　　(8) $\int \frac{\cos x}{1+\sin x}\,dx$；

(9) $\int \frac{1}{x^2-1}\,dx$；　　(10) $\int \sqrt{a^2-x^2}\,dx(a>0)$；

(11) $\int \frac{1}{1+\sqrt{x}}\,dx$；　　(12) $\int \frac{1}{\sqrt{x}+\sqrt[3]{x}}dx$；

(13) $\int xe^x\,dx$；　　(14) $\int x\arctan x\,dx$；

(15) $\int \sin(\ln x)dx$；　　(16) $\int \ln(1+x^2)dx$.

5. 求微分方程 $y'=3xy+x^3$满足初始条件$y|_{x=0}=1$ 的特解.

6. 已知某产品的利润函数 L 是广告支出 x 的函数，满足$\frac{dL}{dx}=b-a(L+x)$，$a>0$，$b>0$，当 $x=0$ 时 $L=L_0$，求商品的利润函数 $L(x)$.

第 5 章　定积分及其应用

定积分是积分学的重要组成部分，本章将从实际问题出发，分析总结定积分的概念，介绍定积分的性质，定积分的计算公式以及定积分在几何、经济方面的应用.

5.1　定积分的概念与性质

5.1.1　实际背景问题

引例 1(校园花坛面积问题)　某校园有一个椭圆花坛如图 5－1 所示，已测得花坛边界最长距离为 20 米，最短距离为 10 米，试计算花坛的面积.

如图 5－1 所示的图形，由于不是规则图形，所以它的面积不能用学过的规则图形的面积公式直接求解.

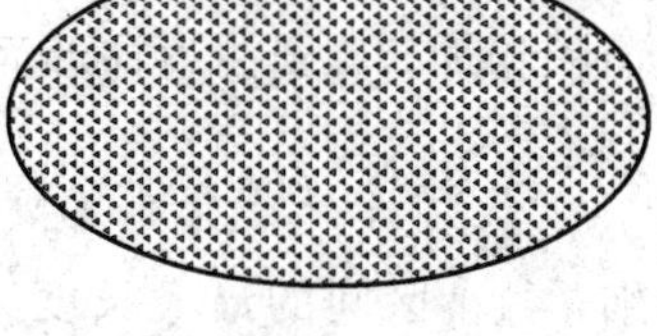

图 5－1

如图 5－2 所示的图形面积也不能用以前的面积公式计算.

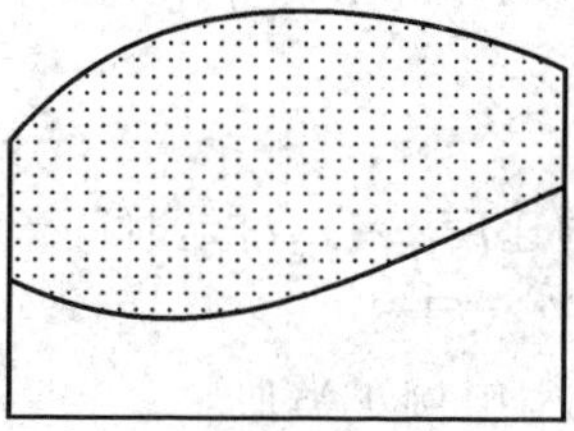

图 5－2

观察图 5－2 所示的图形发现：阴影部分的面积是两个曲边四边形面积之差. 这两个曲边四边形都是三条边是直线，并且两条垂直于第三条，而第四条边是曲线段，这样的图形我们称为曲边梯形. 下面研究曲边梯形的面积.

1. 求曲边梯形的面积

设函数 $f(x)$ 在区间 $[a, b]$ 上非负、连续，由直线 $x=a$、$x=b$、$y=0$ 及曲线 $y=f(x)$ 所围成的图形称为曲边梯形，如图 5－3 所示.

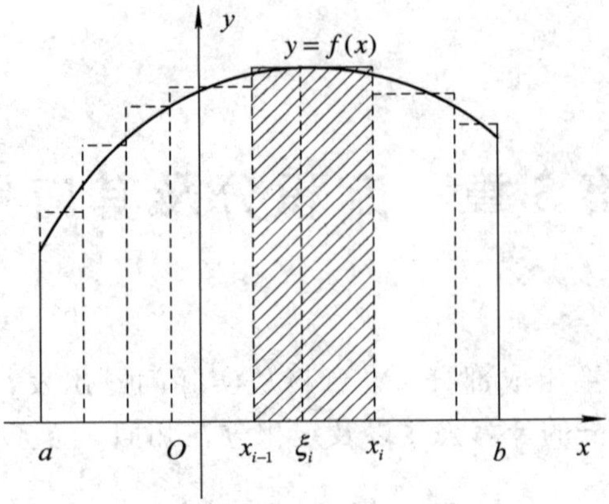

图 5-3

由函数的连续性质可知，当区间$[a, b]$的长度很小时，$f(x)$的改变量很小，这时曲边梯形的面积可用矩形面积近似替代，由此启发我们把区间$[a, b]$划分为若干小区间，在每个小区间上用同底的小矩形面积近似代替对应的小曲边梯形面积，如图 5-3 所示，显然，小矩形越多，小矩形面积总和越接近曲边梯形面积. 为此我们采用以下步骤：

(1) 分割：在区间$[a, b]$内插入分点$a=x_0<x_1<\cdots<x_{n-1}<x_n=b$，把区间$[a, b]$任意分成 n 个小区间$[x_{i-1}, x_i]$，长度记为$\Delta x_i=x_i-x_{i-1}(i=1, 2, \cdots, n)$.

(2) 近似：在每个小区间$[x_{i-1}, x_i]$上任取一点ξ_i，第 i 个小曲边梯形的面积近似为

$$A_i \approx f(\xi_i)f\Delta x_i \qquad (i=1, 2, \cdots, n)$$

(3) 求和：将 n 个小矩形的面积相加，得到曲边梯形面积的近似值

$$A \approx \sum_{i=1}^{n} f(\xi_i)\Delta x_i$$

(4) 取极限：当分割无限加细，各小区间的最大长度$\lambda=\max\{\Delta x_1, \Delta x_2, \cdots, \Delta x_n\}$趋近于零$(\lambda\to 0)$时，小矩形的面积之和趋近于曲边梯形面积，故有

$$A = \lim_{\lambda\to 0}\sum_{i=1}^{n} f(\xi_i)\Delta x_i$$

2. 变速直线运动的路程

引例 2 已知变速直线运动的速度$v=v(t)$是时间 t 的连续函数，且$v(t)\geqslant 0$，计算物体在时间区间$[T_1, T_2]$内所经过的路程 S.

由于速度$v=v(t)$连续，思路与引例 1 类似：

(1) 分割：在时间区间$[T_1, T_2]$内插入分点$T_1=t_0<t_1<\cdots<t_{n-1}<t_n=T_2$，把区间$[T_1, T_2]$任意分成 n 个小区间$[t_{i-1}, t_i]$，记$\Delta t_i=t_i-t_{i-1}(i=1, 2, \cdots, n)$.

(2) 近似：物体在时间区间$[t_{i-1}, t_i]$内所经过的路程近似为

$$s_i \approx v(\tau_i)\Delta t_i, \ \tau_i \in [t_{i-1}, t_i] \qquad (i=1, 2, \cdots, n)$$

(3) 求和：物体在时间区间$[T_1, T_2]$内所经过的路程近似为

$$S \approx \sum_{i=1}^{n} v(\tau_i)\Delta t$$

(4) 取极限：记$\lambda=\max\{\Delta x_1, \Delta x_2, \cdots, \Delta x_n\}$，则物体所经过的路程为

$$S=\lim_{\lambda\to 0}\sum_{i=1}^{n}v(\tau_i)\Delta t$$

5.1.2　定积分的定义

5.1.1 节中的两个引例虽然研究的对象不同，但解决问题的思路和数学过程完全相同，抓住它们的共性加以概括，可抽象出如下定义.

定义 5.1　设函数 $f(x)$ 在区间 $[a, b]$ 上有定义，在区间 $[a, b]$ 中任意插入分点 $a=x_0<x_1<\cdots<x_{n-1}<x_n=b$，把区间 $[a, b]$ 分成一些小区间 $[x_0, x_1]$，$[x_1, x_2]$，…，$[x_{n-1}, x_n]$，记 $\Delta x_i=x_i-x_{i-1}(i=1, 2, \cdots, n)$，$\lambda=\max\{\Delta x_1, \Delta x_2, \cdots, \Delta x_n\}$，在每个小区间上任取 $\xi_i\in[x_{i-1}, x_i]$，作乘积的和式 $\sum\limits_{i=1}^{n}f(\xi_i)\Delta x_i$，如果 $\lim\limits_{\lambda\to 0}\sum\limits_{i=1}^{n}f(\xi_i)\Delta x_i$ 存在，则称 $f(x)$ 在区间 $[a, b]$ 上可积，其极限值称为 $f(x)$ 在区间 $[a, b]$ 上的定积分，记为

$$\int_a^b f(x)\mathrm{d}x=\lim_{\lambda\to 0}\sum_{i=1}^{n}f(\xi_i)\Delta x_i$$

其中：$f(x)$ 称为被积函数；$f(x)\mathrm{d}x$ 称为被积表达式；x 称为积分变量；a 称为积分下限；b 称为积分上限；$[a, b]$ 称为积分区间.

如果 $\lim\limits_{\lambda\to 0}\sum\limits_{i=1}^{n}f(\xi_i)\Delta x_i$ 不存在，则称 $f(x)$ 在区间 $[a, b]$ 上不可积.

由定积分的定义可知，前面讨论的两个引例可分别用定积分表示如下：

(1) 曲边梯形的面积：$A=\int_a^b f(x)\mathrm{d}x$.

(2) 变速直线运动的路程 ：$S=\int_{T_1}^{T_2}v(t)\mathrm{d}t$.

对于定积分的概念，说明如下：

(1) 定积分的结果是一个数，它只与被积函数 $f(x)$ 和积分区间 $[a, b]$ 有关，与区间 $[a, b]$ 的分法、点 ξ_i 的取法及积分变量的记号均无关，即

$$\int_a^b f(x)\mathrm{d}x=\int_a^b f(t)\mathrm{d}t=\int_a^b f(u)\mathrm{d}u$$

(2) 定义中要求 $a<b$，为方便起见，允许 $b\leqslant a$，并规定

$$\int_a^b f(x)\mathrm{d}x=-\int_b^a f(x)\mathrm{d}x,\quad \int_a^a f(x)\mathrm{d}x=0$$

(3) 可积的条件：若函数 $f(x)$ 在 $[a, b]$ 上连续或仅有有限个第一类间断点，则 $f(x)$ 在 $[a, b]$ 上可积.(证明略)

初等函数在其定义区间内部都是可积的.

5.1.3　定积分的几何意义

(1) 若 $f(x)$ 在区间 $[a, b]$ 上有 $f(x)\geqslant 0$，则 $\int_a^b f(x)\mathrm{d}x$ 表示曲边梯形的面积，即

$$\int_a^b f(x)\mathrm{d}x=A$$

如图 5－4 中阴影部分的面积可表示为 $\int_{-a}^{a}\sqrt{a^2-x^2}\,\mathrm{d}x=\frac{\pi a^2}{2}$.

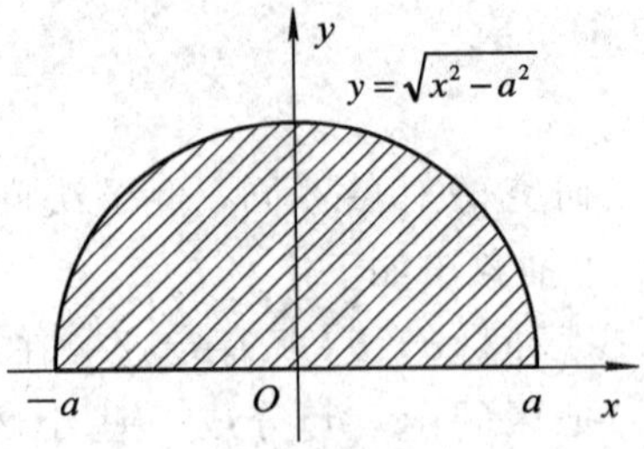

图 5－4

(2) 若 $f(x)$ 在区间$[a, b]$上有 $f(x)\leqslant 0$，则$\int_a^b f(x)\mathrm{d}x$ 表示曲边梯形的面积的相反数，即

$$\int_a^b f(x)\mathrm{d}x=-A$$

(3) 若在$[a, b]$上 $f(x)$ 有正有负，则$\int_a^b f(x)\mathrm{d}x$ 等于$[a, b]$上位于 x 轴上方的图形面积减去 x 轴下方的图形面积. 例如，图 5－5 中有

$$\int_a^b f(x)\mathrm{d}x=A_1-A_2+A_3$$

其中，A_1、A_2、A_3 分别是图 5－5 中对应图形的面积.

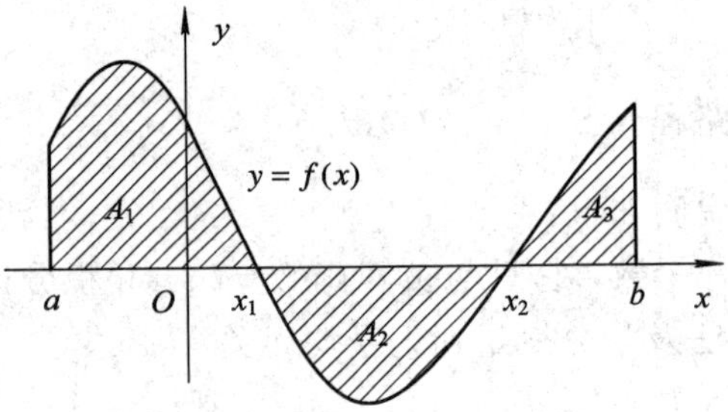

图 5－5

综上所述：$\int_a^b f(x)\mathrm{d}x$ 表示由直线 $x=a$、$x=b$、$y=0$ 及曲线 $y=f(x)$ 所围成的图形面积的代数和，这就是定积分的几何意义.

5.1.4　定积分的性质

假设函数在所讨论的区间内可积，根据定积分的定义可得如下性质.

性质 1　被积函数的常量因子可提到积分号之前，即

$$\int_a^b kf(x)\mathrm{d}x=k\int_a^b f(x)\mathrm{d}x$$

性质 2　函数的代数和可逐项积分，即

$$\int_a^b[f(x)\pm g(x)]\mathrm{d}x=\int_a^b f(x)\mathrm{d}x\pm\int_a^b g(x)\mathrm{d}x$$

这个性质可推广到有限个函数的代数和的定积分.

性质 3(积分的可加性)　对任意的 $a \leqslant c \leqslant b$，有

$$\int_a^b f(x)\mathrm{d}x = \int_a^c f(x)\mathrm{d}x + \int_c^b f(x)\mathrm{d}x$$

注　$c \notin [a, b]$ 时，结论仍成立，如图 5-6 和图 5-7 所示.

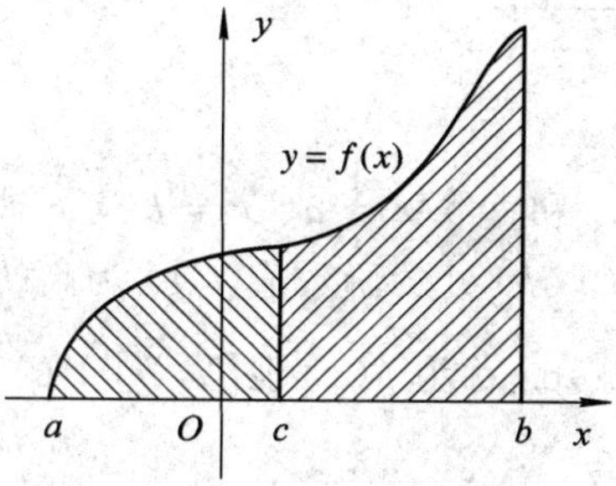

图 5-6

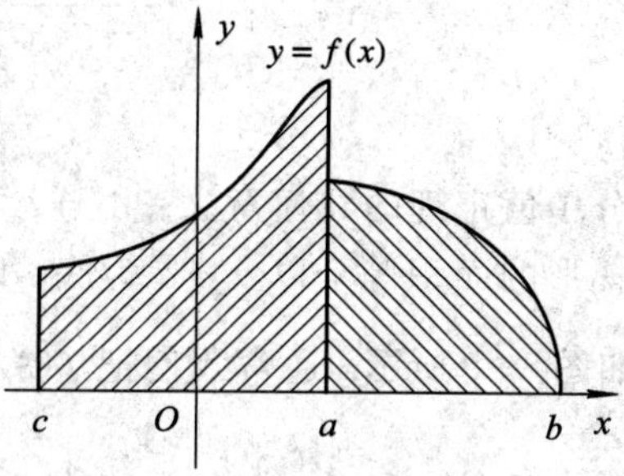

图 5-7

性质 4　如果 $f(x)$ 在区间$[a, b]$上恒等于 1，则$\int_a^b \mathrm{d}x = b - a$.

性质 5(积分的比较性质)　在$[a, b]$上，若有 $f(x) \leqslant g(x)$，则

$$\int_a^b f(x)\mathrm{d}x < \int_a^b g(x)\mathrm{d}x$$

推论　$\left|\int_a^b f(x)\mathrm{d}x\right| \leqslant \int_a^b |f(x)|\mathrm{d}x$.

性质 6(估值定理)　设 $f(x)$ 在$[a, b]$上连续，其最小值、最大值分别记为 m 和 M，则

$$m(b-a) \leqslant \int_a^b f(x)\mathrm{d}x \leqslant M(b-a)$$

估值定理的几何意义：由连续曲线 $y = f(x)$ 和直线 $x = a$、$x = b$ 及 x 轴所围成的曲边梯形的面积介于以 $b-a$ 为底、以最小值 m 及最大值 M 为高的两个矩形面积之间，如图 5-8 所示.

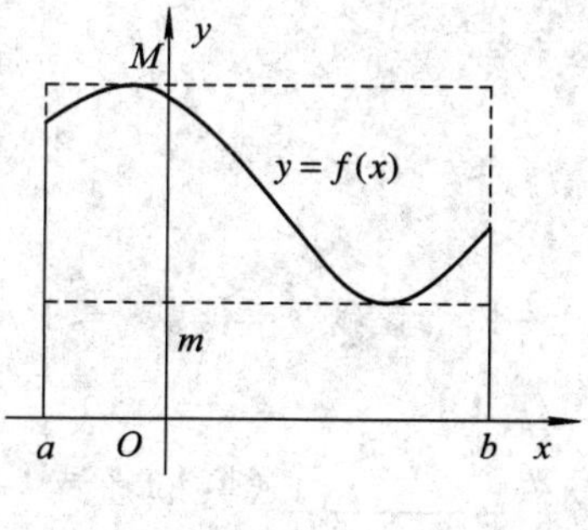

图 5-8

性质 7(积分中值定理)　如果 $f(x)$ 在$[a, b]$上连续，则至少存在一点 $\xi \in (a, b)$，使得

$$\int_a^b f(x)\mathrm{d}x = f(\xi)(b-a)$$

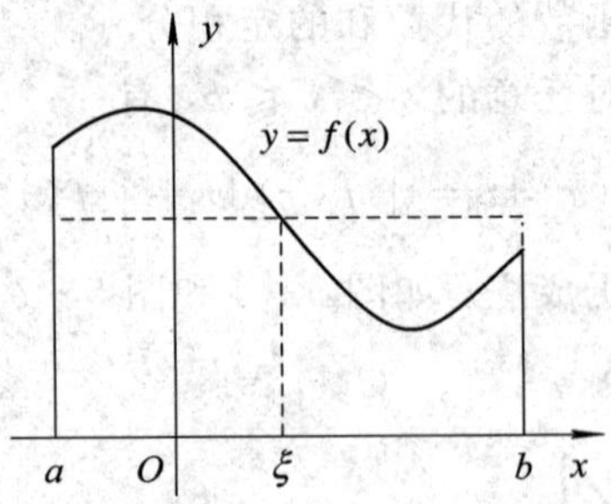

图 5－9

积分中值定理的几何意义：由连续曲线 $y=f(x)$ 和直线 $x=a$、$x=b$ 及 x 轴所围成的曲边梯形的面积等于以 $b-a$ 为底、以某一点 $\xi\in(a,b)$ 处的函数值 $f(\xi)$ 为高的矩形的面积，如图 5－9 所示. 通常我们把 $f(\xi)=\frac{1}{b-a}\int_a^b f(x)\mathrm{d}x$ 称为 $f(x)$ 在 $[a,b]$ 上的平均值.

例 1 比较定积分 $\int_{\frac{1}{2}}^1 x^{10}\,\mathrm{d}x$ 与 $\int_{\frac{1}{2}}^1 x^8\,\mathrm{d}x$ 的大小.

解 因为 $\frac{1}{2}\leqslant x\leqslant 1$，所以 $x^{10}\leqslant x^8$，故由定积分性质 5 可得

$$\int_{\frac{1}{2}}^1 x^{10}\mathrm{d}x\leqslant\int_{\frac{1}{2}}^1 x^8\mathrm{d}x$$

例 2 估计定积分 $\int_0^1\ln(1+x^2)\mathrm{d}x$ 的取值范围.

解 令 $f(x)=\ln(1+x^2)$，则

$$f'(x)=\frac{2x}{1+x^2}\geqslant 0,\quad x\in[0,1]$$

所以 $f(x)$ 在 $[0,1]$ 上单调增加，于是

$$0=f(0)\leqslant f(x)\leqslant f(1)=\ln 2$$

故由定积分性质 6 可得

$$0\leqslant\int_0^1\ln(1+x^2)\mathrm{d}x\leqslant\ln 2$$

同步练习 5.1

1. 填空题：

(1) 曲边梯形由曲线 $y=x^2+2$ 和直线 $x=0$、$x=1$ 及 x 轴围成，则此曲边梯形的面积用定积分表示为 $A=$__________；

(2) $\int_{\frac{1}{2}}^1 x^2\ln x\,\mathrm{d}x$ 的值的符号为__________(填“正”或“负”)；

(3) 若 $f(x)$ 在 $[a,b]$ 上连续，且 $\int_a^b f(x)\mathrm{d}x=0$，则 $\int_a^b[f(x)+1]\mathrm{d}x=$__________；

(4) 定积分 $\int_a^b f(x)\mathrm{d}x$ 的结果取决于__________.

2. 选择题：

(1) 下列叙述正确的是(　　).

A. $\int_a^b f(x)\mathrm{d}x$ 的大小与 x 有关　　B. $\int_a^b f(x)\mathrm{d}x = \int_b^a f(x)\mathrm{d}x$

C. $\int_a^a f(x)\mathrm{d}x = 0$　　D. $\int_{\frac{\pi}{4}}^{\frac{\pi}{2}} \frac{\sin x}{x}\mathrm{d}x < \int_{\frac{\pi}{4}}^{\frac{\pi}{2}} \frac{\cos x}{x}\mathrm{d}x$

(2) 估计定积分 $\int_1^2 \frac{1}{x}\mathrm{d}x$ 的值，正确的是(　　).

A. $0 \leqslant \int_1^2 \frac{1}{x}\mathrm{d}x \leqslant \frac{1}{2}$　　B. $\frac{1}{2} \leqslant \int_1^2 \frac{1}{x}\mathrm{d}x \leqslant 1$

C. $\frac{1}{4} \leqslant \int_1^2 \frac{1}{x}\mathrm{d}x \leqslant \frac{1}{2}$　　D. $1 \leqslant \int_1^2 \frac{1}{x}\mathrm{d}x \leqslant 2$

(3) 由连续曲线 $y = f(x)$ 和直线 $x = a$、$x = b(a < b)$ 及 x 轴所围成图形的面积为(　　).

A. $\int_a^b f(x)\mathrm{d}x$　　B. $\left|\int_a^b f(x)\mathrm{d}x\right|$

C. $\int_a^b |f(x)|\mathrm{d}x$　　D. $\frac{b-a}{2}[f(b)+f(a)]$

(4) 下列不等式中，(　　)成立.

A. $\int_0^1 x^3\,\mathrm{d}x > \int_0^1 x^2\mathrm{d}x$　　B. $\int_1^2 x^3\mathrm{d}x > \int_1^2 x^2\,\mathrm{d}x$

C. $\int_{-1}^1 x^3\,\mathrm{d}x > \int_{-1}^1 x^2\,\mathrm{d}x$　　D. $\int_1^2 x^3\,\mathrm{d}x < \int_1^2 x^2\,\mathrm{d}x$

3. 利用定积分的几何意义，确定下列定积分的值：

(1) $\int_0^1 2x\,\mathrm{d}x =$ ________；　　(2) $\int_0^{2\pi} \cos x\,\mathrm{d}x$ ________；

(3) $\int_0^1 \sqrt{1-x^2}\mathrm{d}x =$ ________.

4. 计算题：

(1) 利用定义计算定积分 $\int_0^1 x^2\,\mathrm{d}x$；　　(2) 用定积分的几何意义求 $\int_0^1 (1-x)\mathrm{d}x$.

5. (值的估计) 证明：$\frac{2}{3} < \int_0^1 \frac{\mathrm{d}x}{\sqrt{2+x-x^2}} < \frac{\sqrt{2}}{2}$.

5.2　微积分基本定理

根据定积分定义计算定积分通常是非常繁琐的，有时甚至是无法计算的，那么是否有简便有效的计算方法呢?下面我们将联系不定积分来解决这个问题.

5.2.1　变上限的定积分

定义 5.2　设函数 $f(x)$ 在区间 $[a, b]$ 上连续，$x \in [a, b]$，则定积分

$$\Phi(x)=\int_a^x f(t)\mathrm{d}t$$

是 x 的函数，称为变上限的定积分或变上限(积分)函数.

对于函数 $\Phi(x)$，有如下重要性质.

定理 5.1 如果函数 $f(x)$ 在区间$[a, b]$上连续，则变上限积分函数 $\Phi(x)=\int_a^x f(t)\mathrm{d}t$ 在$[a, b]$上可导，且

$$\Phi'(x)=f(x), \quad x\in[a, b]$$

证明 给自变量 x 以增量 Δx，则函数增量

$$\Delta\Phi=\int_a^{x+\Delta x}f(t)\mathrm{d}t-\int_a^x f(t)\mathrm{d}t=\int_x^{x+\Delta x}f(t)\mathrm{d}t$$

根据积分中值定理得

$$\Delta\Phi=f(\xi)\Delta x \quad (\xi\text{ 在 }x\text{ 与 }x+\Delta x\text{ 之间})$$

则当 $\Delta x\to 0$ 时，$\xi\to x$，且 $f(x)$ 在$[a, b]$上连续，于是

$$\Phi'(x)=\lim_{\Delta x\to 0}\frac{\Delta\Phi}{\Delta x}=\lim_{\xi\to x}f(\xi)=f(x)$$

故证得

$$\Phi'(x)=f(x)$$

由定理 5.1 可知，函数 $\Phi(x)$ 是 $f(x)$ 的一个原函数，从而有以下推论.

推论 连续函数必有原函数.

例 1 求下列函数的导数：

(1) $\Phi(x)=\int_0^x t^2\sin\sqrt{t}\,\mathrm{d}t$；

(2) $\Phi(x)=\int_1^{3x+2}\ln(1+\sqrt{t})\mathrm{d}t$；

(3) $\Phi(x)=\int_x^1 t\arctan t\,\mathrm{d}t$.

解 (1)

$$\Phi'(x)=x^2\sin\sqrt{x}$$

(2) $\Phi(x)=\int_1^{3x+2}\ln(1+\sqrt{t})\mathrm{d}t$ 可以看作是 $\Phi=\int_1^u\ln(1+\sqrt{t})\mathrm{d}t$、$u=3x+2$ 构成的复合函数，根据复合函数求导法则，得

$$\begin{aligned}\Phi'(x)&=\frac{\mathrm{d}}{\mathrm{d}u}\int_1^u\ln(1+\sqrt{t})\mathrm{d}t\cdot\frac{\mathrm{d}(3x+2)}{\mathrm{d}x}\\&=\ln(1+\sqrt{u})\cdot 3=3\ln(1+\sqrt{3x+2})\end{aligned}$$

一般地，有

$$\frac{\mathrm{d}}{\mathrm{d}x}\int_a^{\varphi(x)}f(t)\mathrm{d}t=f[\varphi(x)]\cdot\varphi'(x)$$

(3) 由于

$$\Phi(x)=\int_x^1 t\arctan t\,\mathrm{d}t=-\int_1^x t\arctan t\,\mathrm{d}t$$

所以

$$\Phi'(x)=-x\arctan x$$

例 2　计算$\lim\limits_{x\to 0}\dfrac{\int_0^x \sin t\,\mathrm{d}t}{x^2}$.

解　这是一个“$\dfrac{0}{0}$”型的未定式，应用洛必达法则，得

$$\lim_{x\to 0}\frac{\int_0^x \sin t\,\mathrm{d}t}{x^2}=\lim_{x\to 0}\frac{\sin x}{2x}=\frac{1}{2}$$

5.2.2　微积分基本定理

定理 5.2　设函数 $f(x)$ 在$[a,b]$上连续，$F(x)$ 是 $f(x)$ 的一个原函数，则有

$$\int_a^b f(x)\mathrm{d}x=F(b)-F(a)$$

该式称为微积分基本公式，也称为牛顿-莱布尼兹公式.

证明　由定理 5.1 得，$\Phi'(x)=f(x)$，而 $F'(x)=f(x)$，所以

$$\int_a^x f(t)\mathrm{d}t=F(x)+C\qquad(a\leqslant x\leqslant b)$$

在上式中，令 $x=a$，可得 $C=-F(a)$，将其代入上式，有

$$\int_a^x f(t)\mathrm{d}t=F(x)-F(a)$$

再令 $x=b$，并把积分变量 t 换成 x，便得到

$$\int_a^b f(x)dx=F(b)-F(a)$$

定理 5.1 和定理 5.2 揭示了微分与积分以及定积分与不定积分之间的内在联系，因此定理 5.1 和定理 5.2 统称为微积分基本定理.

为方便表示，通常记 $F(b)-F(a)$ 为$F(x)\big|_a^b$，于是，微积分基本公式可写成

$$\int_a^b f(x)\mathrm{d}x=F(x)\big|_a^b=F(b)-F(a)$$

例 3　计算$\int_0^1 x^2\mathrm{d}x$.

解　由于$\dfrac{1}{3}x^3$ 是 x^2 的一个原函数，所以

$$\int_0^1 x^2\,\mathrm{d}x=\frac{1}{3}x^3\Big|_0^1=\frac{1}{3}$$

例 4　计算　$\int_0^{\sqrt{3}}\dfrac{\mathrm{d}x}{1+x^2}$.

解　因为$(\arctan x)'=\dfrac{1}{1+x^2}$，所以

$$\int_0^{\sqrt{3}}\frac{\mathrm{d}x}{1+x^2}=\arctan x\big|_0^{\sqrt{3}}=\frac{\pi}{3}$$

例 5　求$\int_0^{2\pi}|\sin x|\,\mathrm{d}x$.

解 因为$|\sin x| = \begin{cases} \sin x, & x \in [0, \pi] \\ -\sin x, & x \in [\pi, 2\pi] \end{cases}$，所以

$$\int_0^{2\pi} |\sin x| \mathrm{d}x = \int_0^{\pi} \sin x \, \mathrm{d}x + \int_{\pi}^{2\pi} (-\sin x) \mathrm{d}x = -\cos x \Big|_0^{\pi} + \cos x \Big|_{\pi}^{2\pi} = 4$$

由例 5 可知：分段函数可逐段积分.

例 6 计算$\int_0^{\frac{\pi}{2}} \cos^2 \frac{x}{2} \, \mathrm{d}x$.

解 $$\int_0^{\frac{\pi}{2}} \cos^2 \frac{x}{2} \mathrm{d}x = \frac{1}{2} \int_0^{\frac{\pi}{2}} (1 + \cos x) \mathrm{d}x = \frac{1}{2}(x + \sin x) \Big|_0^{\frac{\pi}{2}} = \frac{\pi + 2}{4}$$

例 7 计算$\int_1^2 \left(x - \frac{1}{x}\right)^2 \mathrm{d}x$.

解 $$\int_1^2 \left(x - \frac{1}{x}\right)^2 \mathrm{d}x = \int_1^2 \left(x^2 - 2 + \frac{1}{x^2}\right) \mathrm{d}x = \left(\frac{1}{3}x^3 - 2x - \frac{1}{x}\right) \Big|_1^2 = \frac{5}{6}$$

同步练习 5.2

1. 填空题：

(1) $\frac{\mathrm{d}}{\mathrm{d}x}\left[\int f(x)\mathrm{d}x - \int_0^x f(t)\mathrm{d}t\right] =$ __________（$f(x)$ 在实数域内连续）；

(2) $\frac{\mathrm{d}}{\mathrm{d}x} \int_0^x \sin t^2 \, \mathrm{d}t =$ __________；

(3) $\frac{\mathrm{d}}{\mathrm{d}x} \int_0^{x^2} \sin t^2 \, dt =$ __________；

(4) $\frac{\mathrm{d}}{\mathrm{d}x} \int_0^1 \ln(1 + t^2) \mathrm{d}t =$ __________；

(5) 设 $f(x)$ 连续，且 $f(x) = x + 2\int_0^1 f(x)\mathrm{d}x$，则 $f(x) =$ __________.

2. 计算下列定积分：

(1) $\int_0^2 (4x^3 - 2x)\mathrm{d}x$；

(2) $\int_{-\frac{1}{2}}^{\frac{1}{2}} \frac{1}{\sqrt{1 - x^2}} \mathrm{d}x$；

(3) $\int_0^{\frac{\pi}{4}} \tan^2 x \, \mathrm{d}x$；

(4) $\int_0^1 \frac{1}{1 + x^2} \, \mathrm{d}x$；

(5) $\int_0^1 \frac{\mathrm{e}^x}{1 + \mathrm{e}^x} \, \mathrm{d}x$；

(6) $\int_{-1}^2 |x| \, \mathrm{d}x$.

3. 求下列极限：

(1) $\lim\limits_{x \to 0} \frac{\int_0^x \cos t^2 \, \mathrm{d}t}{\int_0^x \frac{\sin t}{t} \, \mathrm{d}t}$；

(2) $\lim\limits_{x \to 0} \frac{\int_0^{2x} \ln(1 + t) \mathrm{d}t}{x^2}$；

(3) $\lim\limits_{x\to 0}\dfrac{\int_0^x t\cdot\tan t\,\mathrm{d}t}{x^3}$；　　(4) $\lim\limits_{x\to 0}\dfrac{\int_x^0 \arctan t\,\mathrm{d}t}{x^2}$.

4. 求函数 $\Phi(x)=\int_0^x t\mathrm{e}^{-t^2}\,\mathrm{d}t$ 的极值点和极值.

5. 计算$\int_0^{\pi}\sqrt{1+\cos 2x}\,\mathrm{d}x$.

5.3　定积分的计算方法

在不定积分中，换元积分法和分部积分法对求原函数起了重要作用. 根据牛顿-莱布尼兹公式，定积分的计算可化为求 $f(x)$ 的原函数在积分区间$[a,b]$上的增量. 因此，在某些条件下不定积分中的换元积分法和分部积分法对定积分仍然适用.

5.3.1　定积分的换元积分法

定理 5.3　设函数 $f(x)$ 在$[a,b]$上连续，作变量替换 $x=\varphi(t)$，如果

(1) 函数 $x=\varphi(t)$ 在$[\alpha,\beta]$上可导连续；

(2) 当 t 在$[\alpha,\beta]$上单调变化时，x 在$[a,b]$内相应变化，且 $\varphi(\alpha)=a$，$\varphi(\beta)=b$，则有

$$\int_a^b f(x)\mathrm{d}x=\int_\alpha^\beta f[\varphi(t)]\cdot\varphi'(t)\mathrm{d}t$$

该式称为定积分的换元积分公式.

在应用定积分的换元积分公式时须注意：

(1) 该公式从右向左应用，相当于不定积分的第一类换元积分法(凑微分法). 一般不用设出新变量，这时原积分的上、下限不需改变，只要求出被积函数的一个原函数，就可以直接应用牛顿-莱布尼兹公式计算定积分的值.

(2) 该公式从左向右应用，相当于不定积分的第二类换元积分法. 计算时，需用 $x=\varphi(t)$ 把原积分变量 x 换成新积分变量 t，同时原积分区间$[a,b]$相应换成新积分区间$[\alpha,\beta]$，即换元必须同时换限，上限对应上限，下限对应下限.

例 1　计算$\int_0^{\frac{\pi}{2}}\cos^2 x\sin x\,\mathrm{d}x$.

解　方法 1：令 $t=\cos x$，则 $\mathrm{d}t=-\sin x\,\mathrm{d}x$. 当 $x=0$ 时，$t=1$；当 $x=\dfrac{\pi}{2}$ 时，$t=0$. 于是

$$\int_0^{\frac{\pi}{2}}\cos^2 x\sin x\,\mathrm{d}x=-\int_0^{\frac{\pi}{2}}\cos^2 x\,\mathrm{d}(\cos x)=-\int_1^0 t^2\,\mathrm{d}t=-\frac{1}{3}t^3\Big|_1^0=\frac{1}{3}$$

方法 2：$\int_0^{\frac{\pi}{2}}\cos^2 x\sin x\,\mathrm{d}x=-\int_0^{\frac{\pi}{2}}\cos^2 x\,\mathrm{d}(\cos x)=-\dfrac{1}{3}\cos^3 x\Big|_0^{\frac{\pi}{2}}=\dfrac{1}{3}$

方法 2 未引入新变量，计算时不用改变积分的上、下限，过程比较简单. 实际中，对于能用凑微分法求原函数的定积分，应尽可能用凑微分法计算.

例 2 计算$\int_0^a \sqrt{a^2-x^2}\,\mathrm{d}x(a>0)$.

解 设$x=a\sin t$，则$\mathrm{d}x=a\cos t\,\mathrm{d}t$. 当$x=0$时，$t=0$；当$x=a$时，$t=\frac{\pi}{2}$. 于是

$$\int_0^a \sqrt{a^2-x^2}\,\mathrm{d}x=a^2\int_0^{\frac{\pi}{2}}\cos^2 t\,\mathrm{d}t=\frac{a^2}{2}\int_0^{\frac{\pi}{2}}(1+\cos 2t)\mathrm{d}t$$

$$=\frac{a^2}{2}\left(t+\frac{1}{2}\sin 2t\right)\Big|_0^{\frac{\pi}{2}}=\frac{\pi}{4}a^2$$

例 3 计算$\int_2^4 \frac{1}{x\sqrt{x-1}}\,\mathrm{d}x$.

解 设$t=\sqrt{x-1}$，则$\mathrm{d}x=2t\,\mathrm{d}t$. 当$x=2$时，$t=1$；当$x=4$时，$t=\sqrt{3}$. 于是

$$\int_2^4 \frac{1}{x\sqrt{x-1}}\mathrm{d}x=\int_1^{\sqrt{3}}\frac{2t\,\mathrm{d}t}{t(t^2+1)}=\int_1^{\sqrt{3}}\frac{2\,\mathrm{d}t}{t^2+1}$$

$$=2\arctan t\,\Big|_1^{\sqrt{3}}=2\cdot\left(\frac{\pi}{3}-\frac{\pi}{4}\right)=\frac{\pi}{6}$$

例 4 设函数$f(x)$在区间$[-a, a]$上连续($a>0$)，证明：

(1) 若$f(x)$为偶函数，则$\int_{-a}^a f(x)\mathrm{d}x=2\int_0^a f(x)\mathrm{d}x$；

(2) 若$f(x)$为奇函数，则$\int_{-a}^a f(x)\mathrm{d}x=0$.

证明 因为$\int_{-a}^a f(x)\mathrm{d}x=\int_{-a}^0 f(x)\mathrm{d}x+\int_0^a f(x)\mathrm{d}x$，而

$$\int_{-a}^0 f(x)\mathrm{d}x\xlongequal{令 x=-t}-\int_a^0 f(-t)\mathrm{d}t=\int_0^a f(-t)\mathrm{d}t=\int_0^a f(-x)\mathrm{d}x$$

(1) 当$f(x)$为偶函数，即$f(-x)=f(x)$时，有

$$\int_{-a}^a f(x)\mathrm{d}x=\int_0^a f(-x)\mathrm{d}x+\int_0^a f(x)\mathrm{d}x=2\int_0^a f(x)\mathrm{d}x$$

(2) 当$f(x)$为奇函数，即$f(-x)=-f(x)$时，有

$$\int_{-a}^a f(x)\mathrm{d}x=\int_0^a f(-x)\mathrm{d}x+\int_0^a f(x)\mathrm{d}x=0$$

利用以上结果，可简化对称区间$[-a, a]$上奇、偶函数的定积分计算.

例 5 计算$\int_{-\frac{\pi}{2}}^{\frac{\pi}{2}} x^3\cos x\,\mathrm{d}x$.

解 设$f(x)=x^3\cos x$，显然这是一个奇函数，利用上例结果可得

$$\int_{-\frac{\pi}{2}}^{\frac{\pi}{2}} x^3\cos x\,\mathrm{d}x=0$$

5.3.2 定积分的分部积分法

定理 5.4 如果$u=u(x)$、$v=v(x)$在$[a, b]$上具有连续导数，则有

$$\int_a^b u\,\mathrm{d}v=(uv)\Big|_a^b-\int_a^b v\,\mathrm{d}u$$

即定积分的分部积分公式.

证明　因为 $u=u(x)$、$v=v(x)$ 在 $[a, b]$ 上具有连续导数，所以

$$d(uv)=u\,dv+v\,du$$

在上式两边取区间 $[a, b]$ 上的定积分，可得

$$\int_a^b d(uv)=\int_a^b u\,dv+\int_a^b v\,du$$

即

$$(uv)\Big|_a^b=\int_a^b u\,dv+\int_a^b v\,du$$

移项，得

$$\int_a^b u\,dv=(uv)\Big|_a^b-\int_a^b v\,du$$

例 6　求 $\int_0^{\pi} x\cos x\,dx$.

解　设 $u=x$，则 $v=\sin x$，于是

$$\int_0^{\pi} x\cos x\,dx=x\sin x\Big|_0^{\pi}-\int_0^{\pi}\sin x\,dx=\cos x\Big|_0^{\pi}=-2$$

例 7　计算 $\int_0^{\frac{1}{2}} \arcsin x\,dx$.

解

$$\begin{aligned}\int_0^{\frac{1}{2}} \arcsin x\,dx&=(x\arcsin x)\Big|_0^{\frac{1}{2}}-\int_0^{\frac{1}{2}} x\,d(\arcsin x)\\&=\frac{1}{2}\cdot\frac{\pi}{6}-\int_0^{\frac{1}{2}}\frac{x}{\sqrt{1-x^2}}\,dx\\&=\frac{\pi}{12}+\frac{1}{2}\int_0^{\frac{1}{2}}\frac{1}{\sqrt{1-x^2}}\,d(1-x^2)\\&=\frac{\pi}{12}+\sqrt{1-x^2}\Big|_0^{\frac{1}{2}}\\&=\frac{\pi}{12}+\frac{\sqrt{3}}{2}-1\end{aligned}$$

例 8　计算 $\int_1^{e} x\ln x\,dx$.

解　$\int_1^{e} x\ln x\,dx=\int_1^{e}\ln x\,d\left(\frac{1}{2}x^2\right)=\frac{x^2}{2}\ln x\Big|_1^{e}-\frac{1}{2}\int_1^{e}x^2\cdot\frac{1}{x}\,dx=\frac{e^2}{2}-\frac{1}{4}x^2\Big|_1^{e}=\frac{e^2+1}{4}$

同步练习 5.3

1. 填空题：

(1) $\int_{-\pi}^{\pi} x^3\sin^2 x\,dx=$ __________；　(2) $\int_0^{\frac{1}{2}}\frac{(\arcsin x)^2}{\sqrt{1-x^2}}\,dx=$ __________；

(3) $\int_{\frac{\pi}{3}}^{\pi}\sin\left(x+\frac{\pi}{3}\right)dx=$ __________；　(4) $\int_0^{\pi} x\sin x\,dx=$ __________.

2. 用换元积分法求下列定积分：

(1) $\int_{-2}^{1}\frac{dx}{11+5x}$；　　(2) $\int_{\frac{\pi}{6}}^{\frac{\pi}{2}}\cos^2 x\,dx$；

(3) $\int_{0}^{\frac{\pi}{2}}\cos^2 x\sin x\,dx$；　　(4) $\int_{1}^{4}\frac{dx}{1+\sqrt{x}}$；

(5) $\int_{0}^{1}te^{-\frac{t^2}{2}}\,dt$；　　(6) $\int_{0}^{\frac{\pi}{2}}\sin^3 x\cos x\,dx$；

(7) $\int_{0}^{\pi}\sqrt{\sin x-\sin^3 x}\,dx$；　　(8) $\int_{-\frac{\pi}{2}}^{\frac{\pi}{2}}\cos x\cos 2x\,dx$；

(9) $\int_{1}^{e}\frac{dx}{x\sqrt{1+\ln x}}$；　　(10) $\int_{-\sqrt{2}}^{\sqrt{2}}(x+4)\sqrt{2-x^2}\,dx$.

3. 用分部积分法求下列定积分：

(1) $\int_{0}^{1}xe^{-x}\,dx$；　　(2) $\int_{1}^{e}x\ln x\,dx$；

(3) $\int_{0}^{1}x\arctan x\,dx$；　　(4) $\int_{0}^{\frac{\pi}{2}}e^x\cos x\,dx$；

(5) $\int_{0}^{1}x^2e^x\,dx$；　　(6) $\int_{0}^{1}e^{\sqrt{x}}\,dx$；

(7) $\int_{0}^{\frac{\pi}{2}}(x+x\sin x)dx$；　　(8) $\int_{1}^{4}\frac{\ln x}{\sqrt{x}}\,dx$；

(9) $\int_{0}^{1}\frac{\ln(1+x)}{(2-x)^2}\,dx$；　　(10) $\int_{1}^{e}\sin(\ln x)dx$.

5.4　无限区间上的广义积分

在前面几节所学习的定积分中，我们研究的对象是闭区间$[a, b]$上的连续函数，但在许多实际问题中，常常会遇到无限区间上的积分，这样的积分称为无限区间上的广义积分，以前定义的定积分称为常义积分.

引例　求曲线$y=\frac{1}{x^2}(x\geqslant 1)$与直线$x=1$及$x$轴围成的开口图形(见图 5-10)的面积.

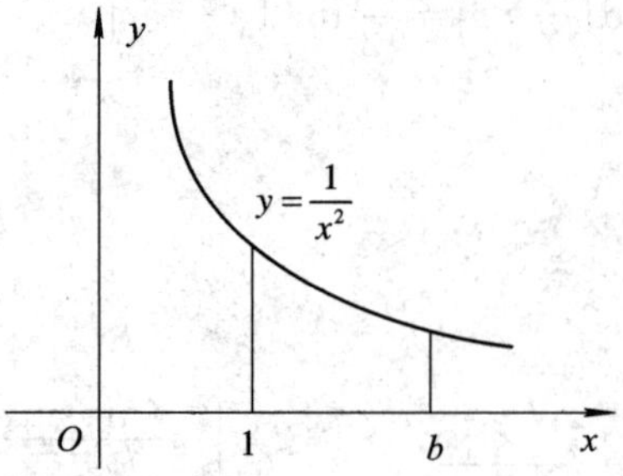

图 5-10

解　如图 5-10 所示，任取 $b>1$，则在区间$[1,b]$上对应的曲边梯形面积为$\int_1^b \frac{1}{x^2}\mathrm{d}x$，从而所求开口图形的面积为

$$A=\lim_{b\to+\infty}\int_1^b \frac{1}{x^2}\mathrm{d}x=\lim_{b\to+\infty}-\frac{1}{x}\bigg|_1^b=1$$

定义 5.3　设函数 $f(x)$ 在$[a,+\infty)$ 上连续，任取 $b>a$，我们称极限

$$\lim_{b\to+\infty}\int_a^b f(x)\mathrm{d}x$$

为函数 $f(x)$ 在$[a,+\infty)$ 上的广义积分，记作

$$\int_a^{+\infty} f(x)\mathrm{d}x=\lim_{b\to+\infty}\int_a^b f(x)\mathrm{d}x$$

若$\lim\limits_{b\to+\infty}\int_a^b f(x)\mathrm{d}x$ 存在，则称此广义积分$\int_a^{+\infty} f(x)\mathrm{d}x$ 收敛，否则称此广义积分$\int_a^{+\infty} f(x)\mathrm{d}x$ 发散.

类似地，可定义在$(-\infty,b]$ 上连续函数 $f(x)$ 的广义积分：

$$\int_{-\infty}^b f(x)\mathrm{d}x=\lim_{a\to-\infty}\int_a^b f(x)\mathrm{d}x$$

在$(-\infty,+\infty)$ 上连续函数 $f(x)$ 的广义积分：

$$\int_{-\infty}^{+\infty} f(x)\mathrm{d}x=\int_{-\infty}^c f(x)\mathrm{d}x+\int_c^{+\infty} f(x)\mathrm{d}x$$

其中，c 为任意实常数. 若上式右端两个广义积分$\int_{-\infty}^c f(x)\mathrm{d}x$ 及$\int_c^{+\infty} f(x)\mathrm{d}x$ 均收敛，则称广义积分$\int_{-\infty}^{+\infty} f(x)\mathrm{d}x$ 收敛；若二者至少有一个发散，则称广义积分$\int_{-\infty}^{+\infty} f(x)\mathrm{d}x$ 发散.

上述三种广义积分统称为无限区间上的广义积分(无穷积分).

例 1　计算广义积分$\int_0^{+\infty} \mathrm{e}^{-2x}\mathrm{d}x$.

解

$$\begin{aligned}\int_0^{+\infty} \mathrm{e}^{-2x}\mathrm{d}x&=\lim_{b\to+\infty}\int_0^b \mathrm{e}^{-2x}\mathrm{d}x=\lim_{b\to+\infty}\left(-\frac{1}{2}\mathrm{e}^{-2x}\right)\bigg|_0^b\\&=\lim_{b\to+\infty}\left(-\frac{1}{2}\mathrm{e}^{-2b}+\frac{1}{2}\right)=\frac{1}{2}\end{aligned}$$

例 2　计算广义积分$\int_{-\infty}^{+\infty} \frac{1}{1+x^2}\mathrm{d}x$.

解

$$\begin{aligned}\int_{-\infty}^{+\infty} \frac{1}{1+x^2}\mathrm{d}x&=\int_{-\infty}^0 \frac{1}{1+x^2}\mathrm{d}x+\int_0^{+\infty} \frac{1}{1+x^2}\mathrm{d}x\\&=\lim_{a\to-\infty}\int_a^0 \frac{1}{1+x^2}\mathrm{d}x+\lim_{b\to+\infty}\int_0^b \frac{1}{1+x^2}\mathrm{d}x\\&=\lim_{a\to-\infty}\arctan x\,\Big|_a^0+\lim_{b\to+\infty}(\arctan x)\,\Big|_0^b\\&=\pi\end{aligned}$$

为了书写方便，在计算中可省去极限符号，记为

$$\int_a^{+\infty} f(x)\mathrm{d}x=F(x)\,\Big|_a^{+\infty}=F(+\infty)-F(a)$$

$$\int_{-\infty}^{b} f(x)\mathrm{d}x = F(x)\Big|_{-\infty}^{b} = F(b) - F(-\infty)$$

$$\int_{-\infty}^{+\infty} f(x)\mathrm{d}x = F(x)\Big|_{-\infty}^{+\infty} = F(+\infty) - F(-\infty)$$

其中 $f(x) = F'(x)$，$F(\pm\infty)$ 应理解为极限运算 $F(\pm\infty) = \lim\limits_{x\to\pm\infty} F(x)$.

如例 2 中的计算可简化为

$$\int_{-\infty}^{+\infty} \frac{1}{1+x^2}\,\mathrm{d}x = \arctan x\Big|_{-\infty}^{+\infty} = \frac{\pi}{2} + \frac{\pi}{2} = \pi$$

例 3　讨论广义积分 $\int_1^{+\infty} \frac{1}{x^p}\,\mathrm{d}x\,(p>0)$ 的敛散性.

解　当 $p=1$ 时，

$$\int_1^{+\infty} \frac{1}{x}\,\mathrm{d}x = \ln x\Big|_1^{+\infty} = +\infty$$

当 $p\neq 1$ 时，

$$\int_1^{+\infty} \frac{1}{x^p}\,\mathrm{d}x = \frac{x^{1-p}}{1-p}\Bigg|_1^{+\infty} = \begin{cases} +\infty, & p<1 \\ \dfrac{1}{p-1}, & p>1 \end{cases}$$

因此，当 $p>1$ 时，广义积分 $\int_1^{+\infty} \frac{1}{x^p}\,\mathrm{d}x$ 收敛，其值等于 $\frac{1}{p-1}$；当 $p\leqslant 1$ 时，广义积分 $\int_1^{+\infty} \frac{1}{x^p}\,\mathrm{d}x$ 发散.

例 4　计算广义积分 $\int_0^{+\infty} t\mathrm{e}^{-t}\,\mathrm{d}t$.

解

$$\begin{aligned}\int_0^{+\infty} t\mathrm{e}^{-t}\,\mathrm{d}t &= \int_0^{+\infty}(-t)\,\mathrm{d}\mathrm{e}^{-t} = (-t\mathrm{e}^{-t})\Big|_0^{+\infty} + \int_0^{+\infty} \mathrm{e}^{-t}\,\mathrm{d}t \\ &= (-t\mathrm{e}^{-t})\Big|_0^{+\infty} - \mathrm{e}^{-t}\Big|_0^{+\infty} \\ &= \lim_{t\to+\infty}\left(-\frac{t}{\mathrm{e}^t}\right) - \lim_{t\to+\infty}\left(\frac{1}{\mathrm{e}^t}\right) + 1 = 1\end{aligned}$$

注　该题在极限运算中应用了洛必达法则.

同步练习 5.4

1. 判断广义积分 $\int_1^{+\infty} \frac{1}{x^3}\,\mathrm{d}x$ 的敛散性.

2. 计算下列广义积分：

(1) $\int_2^{+\infty} \frac{1}{x(\ln x)^2}\,\mathrm{d}x$；　　(2) $\int_{-\infty}^{0} \mathrm{e}^x\,\mathrm{d}x$；

(3) $\int_1^{+\infty} \frac{1}{x\sqrt{x}}\,\mathrm{d}x$；　　(4) $\int_{-\infty}^{+\infty} \frac{1}{x^2+2x+2}\mathrm{d}x$；

(5) $\int_1^{+\infty} \frac{1}{1+x^2}\,\mathrm{d}x$；　　(6) $\int_0^{+\infty} \mathrm{e}^{-x}\,\mathrm{d}x$.

5.5　定积分的应用

5.5.1　定积分的几何应用

1. 求平面图形的面积

(1) 由区间$[a, b]$上的连续曲线 $y = y_1(x)$、$y = y_2(x)$ 与直线 $x = a$、$x = b$ 围成的平面图形(如图 5-11 所示)的面积公式为

$$S = \int_a^b |y_2(x) - y_1(x)| \mathrm{d}x$$

(2) 由区间$[c, d]$上的连续曲线 $x = x_1(y)$、$x = x_2(y)$ 以及直线 $y = c$、$y = d$ 围成的平面图形(如图 5-12 所示)的面积公式为

$$S = \int_c^d |x_2(y) - x_1(y)| \mathrm{d}y$$

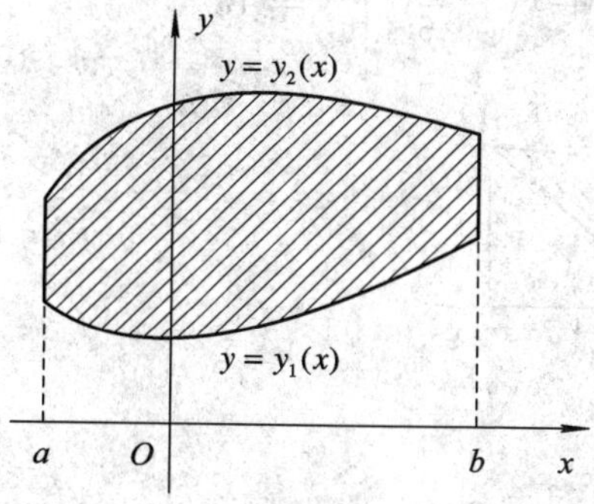

图 5-11

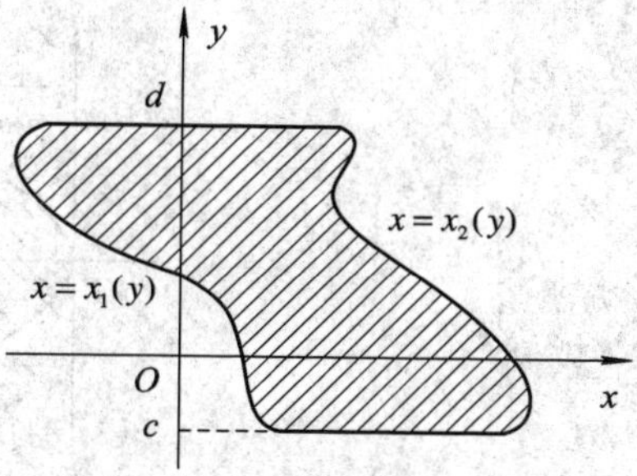

图 5-12

例 1　求椭圆$\dfrac{x^2}{a^2} + \dfrac{y^2}{b^2} = 1(a > b > 0)$的面积.

解　如图 5-13 所示,

$$y = \pm \frac{b}{a} \sqrt{a^2 - x^2}, \quad x \in [-a, a]$$

选取 x 为积分变量, 根据图形的对称性, 所求面积为

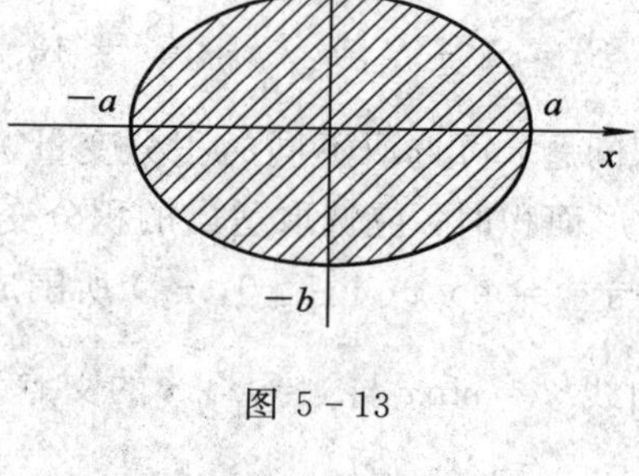

图 5-13

$$S=\frac{4b}{a}\int_0^a \sqrt{a^2-x^2}\,dx$$

令 $x=a\sin t$，则 $dx=a\cos t\,dt$. 当 $x=0$ 时，$t=0$；当 $x=a$ 时，$t=\frac{\pi}{2}$. 于是

$$\begin{aligned}S&=\frac{4b}{a}\int_0^{\frac{\pi}{2}} a^2\cos^2 t\,dt=2ab\int_0^{\frac{\pi}{2}}(1+\cos 2t)\,dt\\&=2ab\left(t+\frac{1}{2}\sin 2t\right)\Big|_0^{\frac{\pi}{2}}\\&=\pi ab\end{aligned}$$

因此，椭圆的面积为 $S=\pi ab$.

当 $a=b=R$ 时，得圆的面积公式 $S=\pi R^2$.

例 2 计算抛物线 $y^2=2x$ 与直线 $x-y=4$ 所围成的平面图形的面积.

解 方法 1：如图 5-14 所示，联立方程组 $\begin{cases}y^2=2x\\x-y=4\end{cases}$，求出两条曲线的交点 $(2,-2)$ 和 $(8,4)$，选取 y 为积分变量，则 $y\in[-2,4]$，所求面积为

$$S=\int_{-2}^4\left(y+4-\frac{1}{2}y^2\right)dy=\left(\frac{y^2}{2}+4y-\frac{y^3}{6}\right)\Big|_{-2}^4=18$$

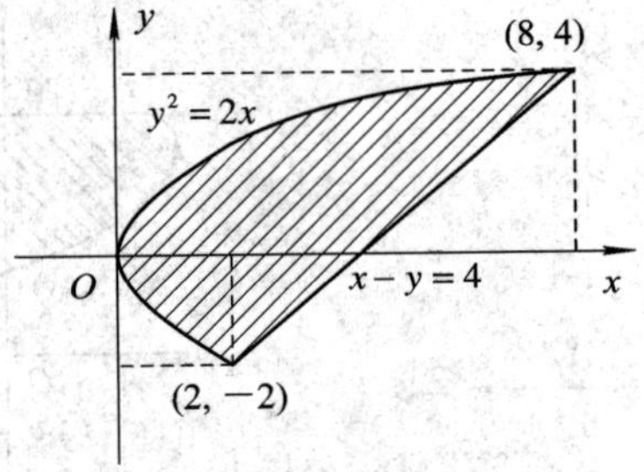

图 5-14

方法 2：选取 x 为积分变量，则 $x\in[0,8]$. 由于下边界是分段曲线，故用直线 $x=2$ 将图形分成两部分，左侧图形的面积为

$$S_1=\int_0^2 2\sqrt{2x}\,dx=\frac{2}{3}(2x)^{\frac{3}{2}}\Big|_0^2=\frac{16}{3}$$

右侧图形的面积为

$$S_2=\int_2^8[\sqrt{2x}-(x-4)]dx=\left[\frac{1}{3}(2x)^{\frac{3}{2}}-\frac{1}{2}x^2+4x\right]\Big|_2^8=\frac{38}{3}$$

故所求图形的面积为

$$S=S_1+S_2=\frac{16}{3}+\frac{38}{3}=18$$

由例 2 可知，对同一面积问题，可选取不同的积分变量进行计算，计算的难易程度往往不同，因此，在实际计算图形面积时，应选取适当的积分变量，尽量使计算过程简化.

例 3 求曲线 $y=\sin x$ 与 $y=\cos x\,(x\in[0,\pi])$ 所围成的平面图形的面积.

解 如图 5-15 所示，曲线 $y=\sin x$ 与 $y=\cos x$ 的交点为 $\left(\frac{\pi}{4},\frac{\sqrt{2}}{2}\right)$，因此所求面积为

$$S=\int_0^{\frac{\pi}{4}}(\cos x-\sin x)\mathrm{d}x+\int_{\frac{\pi}{4}}^{\pi}(\sin x-\cos x)\mathrm{d}x$$
$$=(\sin x+\cos x)\Big|_0^{\frac{\pi}{4}}+(-\cos x-\sin x)\Big|_{\frac{\pi}{4}}^{\pi}$$
$$=2\sqrt{2}$$

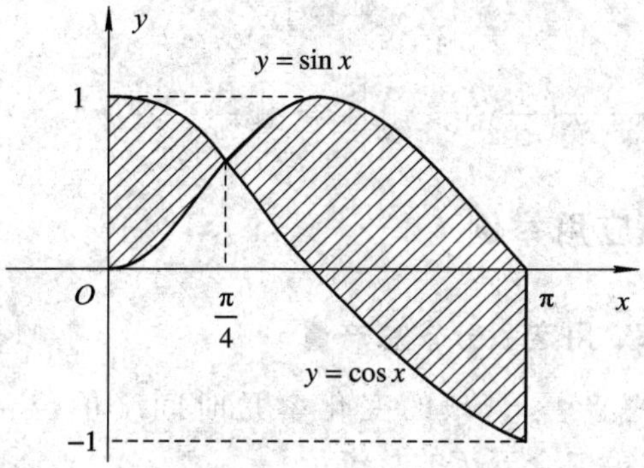

图 5-15

2. 用定积分求旋转体的体积

由连续曲线 $y=f(x)\geqslant 0$ 和 x 轴及直线 $x=a$、$x=b$ 所围成的曲边梯形绕 x 轴旋转一周所形成的旋转体，如图 5-16 所示，在点 x 处其垂直于 x 轴的截面为圆，截面面积 $S(x)=\pi[f(x)]^2$，故旋转体的体积公式为

$$V_x=\pi\int_a^b[f(x)]^2\mathrm{d}x$$

类似地，由连续曲线 $x=g(y)\geqslant 0$ 和 y 轴及直线 $y=c$、$y=d(c<d)$ 所围成的曲边梯形绕 y 轴旋转一周而形成的旋转体(见图 5-17) 的体积公式为

$$V_y=\pi\int_c^d[g(y)]^2\mathrm{d}y$$

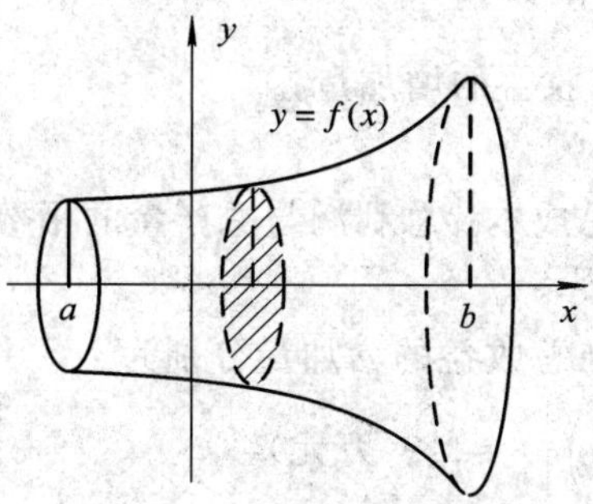

图 5-16

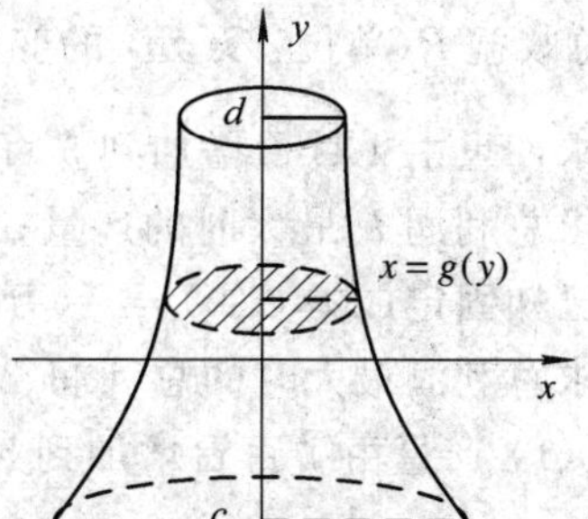

图 5-17

例 4　求抛物线 $y=x^2+1$ 和 x 轴及直线 $x=0$、$x=2$ 所围成的平面图形分别绕 x 轴和 y 轴旋转一周所形成的旋转体的体积.

解　如图 5-18 所示，依题意知 $y=x^2+1$，$x\in[0,2]$，$y\in[1,5]$，根据公式得平面图形绕 x 轴所形成的旋转体的体积为

$$V_x = \pi\int_0^2 (x^2+1)^2\mathrm{d}x = \pi\int_0^2 (x^4+2x^2+1)\mathrm{d}x$$

$$= \pi\left(\frac{1}{5}x^5+\frac{2}{3}x^3+x\right)\Big|_0^2 = \frac{206}{15}\pi$$

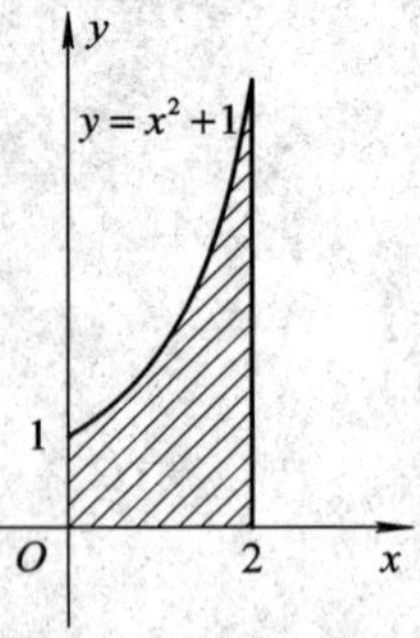

图 5-18

平面图形绕 y 轴旋转所形成的旋转体的体积为

$$V_y = \pi\cdot 2^2\cdot 5-\pi\int_1^5 (y-1)\mathrm{d}y$$

$$= 20\pi-\pi\left(\frac{1}{2}y^2-y\right)\Big|_1^5 = 12\pi$$

5.5.2 定积分的经济应用举例

1. 已知产量的变化率，用定积分求总产量

例5 已知某产品总产量$P(t)$的变化率是时间t（单位：年）的函数$f(t)=3t+6$ $(t\geqslant 0)$，求第一个五年和第二个五年的总产量.

解 因为总产量 $P(t)$ 是它的变化率 $f(t)$ 的原函数，所以第一个五年的总产量为

$$\int_0^5 f(t)\mathrm{d}t = \int_0^5 (3t+6)\mathrm{d}t = \left(\frac{3}{2}t^2+6t\right)\Big|_0^5 = 67.5\text{(单位)}$$

第二个五年的总产量为

$$\int_5^{10} f(t)\mathrm{d}t = \int_5^{10} (3t+6)\mathrm{d}t = \left(\frac{3}{2}t^2+6t\right)\Big|_5^{10} = 142.5\text{(单位)}$$

2. 已知边际函数，用定积分求总量函数

边际函数（边际成本、边际收入、总边际利润）指对应经济变量的变化率，如果已知边际成本函数求总成本、已知边际收入函数求总收入、已知边际利润函数求总利润，可以用定积分计算.

例6 设某产品的总成本C(单位：万元）的变化率是产量x(单位：百台）的函数$C'(x)=4+\dfrac{x}{4}$，总收益R(单位：万元）的变化率是产量x的函数$R'(x)=8-x$.

(1) 求产量由1百台增加到5百台时总成本与总收益的增加量；

(2) 求总利润L最大时的产量；

(3) 已知固定成本$C(0)=1$(万元)，分别求出总成本、总利润与总产量的函数关系；

(4) 求总利润最大时的总利润、总成本与总收益.

解 (1) 产量由1百台增加到5百台时总成本与总收益的增加量分别为

$$C = \int_1^5\left(4+\frac{x}{4}\right)\mathrm{d}x = \left(4x+\frac{x^2}{8}\right)\Big|_1^5 = 19\text{(万元)}$$

$$R = \int_1^5 (8-x)\mathrm{d}x = \left(8x-\frac{1}{2}x^2\right)\Big|_1^5 = 20\text{(万元)}$$

(2) 由于总利润$L(x)=R(x)-C(x)$，故

$$L'(x) = R'(x)-C'(x) = (8-x)-\left(4+\frac{x}{4}\right) = 4-\frac{5}{4}x$$

令 $L'(x)=0$，得 $x=3.2$(百台)．由 $L''(x)=-\frac{5}{4}<0$ 得，产量为 3.2 百台时总利润最大.

(3) 因为总成本是固定成本与可变成本之和，故总成本为

$$C(x)=C(0)+\int_0^x C'(t)\,\mathrm{d}t=1+\int_0^x\left(4+\frac{t}{4}\right)\mathrm{d}t=1+4x+\frac{x^2}{8}$$

总收益为

$$R(x)=\int_0^x(8-t)\,\mathrm{d}t=8x-\frac{1}{2}x^2$$

从而总利润为

$$L(x)=R(x)-C(x)=\left(8x-\frac{x^2}{2}\right)-\left(1+4x+\frac{x^2}{8}\right)=-1+4x-\frac{5}{8}x^2$$

(4)
$$L(3.2)=-1+4\times3.2-\frac{5}{8}\times3.2^2=5.4(\text{万元})$$

$$C(3.2)=1+4\times3.2+\frac{1}{8}\times3.2^2=15.08(\text{万元})$$

$$R(3.2)=8\times3.2-\frac{1}{2}\times3.2^2=20.48(\text{万元})$$

同步练习 5.5

1. 求由抛物线 $y^2=4x$ 与直线 $x+y=3$ 所围成的图形的面积.

2. 求由抛物线 $y=-x^2+4x-3$ 及其在点$(0,-3)$和$(3,0)$处的切线所围成的图形的面积.

3. 求由 $y=\frac{1}{x^2}$、$y=x$ 和 $x=2$ 所围成的图形的面积.

4. 求椭圆$\frac{x^2}{a^2}+\frac{y^2}{b^2}=1(a>b>0)$ 的面积.

5. 求由 $x=0$、$y=0$、$y=2$ 与 $y=\ln x$ 所围成的图形的面积.

6. 求椭圆$\frac{x^2}{a^2}+\frac{y^2}{b^2}=1(a>b>0)$ 绕 x 轴旋转一周所形成的旋转体体积.

7. 求由曲线 $y=\frac{1}{2}(\mathrm{e}^x+\mathrm{e}^{-x})$ 以及直线 $x=0$、$x=1$ 和 $y=0$ 所围成的平面图形绕 x 轴旋转一周所形成的旋转体体积.

8. 求由抛物线 $y=x^2$ 和 x 轴及直线 $x=0$、$x=1$ 所围成的平面图形绕 x 轴和 y 轴旋转一周所形成的旋转体体积.

9. 设某产品的边际收入函数为 $R'(x)=100-10\mathrm{e}^{-\frac{q}{10}}$，其中 q 为销售量，R 为总收入，求该产品的总收入函数.

10. 设某产品连续生产，总产量是时间的函数，如果总产量的变化率为

$$q'(t)=-0.9t^2+10t+100\qquad(\text{单位 / 小时})$$

求从 $t=2$ 到 $t=4$ 两小时的产量.

本 章 小 结

1. 定积分的概念和性质

(1) 定积分的定义：$\int_a^b f(x)\mathrm{d}x=\lim\limits_{\lambda\to 0}\sum\limits_{i=1}^{n} f(\xi_i)\Delta x_i$，其中$\lambda=\max\{\Delta x_1, \Delta x_2, \cdots, \Delta x_n\}$.

① 积分可以交换上、下限，积分符号改变，即

$$\int_a^b f(x)\mathrm{d}x=-\int_b^a f(x)\mathrm{d}x$$

② 定积分的大小只与被积函数和积分区间有关，与积分变量的记号无关，即

$$\int_a^b f(x)\mathrm{d}x=\int_a^b f(s)\mathrm{d}s=\int_a^b f(t)\mathrm{d}t$$

(2) 定积分的几何意义：

$$\begin{cases} f(x)\geqslant 0, & S=\int_a^b f(x)\mathrm{d}x \\ f(x)\leqslant 0, & S=-\int_a^b f(x)\mathrm{d}x \\ f(x)\text{ 任意}, & S=\int_a^b |f(x)|\mathrm{d}x \end{cases}$$

(3) 定积分的性质：

① $\int_a^b kf(x)\mathrm{d}x=k\int_a^b f(x)\mathrm{d}x$；

② $\int_a^b [f(x)\pm g(x)]\mathrm{d}x=\int_a^b f(x)\mathrm{d}x\pm\int_a^b g(x)\mathrm{d}x$；

③ $\int_a^b f(x)\mathrm{d}x=\int_a^c f(x)\mathrm{d}x+\int_c^b f(x)\mathrm{d}x$；

④ $\int_a^b \mathrm{d}x=b-a$；

⑤ $f(x)\leqslant g(x)\Rightarrow\int_a^b f(x)\mathrm{d}x<\int_a^b g(x)\mathrm{d}x$；

⑥ $m\leqslant f(x)\leqslant M\Rightarrow m(b-a)\leqslant\int_a^b f(x)\mathrm{d}x\leqslant M(b-a)$；

⑦ $\int_a^b f(x)\mathrm{d}x=f(\xi)(b-a)$，$\xi\in(a, b)$.

2. 定积分的计算

(1) 变上限定积分：

$$\Phi(x)=\int_a^x f(t)\mathrm{d}t, \quad \Phi'(x)=f(x)$$

(2) 牛顿-莱布尼兹公式：

$$\int_a^b f(x)\mathrm{d}x=F(x)\big|_a^b=F(b)-F(a)$$

(3) 换元积分法：

$$\int_a^b f(x)\mathrm{d}x \xlongequal[t\in[\alpha,\beta]]{x=\varphi(t),\,a=\varphi(\alpha),\,b=\varphi(\beta)} \int_\alpha^\beta f[\varphi(t)]\varphi'(t)\mathrm{d}t$$

上式由右向左使用为第一类换元积分法，由左向右使用则为第二类换元积分法.

(4) 分部积分法：

$$\int_a^b u\,\mathrm{d}v = [uv]_a^b - \int_a^b v\,\mathrm{d}u$$

3. 定积分的应用

(1) 计算平面图形的面积.

由连续曲线 $y=y_1(x)$、$y=y_2(x)$ 与直线 $x=a$、$x=b$ 围成的平面图形的面积为

$$S=\int_a^b |y_2(x)-y_1(x)|\,\mathrm{d}x$$

由连续曲线 $x=x_1(y)$、$x=x_2(y)$ 与直线 $y=c$、$y=d$ 围成的平面图形的面积为

$$S=\int_c^d |x_2(y)-x_1(y)|\,\mathrm{d}y$$

(2) 计算旋转体的体积.

由曲线 $y=f(x)$ 与直线 $x=a$、$x=b$ 及 x 轴所围成的曲边梯形绕 x 轴旋转而成的旋转体的体积为

$$V_x=\pi\int_a^b [f(x)]^2\,\mathrm{d}x$$

由曲线 $x=g(y)$ 与直线 $y=c$、$y=d$ 及 y 轴所围成的曲边梯形绕 y 轴旋转而成的旋转体的体积为

$$V_y=\pi\int_c^d [g(y)]^2\,\mathrm{d}y$$

(3) 已知产量的变化率求总产量；已知经济量的边际函数求相应的总量.

4. 无限区间上的广义积分

$$\int_a^{+\infty} f(x)\mathrm{d}x = \lim_{b\to+\infty}\int_a^b f(x)\mathrm{d}x$$

$$\int_{-\infty}^{b} f(x)\mathrm{d}x = \lim_{a\to-\infty}\int_a^b f(x)\mathrm{d}x$$

$$\int_{-\infty}^{+\infty} f(x)\mathrm{d}x = \int_{-\infty}^{c} f(x)\mathrm{d}x + \int_c^{+\infty} f(x)\mathrm{d}x$$

单元测试 5

1. 填空题：

(1) $\int_a^b \mathrm{d}x\,(a<b)$ 在几何上表示__________；

(2) $\dfrac{\mathrm{d}}{\mathrm{d}x}\int_a^b \ln(1+x^3)\mathrm{d}x=$ __________；

(3) $\int_{-2}^{2}\sqrt{4-x^2}\,\mathrm{d}x=$ __________；

(4) $\int_0^{\frac{\pi}{2}} \sin^2 x\,\mathrm{d}x + \int_0^{\frac{\pi}{2}} \cos^2 x\,\mathrm{d}x =$ ________；

(5) $\int_0^2 |x^2 - 3x + 2|\,\mathrm{d}x =$ ________；

(6) $\int_{-\infty}^{+\infty} \frac{A}{1+x^2}\mathrm{d}x = 1$，则 $A =$ ________；

(7) $\int_{-\pi}^{+\pi} \sin x\,\mathrm{d}x =$ ________，$\int_{-2\pi}^{2\pi} \cos x\,\mathrm{d}x =$ ________；

(8) 设 $y = f(x)$ 有一个原函数为 $\frac{\sin x}{x}$，则 $\int_{\frac{\pi}{2}}^{\pi} x f'(x)\mathrm{d}x =$ ________；

(9) 曲线 $y = \sqrt{x}$ 与直线 $x = 1$、$x = 4$、$y = 0$ 所围成图形的面积为________；

(10) $\frac{\mathrm{d}}{\mathrm{d}x}\int_{-1}^{x} \arccos t\,\mathrm{d}t =$ ________，$\frac{\mathrm{d}}{\mathrm{d}x}\int_0^{x^2} \mathrm{e}^t\,\mathrm{d}t =$ ________.

2. 选择题：

(1) $\frac{\mathrm{d}}{\mathrm{d}x}\int_2^x \cos\sqrt{t}\ln(1+t^2)\mathrm{d}t =$ (　　).

A. $\cos t \cdot \ln(1+t^2)$　　B. $\sin x \cdot \frac{1}{1+x^2}$

C. $\cos\sqrt{x}\ln(1+x^2)$　　D. $\frac{2x}{1+x^2}\cos\sqrt{x}$

(2) 由曲线 $y = \frac{1}{x}$ 和直线 $x = 2$、$y = x$ 所围成的平面图形的面积可表示为(　　).

A. $\int_1^2 \frac{1}{x}\,\mathrm{d}x$；　　B. $\int_1^2 \left(x - \frac{1}{x}\right)\mathrm{d}x$

C. $\int_1^2 \left(\frac{1}{x} - x\right)\mathrm{d}x$　　D. $\int_1^2 x\,\mathrm{d}x$

(3) 当(　　)时，广义积分 $\int_{-\infty}^0 \mathrm{e}^{-kx}\,\mathrm{d}x$ 收敛.

A. $k > 0$　　B. $k \geqslant 0$　　C. $k < 0$　　D. $k \leqslant 0$

(4) 由曲线 $y = \frac{1}{x}$ 和直线 $x = 1$、$x = 2$ 及 x 轴所围成的平面图形绕 x 轴旋转一周所得到的旋转体体积为(　　).

A. 1　　B. 2　　C. $\frac{\pi}{2}$　　D. $\frac{1}{2}$

(5) 设 $y = f(x)$ 在 $[a, b]$ 上连续，则定积分 $\int_a^b f(x)\mathrm{d}x$ 的值(　　).

A. 与区间 $[a, b]$ 及被积函数 $f(x)$ 有关

B. 与积分变量用何字母表示有关

C. 与区间 $[a, b]$ 无关，与被积函数 $f(x)$ 有关

D. 与被积函数的 $f(x)$ 的形式无关

(6) 介于曲线 $y = f(x)$ 及 x 轴与直线 $x = a$ 和 $x = b$ 间的平面图形的面积等于 $\sqrt{b^2 - a^2}$ $(b > a)$，则 $f(x) =$ (　　).

A. $\sqrt{x^2-a^2}$；　　B. $\dfrac{x}{\sqrt{x^2-a^2}}$

C. $\dfrac{x}{\sqrt{x^2+a^2}}$　　D. $\dfrac{x}{\sqrt{x^2+b^2}}$

(7) $\int_{\frac{1}{e}}^{1}\ln x\,dx$ 与 $\int_{1}^{e}\ln x\,dx$ 分别为(　　).

A. 正，正　　B. 正，负

C. 负，正　　D. 负，负

(8) 下列积分不为零的是(　　).

A. $\int_{-\pi}^{\pi}\cos x\,dx$　　B. $\int_{-\frac{\pi}{2}}^{\frac{\pi}{2}}\sin x\cos x\,dx$

C. $\int_{-\frac{\pi}{4}}^{\frac{\pi}{4}}\dfrac{x}{1+\cos x}\,dx$　　D. $\int_{-\frac{\pi}{4}}^{\frac{\pi}{3}}\tan x\,dx$

(9) $\int_{0}^{\pi}|\cos x|\,dx=$(　　).

A. -2　　B. 0　　C. 2　　D. 1

3. 计算下列积分：

(1) $\int_{0}^{1}\dfrac{e^x\,dx}{1+e^x}$；　　(2) $\int_{1}^{e}\dfrac{1+\ln x}{x}dx$；

(3) $\int_{1}^{\ln 2}\sqrt{e^x-1}\,dx$；　　(4) $\int_{0}^{\frac{1}{2}}\dfrac{\arcsin x}{\sqrt{1-x^2}}\,dx$；

(5) $\int_{0}^{\frac{\pi}{2}}\dfrac{\cos x}{1+\sin x}\,dx$；　　(6) $\int_{-1}^{1}\dfrac{x^2}{1+x^6}\,dx$；

(7) $\int_{0}^{2}\dfrac{1}{4+x^2}\,dx$；　　(8) $\int_{0}^{\frac{\pi}{2}}\sin^2 x\,dx$；

(9) $\int_{1}^{2}\ln^2 x\,dx$；　　(10) $\int_{0}^{+\infty}xe^{-x}\,dx$.

4. 求下列平面图形的面积：

(1) 抛物线 $y=x^2$ 与 $x=y^2$ 所围成的平面图形；

(2) 曲线 $y=e^x$、$y=e^{-x}$ 与直线 $x=1$ 所围成的平面图形；

(3) 曲线 $y=e^x$ 和该曲线的过原点的切线及 y 轴所围成的平面图形.

5. 求由曲线 $y=x^2$ 与直线 $x=1$、$x=2$ 及 x 轴所围成的平面图形绕 x 轴及 y 轴旋转一周所形成的旋转体的体积.

6. 已知生产某产品 x 单位时边际收入函数为 $R'(x)=200-\dfrac{x}{50}$(元／单位)，试求生产这种产品 2000 单位时的总收入.

7. 某产品的边际成本函数为 $C'(q)=4+0.25q$(万元／吨)，边际收入函数为 $R'(q)=80-q$(万元／吨)，其中 q 是产量.

(1) 求产量由 10 吨增加到 50 吨时，总成本与总收入的增加量；

(2) 设固定成本为 10 万元，求总成本函数与总收入函数.

第6章　线性代数初步

6.1 行　列　式

在生产活动和科学研究中，有许多问题都可以直接或近似地表示成一些变量之间的线性关系，因此研究线性关系非常重要.线性代数在研究变量之间的线性关系上有着重要的应用，而行列式是研究线性代数的重要工具.

6.1.1 二阶行列式及其计算

二元一次方程组的一般形式为

$$\begin{cases} a_{11}x_1 + a_{12}x_2 = b_1 \\ a_{21}x_1 + a_{22}x_2 = b_2 \end{cases} \tag{6-1}$$

用加减消元法解上述方程组，如果 $a_{11}a_{22}-a_{12}a_{21}\neq 0$，则求得其解为

$$\begin{cases} x_1 = \dfrac{b_1a_{22}-b_2a_{12}}{a_{11}a_{22}-a_{12}a_{21}} \\ x_2 = \dfrac{a_{11}b_2-a_{21}b_1}{a_{11}a_{22}-a_{12}a_{21}} \end{cases} \tag{6-2}$$

为了便于表示上述结果，引入二阶行列式.

定义 6.1　记 $\begin{vmatrix} a_{11} & a_{12} \\ a_{21} & a_{22} \end{vmatrix}$ 为二阶行列式，它的表达式 $a_{11}a_{22}-a_{12}a_{21}$ 称为二阶行列式的展开式，即

$$\begin{vmatrix} a_{11} & a_{12} \\ a_{21} & a_{22} \end{vmatrix} = a_{11}a_{22}-a_{12}a_{21} \tag{6-3}$$

且将行列式从左上角到右下角的对角线称为行列式的主对角线，从右上角到左下角的对角线称为行列式的次对角线.

由上述定义，记

$$D = \begin{vmatrix} a_{11} & a_{12} \\ a_{21} & a_{22} \end{vmatrix} = a_{11}a_{22}-a_{12}a_{21}$$

$$D_1 = \begin{vmatrix} b_1 & a_{12} \\ b_2 & a_{22} \end{vmatrix} = b_1a_{22}-b_2a_{12}$$

$$D_2 = \begin{vmatrix} a_{11} & b_1 \\ a_{21} & b_2 \end{vmatrix} = a_{11}b_2-a_{21}b_1$$

则方程组(6-1)的解可表示为

$$x_1 = \frac{D_1}{D}, \quad x_2 = \frac{D_2}{D} \quad (D \neq 0)$$

例 1　计算二阶行列式$\begin{vmatrix} 3 & 8 \\ -2 & 5 \end{vmatrix}$的值.

解

$$\begin{vmatrix} 3 & 8 \\ -2 & 5 \end{vmatrix} = 3\times 5 - 8\times(-2) = 31$$

例 2　用行列式解线性方程组$\begin{cases} x_1 - 2x_2 = 2 \\ 3x_1 + x_2 = -1 \end{cases}$.

解　因为

$$D = \begin{vmatrix} 1 & -2 \\ 3 & 1 \end{vmatrix} = 7 \neq 0, \quad D_1 = \begin{vmatrix} 2 & -2 \\ -1 & 1 \end{vmatrix} = 0, \quad D_2 = \begin{vmatrix} 1 & 2 \\ 3 & -1 \end{vmatrix} = -7$$

所以

$$\begin{cases} x_1 = \dfrac{D_1}{D} = 0 \\ x_2 = \dfrac{D_2}{D} = -1 \end{cases}$$

6.1.2　三阶行列式及其计算

下面将二阶行列式的概念推广到三阶行列式.

三元一次线性方程组的一般形式为

$$\begin{cases} a_{11}x_1 + a_{12}x_2 + a_{13}x_3 = b_1 \\ a_{21}x_1 + a_{22}x_2 + a_{23}x_3 = b_2 \\ a_{31}x_1 + a_{32}x_2 + a_{33}x_3 = b_3 \end{cases} \tag{6-4}$$

若按照加减消元，其解的表达式较复杂，为了研究它的解，我们先引入三阶行列式的概念.

定义 6.2　记$\begin{vmatrix} a_{11} & a_{12} & a_{13} \\ a_{21} & a_{22} & a_{23} \\ a_{31} & a_{32} & a_{33} \end{vmatrix}$为三阶行列式，其表达式为

$$a_{11}a_{22}a_{33} + a_{12}a_{23}a_{31} + a_{13}a_{21}a_{32} - a_{11}a_{23}a_{32} - a_{12}a_{21}a_{33} - a_{13}a_{22}a_{31}$$

这种计算方法也称为对角线展开法，见图 6-1.

由上述定义，若记

$$D = \begin{vmatrix} a_{11} & a_{12} & a_{13} \\ a_{21} & a_{22} & a_{23} \\ a_{31} & a_{32} & a_{33} \end{vmatrix}, \quad D_1 = \begin{vmatrix} b_1 & a_{12} & a_{13} \\ b_2 & a_{22} & a_{23} \\ b_3 & a_{32} & a_{33} \end{vmatrix}$$

$$D_2 = \begin{vmatrix} a_{11} & b_1 & a_{13} \\ a_{21} & b_2 & a_{23} \\ a_{31} & b_3 & a_{33} \end{vmatrix}, \quad D_3 = \begin{vmatrix} a_{11} & a_{12} & b_1 \\ a_{21} & a_{22} & b_2 \\ a_{31} & a_{32} & b_3 \end{vmatrix}$$

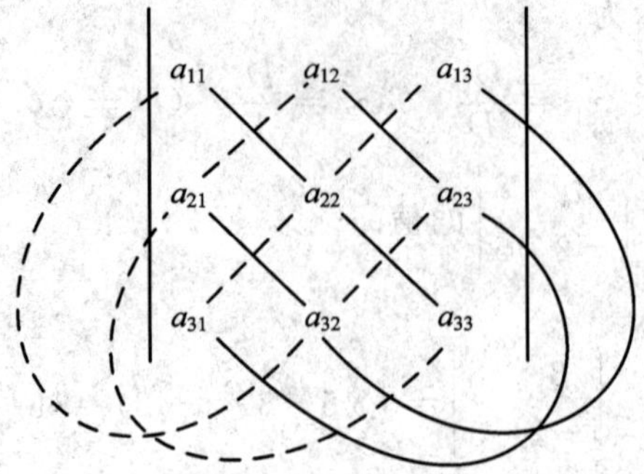

图 6-1

那么与二元一次线性方程组的解一样，我们可以得到类似的结果.即若 $D\neq 0$，则三元一次线性方程组的解为

$$x_1=\frac{D_1}{D},\quad x_2=\frac{D_2}{D},\quad x_3=\frac{D_3}{D}$$

例 3 按定义计算三阶行列式$\begin{vmatrix}1 & 3 & -1\\ 2 & 1 & 5\\ 2 & -7 & 3\end{vmatrix}$.

解 按定义展开得

$$\begin{vmatrix}1 & 3 & -1\\ 2 & 1 & 5\\ 2 & -7 & 3\end{vmatrix}=1\times1\times3+2\times3\times5+2\times(-7)\times(-1)$$
$$-1\times5\times(-7)-3\times2\times3-(-1)\times1\times2=66$$

例 4 用行列式解线性方程组$\begin{cases}x-2y+z=0\\ 2x-3y-2z=1.\\ 3x-y+3z=3\end{cases}$

解 记

$$D=\begin{vmatrix}1 & -2 & 1\\ 2 & -3 & -2\\ 3 & -1 & 3\end{vmatrix}=20\neq 0,\quad D_1=\begin{vmatrix}0 & -2 & 1\\ 1 & -3 & -2\\ 3 & -1 & 3\end{vmatrix}=26$$

$$D_2=\begin{vmatrix}1 & 0 & 1\\ 2 & 1 & -2\\ 3 & 3 & 3\end{vmatrix}=12,\quad D_3=\begin{vmatrix}1 & -2 & 0\\ 2 & -3 & 1\\ 3 & -1 & 3\end{vmatrix}=-2$$

故方程组解为

$$\begin{cases}x=\dfrac{D_1}{D}=\dfrac{13}{10}\\ y=\dfrac{D_2}{D}=\dfrac{3}{5}\\ z=\dfrac{D_3}{D}=-\dfrac{1}{10}\end{cases}$$

下面进一步讨论二阶行列式与三阶行列式的关系. 由它们的定义可得

$$\begin{vmatrix} a_{11} & a_{12} & a_{13} \\ a_{21} & a_{22} & a_{23} \\ a_{31} & a_{32} & a_{33} \end{vmatrix} = a_{11}a_{22}a_{33} + a_{12}a_{23}a_{31} + a_{13}a_{21}a_{32} - a_{11}a_{23}a_{32}$$

$$\begin{aligned} &- a_{12}a_{21}a_{33} - a_{13}a_{22}a_{31} \\ &= a_{11}(a_{22}a_{33} - a_{23}a_{32}) - a_{12}(a_{21}a_{33} - a_{23}a_{31}) \\ &\quad + a_{13}(a_{21}a_{32} - a_{22}a_{31}) \\ &= a_{11}\begin{vmatrix} a_{22} & a_{23} \\ a_{32} & a_{33} \end{vmatrix} - a_{12}\begin{vmatrix} a_{21} & a_{23} \\ a_{31} & a_{33} \end{vmatrix} + a_{13}\begin{vmatrix} a_{21} & a_{22} \\ a_{31} & a_{32} \end{vmatrix} \end{aligned}$$

由上式可以看出，三阶行列式等于它的第一行的每个元素与一个二阶行列式乘积的代数和. 为了进一步了解这三个二阶行列式与原三阶行列式的关系，下面引入余子式和代数余子式的概念.

定义 6.3　在三阶行列式中，把元素 $a_{ij}(i=1, 2, 3; j=1, 2, 3)$所在行和列的元素删除，剩下的元素保持原来的相对位置不变所构成的二阶行列式称为元素 a_{ij} 的余子式，记为 M_{ij}. 称 $A_{ij}=(-1)^{i+j}M_{ij}$ 为元素 a_{ij} 的代数余子式.

6.1.3　n 阶行列式的概念

下面由二阶、三阶行列式的定义及其规律，推广归纳出 n 阶行列式的定义.

定义 6.4　由 n^2 个元素排成的 n 行 n 列，形如 $\begin{vmatrix} a_{11} & a_{12} & \cdots & a_{1n} \\ a_{21} & a_{22} & \cdots & a_{2n} \\ \vdots & \vdots & & \vdots \\ a_{n1} & a_{n2} & \cdots & a_{nn} \end{vmatrix}$ 的记号，称为 n 阶行列式，数 a_{ij} 称为行列式的元素($i, j=1, 2, \cdots, n$).

n 阶行列式是一个算式，其值定义为

$$D = a_{i1}A_{i1} + a_{i2}A_{i2} + \cdots + a_{in}A_{in} = \sum_{j=1}^{n} a_{ij}A_{ij}$$

或

$$D = a_{1j}A_{1j} + a_{2j}A_{2j} + \cdots + a_{nj}A_{nj} = \sum_{i=1}^{n} a_{ij}A_{ij}$$

其中，A_{ij} 是行列式中元素 a_{ij} 的代数余子式.

此外，n 阶行列式的展开式很复杂，但具有以下两个规律：

(1) 展开式中共有 $n!$ 项，正负各半；

(2) 每项都是取自不同行不同列的 n 个元素的乘积.

下面介绍两个特殊的 n 阶行列式——n 阶对角行列式和 n 阶下三角行列式. 由定义可知，它们的值都定义主对角线上元素的乘积，形如：

$$\begin{vmatrix} a_{11} & 0 & \cdots & 0 \\ 0 & a_{22} & \cdots & 0 \\ \vdots & \vdots & & \vdots \\ 0 & 0 & \cdots & a_{nn} \end{vmatrix} = a_{11}a_{22}\cdots a_{nn}, \quad \begin{vmatrix} a_{11} & 0 & \cdots & 0 \\ a_{21} & a_{22} & \cdots & 0 \\ \vdots & \vdots & & \vdots \\ a_{n1} & a_{n2} & \cdots & a_{nn} \end{vmatrix} = a_{11}a_{22}\cdots a_{nn}$$

例 5 写出四阶行列式 $\begin{vmatrix} 5 & 7 & -1 & 2 \\ 0 & 3 & 5 & -6 \\ 2 & 1 & -2 & 4 \\ 10 & 7 & 11 & 15 \end{vmatrix}$ 的元素 a_{23} 的余子式和代数余子式.

解 元素 a_{23} 的余子式为删除第二行和第三列后，剩下的元素按原来顺序组成的三阶行列式，而元素 a_{23} 的代数余子式为其余子式前面加一个符号因子，所以有

$$M_{23}=\begin{vmatrix} 5 & 7 & 2 \\ 2 & 1 & 4 \\ 10 & 7 & 15 \end{vmatrix},\quad A_{23}=(-1)^{2+3}M_{23}=-\begin{vmatrix} 5 & 7 & 2 \\ 2 & 1 & 4 \\ 10 & 7 & 15 \end{vmatrix}$$

例 6 按定义计算四阶行列式 $\begin{vmatrix} 2 & 1 & 3 & -1 \\ 1 & 0 & 3 & 1 \\ 0 & -1 & 5 & 4 \\ 2 & 0 & 2 & 1 \end{vmatrix}$.

解 由前面定义可知

$$\begin{aligned} D &= 2\times(-1)^{1+1}\begin{vmatrix} 0 & 3 & 1 \\ -1 & 5 & 4 \\ 0 & 2 & 1 \end{vmatrix}+1\times(-1)^{1+2}\begin{vmatrix} 1 & 3 & 1 \\ 0 & 5 & 4 \\ 2 & 2 & 1 \end{vmatrix} \\ &\quad +3\times(-1)^{1+3}\begin{vmatrix} 1 & 0 & 1 \\ 0 & -1 & 4 \\ 2 & 0 & 1 \end{vmatrix}+(-1)\times(-1)^{1+4}\begin{vmatrix} 1 & 0 & 3 \\ 0 & -1 & 5 \\ 2 & 0 & 2 \end{vmatrix} \\ &= 2\times(-2+3)-(5+24-10-8)+3\times(-1+2)+(-2+6) \\ &= 2-11+3+4 \\ &= -2 \end{aligned}$$

例 7 计算行列式 $\begin{vmatrix} 0 & a_{12} & 0 & 0 \\ 0 & 0 & 0 & a_{24} \\ a_{31} & 0 & 0 & 0 \\ 0 & 0 & a_{43} & 0 \end{vmatrix}$ 的值.

解 由定义 6.3 可得

$$\begin{aligned} D &= a_{12}\cdot(-1)^{1+2}\begin{vmatrix} 0 & 0 & a_{24} \\ a_{31} & 0 & 0 \\ 0 & a_{43} & 0 \end{vmatrix} \\ &= -a_{12}a_{24}\cdot(-1)^{1+3}\begin{vmatrix} a_{31} & 0 \\ 0 & a_{43} \end{vmatrix} \\ &= -a_{12}a_{24}a_{31}a_{43} \end{aligned}$$

同步练习 6.1

1. 计算二阶、三阶行列式：

(1) $\begin{vmatrix} 2 & 1 \\ -1 & 2 \end{vmatrix}$；　(2) $\begin{vmatrix} \cos\theta & \sin\theta \\ -\sin\theta & \cos\theta \end{vmatrix}$；　(3) $\begin{vmatrix} 2 & 0 & 0 \\ 1 & 3 & 0 \\ 7 & 5 & 1 \end{vmatrix}$；　(4) $\begin{vmatrix} 0 & a & b \\ a & 0 & c \\ b & c & 0 \end{vmatrix}$.

2. 用行列式解下列方程组：

(1) $\begin{cases} x+2y+z=0 \\ 2x-3y-2z=1 \\ x-y+2z=3 \end{cases}$；　(2) $\begin{cases} 2x_1+x_2=5 \\ x_1-3x_2=-1 \end{cases}$.

3. 写出四阶行列式 $\begin{vmatrix} 2 & 0 & 1 & 3 \\ 5 & 2 & 1 & 1 \\ -1 & 0 & 3 & 4 \\ 2 & -5 & 2 & 1 \end{vmatrix}$ 的元素 a_{42} 和 a_{23} 的余子式和代数余子式.

4. 计算下列行列式的值：

(1) $\begin{vmatrix} a_{11} & 0 & 0 & 0 \\ 0 & a_{22} & 0 & 0 \\ 0 & 0 & a_{33} & 0 \\ 0 & 0 & 0 & a_{44} \end{vmatrix}$；　(2) $\begin{vmatrix} 0 & a_{12} & 0 & 0 \\ 0 & 0 & 0 & a_{24} \\ a_{31} & 0 & 0 & 0 \\ 0 & 0 & a_{43} & 0 \end{vmatrix}$；

(3) $\begin{vmatrix} 0 & 0 & 0 & a_{14} \\ 0 & 0 & a_{23} & a_{24} \\ 0 & a_{32} & a_{33} & a_{34} \\ a_{41} & a_{42} & a_{43} & a_{44} \end{vmatrix}$.

6.2　行列式的性质与计算

6.2.1　行列式的性质

由前面的学习，大家发现按照行列式的定义，可以计算一些特殊的行列式，但对阶数较高的行列式，其计算量很大，为简化行列式的计算，下面先介绍行列式的性质.

定义 6.5　如果把 n 阶行列式

$$D=\begin{vmatrix} a_{11} & a_{12} & \cdots & a_{1n} \\ a_{21} & a_{22} & \cdots & a_{2n} \\ \vdots & \vdots & & \vdots \\ a_{n1} & a_{n2} & \cdots & a_{nn} \end{vmatrix}$$

中的行与列按原来的顺序互换，将得到的新的行列式记为

$$D^{\mathrm{T}}=\begin{vmatrix} a_{11} & a_{21} & \cdots & a_{n1} \\ a_{21} & a_{22} & \cdots & a_{2n} \\ \vdots & \vdots & & \vdots \\ a_{1n} & a_{2n} & \cdots & a_{nn} \end{vmatrix}$$

则称 D^{T} 为行列式 D 的转置行列式. 显然, D 也是 D^{T} 的转置行列式.

性质 1 行列式与它的转置行列式相等, 即 $D=D^{\mathrm{T}}$.

此性质表明, 行列式中的行与列具有同等的地位, 凡对行成立的性质, 对列同样也成立.

由性质 1 和 n 阶下三角行列式的性质可以得到, n 阶上三角行列式的值等于它的主对角线上各元素的乘积, 即

$$\begin{vmatrix} a_{11} & a_{12} & \cdots & a_{1n} \\ 0 & a_{22} & \cdots & a_{2n} \\ \vdots & \vdots & & \vdots \\ 0 & 0 & \cdots & a_{nn} \end{vmatrix} = a_{11}a_{22}\cdots a_{nn}$$

性质 2 互换行列式的任意两行或两列位置, 行列式的值改变符号.

例如, 二阶行列式 $D=\begin{vmatrix} a_{11} & a_{12} \\ a_{21} & a_{22} \end{vmatrix}=a_{11}a_{22}-a_{12}a_{21}$, 将 D 中的第一列与第二列互换后, 有 $\begin{vmatrix} a_{12} & a_{11} \\ a_{22} & a_{21} \end{vmatrix}=a_{12}a_{21}-a_{11}a_{22}=-D$.

为了便于表示, 把行列式中的第 i 行(或列)和第 j 行(或列)的互换记为 $r_i \leftrightarrow r_j$(或 $c_i \leftrightarrow c_j$).

性质 3 行列式一行(或列)的公因子可以提到行列式记号的外面, 即

$$\begin{vmatrix} a_{11} & a_{12} & \cdots & a_{1n} \\ \vdots & \vdots & & \vdots \\ ka_{i1} & ka_{i2} & \cdots & ka_{in} \\ \vdots & \vdots & & \vdots \\ a_{n1} & a_{n2} & \cdots & a_{nn} \end{vmatrix} = k\begin{vmatrix} a_{11} & a_{12} & \cdots & a_{1n} \\ \vdots & \vdots & & \vdots \\ a_{i1} & a_{i2} & \cdots & a_{in} \\ \vdots & \vdots & & \vdots \\ a_{n1} & a_{n2} & \cdots & a_{nn} \end{vmatrix}$$

换句话说, 就是用数 k 乘以行列式等于用数 k 乘以行列式的某一行(或列).

推论 1 如果行列式中有一行(或列)对应元素全为零, 那么此行列式的值为零.

性质 4 行列式中一行(或列)的每一个元素如果可以写成两数之和, 即

$$a_{ij}=b_{ij}+c_{ij} \quad (j=1, 2, \cdots, n)$$

那么此行列式等于两个行列式之和, 这两个行列式的第 i 行元素分别是 b_{i1}, b_{i2}, $\cdots$, b_{in} 和 c_{i1}, c_{i2}, $\cdots$, c_{in}, 其他各行(或列)的元素与原行列式相应行(或列)的元素相同, 即

$$\begin{vmatrix} a_{11} & a_{12} & \cdots & a_{1n} \\ \vdots & \vdots & & \vdots \\ b_{i1}+c_{i1} & b_{i2}+c_{i2} & \cdots & b_{in}+c_{in} \\ \vdots & \vdots & & \vdots \\ a_{n1} & a_{n2} & \cdots & a_{nn} \end{vmatrix} = \begin{vmatrix} a_{11} & a_{12} & \cdots & a_{1n} \\ \vdots & \vdots & & \vdots \\ b_{i1} & b_{i2} & \cdots & b_{in} \\ \vdots & \vdots & & \vdots \\ a_{n1} & a_{n2} & \cdots & a_{nn} \end{vmatrix} + \begin{vmatrix} a_{11} & a_{12} & \cdots & a_{1n} \\ \vdots & \vdots & & \vdots \\ c_{i1} & c_{i2} & \cdots & c_{in} \\ \vdots & \vdots & & \vdots \\ a_{n1} & a_{n2} & \cdots & a_{nn} \end{vmatrix}$$

性质 5 如果行列式中两行(或列)对应元素全部相同, 那么行列式的值为零.

例如, 三阶行列式

$$\begin{vmatrix} a_1 & a_2 & a_3 \\ b_1 & b_2 & b_3 \\ a_1 & a_2 & a_3 \end{vmatrix} = a_1b_2a_3+a_2b_3a_1+a_3b_1a_2-a_1b_3a_2-a_2b_1a_3-a_3b_2a_1=0$$

由性质 4 和性质 5，可以得到以下推论.

推论 2　行列式中如果两行(或列)对应元素成比例，那么行列式的值为零.

推论 3　行列式 D 中任意一行(或列)的元素与另一行(或列)对应元素的代数余子式乘积之和为零. 即当 $i\neq j$ 时，

$$\sum_{k=1}^{n}a_{ik}A_{jk}=0\quad \left(\text{或}\sum_{k=1}^{n}a_{ki}A_{kj}=0\right)$$

此推论结合定义，可以得到以下结论：

$$\sum_{k=1}^{n}a_{ik}A_{jk}=\begin{cases}D, & \text{当 } i=j \text{ 时}\\ 0, & \text{当 } i\neq j \text{ 时}\end{cases}$$

或

$$\sum_{k=1}^{n}a_{ki}A_{kj}=\begin{cases}D, & \text{当 } i=j \text{ 时}\\ 0, & \text{当 } i\neq j \text{ 时}\end{cases}$$

性质 6　在行列式中，把某一行(或列)的倍数加到另一行(或列)对应的元素上去，那么行列式的值不变，即

$$\begin{vmatrix} a_{11} & a_{12} & \cdots & a_{1n}\\ \vdots & \vdots & & \vdots\\ a_{i1} & a_{i2} & \cdots & a_{in}\\ \vdots & \vdots & & \vdots\\ a_{j1} & a_{j2} & \cdots & a_{jn}\\ \vdots & \vdots & & \vdots\\ a_{n1} & a_{n2} & \cdots & a_{nn}\end{vmatrix}=\begin{vmatrix} a_{11} & a_{12} & \cdots & a_{1n}\\ \vdots & \vdots & & \vdots\\ a_{i1}+ka_{j1} & a_{i2}+ka_{j2} & \cdots & a_{in}+ka_{jn}\\ \vdots & \vdots & & \vdots\\ a_{j1} & a_{j2} & \cdots & a_{jn}\\ \vdots & \vdots & & \vdots\\ a_{n1} & a_{n2} & \cdots & a_{nn}\end{vmatrix}$$

这个性质主要应用于把行列式中的元素化为零，通常称为“造零”，从而达到简化行列式计算的目的. 为了表示方便，把第 i 行的 k 倍加至第 j 行上的变换记为 r_j+kr_i，并写在等号上方；把第 i 列的 k 倍加至第 j 列上的变换记为 c_j+kc_i，并写在等号下方.

例 1　利用行列式的性质计算下面各式的值.

(1) $\begin{vmatrix} a & -1 & 0\\ b & 1 & -1\\ c & 0 & 1\end{vmatrix}$；　(2) $\begin{vmatrix} 10 & 8 & 2\\ 15 & 12 & 3\\ 20 & 32 & 12\end{vmatrix}$；　(3) $\begin{vmatrix} 103 & 199 & 301\\ 100 & 200 & 300\\ 204 & 395 & 600\end{vmatrix}$；

(4) $\begin{vmatrix} a-b-c & 2a & 2a\\ 2b & b-c-a & 2b\\ 2c & 2c & c-a-b\end{vmatrix}$.

解　(1)

$$\begin{vmatrix} a & -1 & 0\\ b & 1 & -1\\ c & 0 & 1\end{vmatrix}\xlongequal[r_1+1\cdot r_3]{r_1+1\cdot r_2}\begin{vmatrix} a+b+c & 0 & 0\\ b & 1 & -1\\ c & 0 & 1\end{vmatrix}$$

$$=(a+b+c)\cdot\begin{vmatrix} 1 & -1\\ 0 & 1\end{vmatrix}$$

$$=a+b+c$$

(2) $\begin{vmatrix} 10 & 8 & 2 \\ 15 & 12 & 3 \\ 20 & 32 & 12 \end{vmatrix} = (2\times3\times4)\begin{vmatrix} 5 & 4 & 1 \\ 5 & 4 & 1 \\ 5 & 8 & 3 \end{vmatrix} = 0$

(3)
$$\begin{vmatrix} 103 & 199 & 301 \\ 100 & 200 & 300 \\ 204 & 395 & 600 \end{vmatrix} = \begin{vmatrix} 100+3 & 200-1 & 300+1 \\ 100 & 200 & 300 \\ 204 & 395 & 600 \end{vmatrix}$$
$$= \begin{vmatrix} 100 & 200 & 300 \\ 100 & 200 & 300 \\ 204 & 395 & 600 \end{vmatrix} + \begin{vmatrix} 3 & -1 & 1 \\ 100 & 200 & 300 \\ 204 & 395 & 600 \end{vmatrix}$$
$$= \begin{vmatrix} 3 & -1 & 1 \\ 100 & 200 & 300 \\ 200+4 & 400-5 & 600+0 \end{vmatrix}$$
$$= \begin{vmatrix} 3 & -1 & 1 \\ 100 & 200 & 300 \\ 200 & 400 & 600 \end{vmatrix} + \begin{vmatrix} 3 & -1 & 1 \\ 100 & 200 & 300 \\ 4 & -5 & 0 \end{vmatrix}$$
$$= -500-1200-800+4500 = 2000$$

(4)
$$\begin{vmatrix} a-b-c & 2a & 2a \\ 2b & b-c-a & 2b \\ 2c & 2c & c-a-b \end{vmatrix} \xlongequal[r_1+1\cdot r_3]{r_1+1\cdot r_2} \begin{vmatrix} a+b+c & a+b+c & a+b+c \\ 2b & b-c-a & 2b \\ 2c & 2c & c-a-b \end{vmatrix}$$
$$= (a+b+c)\begin{vmatrix} 1 & 1 & 1 \\ 2b & b-c-a & 2b \\ 2c & 2c & c-a-b \end{vmatrix}$$
$$\xlongequal[c_3+(-1)\cdot c_1]{c_2+(-1)\cdot c_1} (a+b+c)\begin{vmatrix} 1 & 0 & 0 \\ 2b & -c-a-b & 0 \\ 2c & 0 & -a-b-c \end{vmatrix}$$
$$= (a+b+c)(-c-a-b)(-a-b-c) = (a+b+c)^3$$

6.2.2 行列式的计算

利用行列式的性质化简高阶行列式主要有两种方法. 第一，利用性质把行列式逐步化为上(或下)三角行列式，由前面的结论可知，这时行列式的值等于主对角线上元素的乘积，这种方法叫做“化三角形法”. 第二，选择零元素最多的行(或列)，按这一行(或列)展开；也可以利用性质“造零”，将某一行(或列)的元素尽可能多地化为零(最理想是这一行(或列)仅有一个非零元素)，然后再按这一行(或列)展开，这种方法叫做“降阶法”.

下面举例说明这两种方法在解题中的使用.

例 2 计算四阶行列式 $\begin{vmatrix} 1 & 2 & 0 & 1 \\ 1 & 3 & 5 & 0 \\ 0 & 1 & 5 & 6 \\ 1 & 2 & 3 & 4 \end{vmatrix}$.

解　利用行列式的性质，将四阶行列式化为上三角行列式，再求值.

$$\begin{vmatrix}1&2&0&1\\1&3&5&0\\0&1&5&6\\1&2&3&4\end{vmatrix}\xlongequal[r_4+(-1)\cdot r_1]{r_2+(-1)\cdot r_1}\begin{vmatrix}1&2&0&1\\0&1&5&-1\\0&1&5&6\\0&0&3&3\end{vmatrix}\xlongequal{r_3+(-1)\cdot r_2}\begin{vmatrix}1&2&0&1\\0&1&5&-1\\0&0&0&7\\0&0&3&3\end{vmatrix}$$

$$\xlongequal{r_3\leftrightarrow r_4}-\begin{vmatrix}1&2&0&1\\0&1&5&-1\\0&0&3&3\\0&0&0&7\end{vmatrix}=-21$$

小结　利用“化三角形法”把数字元素的行列式化为上三角行列式的一般步骤为：

(1) 若位于 a_{11} 的元素是“1”，则可以将第一行元素的倍数加至其他行，使得第一列 a_{11} 以下的元素全部化为零；若位于 a_{11} 的元素不是“1”，则可以通过行(或列)变换来变成“1”，有时也可以给第一行乘以 $\dfrac{1}{a_{11}}$ 来实现，但要注意尽量避免将元素化为分数，因为这会给后面的计算增加困难.

(2) 从第二行依次使用类似于步骤(1)的方法，将主对角线元素 a_{22}，a_{33}，…，$a_{n-1,\,n-1}$ 以下的元素全部化为零，即可得到上三角行列式. 值得注意的是，在这些变换中，主对角线元素 $a_{ii}(i=1,\,2,\,\cdots,\,n-1)$ 不能为零. 若出现零，可通过行交换或列交换使得对角线上的元素不为零.

例 3　计算四阶行列式：

$$D=\begin{vmatrix}-2&1&3&1\\1&0&-1&2\\1&3&4&-2\\0&1&0&-1\end{vmatrix}$$

解　利用行列式的性质，将此四阶行列式化为上三角行列式，再求值.

$$D\xlongequal[c_1\leftrightarrow c_2]{}-\begin{vmatrix}1&-2&3&1\\0&1&-1&2\\3&1&4&-2\\1&0&0&-1\end{vmatrix}\xlongequal[r_4+(-1)\cdot r_1]{r_3+(-3)\cdot r_1}-\begin{vmatrix}1&-2&3&1\\0&1&-1&2\\0&7&-5&-5\\0&2&-3&-2\end{vmatrix}$$

$$\xlongequal[r_4+(-2)\cdot r_2]{r_3+(-7)\cdot r_2}-\begin{vmatrix}1&-2&3&1\\0&1&-1&2\\0&0&2&-19\\0&0&-1&-6\end{vmatrix}\xlongequal{r_3\leftrightarrow r_4}\begin{vmatrix}1&-2&3&1\\0&1&-1&2\\0&0&-1&-6\\0&0&2&-19\end{vmatrix}$$

$$\xlongequal{r_4+2r_3}\begin{vmatrix}1&-2&3&1\\0&1&-1&2\\0&0&-1&-6\\0&0&0&-31\end{vmatrix}=31$$

例 4 计算五阶行列式：

$$D=\begin{vmatrix}5&3&-1&2&0\\1&7&2&5&2\\0&-2&3&1&0\\0&-4&-1&4&0\\0&2&3&5&0\end{vmatrix}$$

分析 这虽然是一个五阶行列式，但仔细观察，第五列仅有一个非零元素“2”，故想到按第五列元素将行列式展开，实际只有一项，且降为四阶行列式. 再继续观察，这个四阶行列式是将“2”所在的第二行、第五列元素去掉，剩下的元素按原来位置构成的，它的第一列又只有一个非零元素“5”，那么，再按第一列展开，四阶行列式就降为三阶行列式，从而达到简化行列式的目的，这就是我们之前所提到的“降阶法”.

解

$$\begin{aligned}D&=(-1)^{2+5}\times 2\begin{vmatrix}5&3&-1&2\\0&-2&3&1\\0&-4&-1&4\\0&2&3&5\end{vmatrix}\\&=(-2)\times(-1)^{1+1}\times 5\begin{vmatrix}-2&3&1\\-4&-1&4\\2&3&5\end{vmatrix}\\&=-10\times[10+(-12)+24-(-2)-(-24)-(-60)]\\&=-1080\end{aligned}$$

小结 降阶法是将行列式按某一行(或列)的元素展开，从而达到降阶的目的. 若这一行(或列)中元素“0”越多，展开项数就越少，我们可以利用行列式的性质，针对其中一行(或列)多“造零”，从而减少展开的项数. 在例 4 中，第五列元素中只有一个非零元素(这是最理想的情况).

例 5 计算四阶行列式：

$$\begin{vmatrix}1&-1&0&2\\3&2&-1&-2\\4&3&-1&-1\\2&0&-1&0\end{vmatrix}$$

解 观察行列式，其中第四行的零元素最多，已经有两个零，再造一个零，按第四行展开，有

$$\begin{vmatrix}1&-1&0&2\\3&2&-1&-2\\4&3&-1&-1\\2&0&-1&0\end{vmatrix}\xlongequal{c_1+2c_3}\begin{vmatrix}1&-1&0&2\\1&2&-1&-2\\2&3&-1&-1\\0&0&-1&0\end{vmatrix}=(-1)^{4+3}\times(-1)\begin{vmatrix}1&-1&2\\1&2&-2\\2&3&-1\end{vmatrix}$$

$$\xlongequal[r_3+(-2)\cdot r_1]{r_2+(-1)\cdot r_1}\begin{vmatrix}1&-1&2\\0&3&-4\\0&5&-5\end{vmatrix}=(-1)^{1+1}\times 1\begin{vmatrix}3&-4\\5&-5\end{vmatrix}=5$$

例 6　解方程：

$$\begin{vmatrix} 2 & 2 & 4 & 6 \\ 1 & 2-x^2 & 2 & 3 \\ 1 & 3 & 1 & 5 \\ -1 & -3 & -1 & x^2-9 \end{vmatrix}=0$$

解　因为

$$\begin{vmatrix} 2 & 2 & 4 & 6 \\ 1 & 2-x^2 & 2 & 3 \\ 1 & 3 & 1 & 5 \\ -1 & -3 & -1 & x^2-9 \end{vmatrix}=2\begin{vmatrix} 1 & 1 & 2 & 3 \\ 1 & 2-x^2 & 2 & 3 \\ 1 & 3 & 1 & 5 \\ -1 & -3 & -1 & x^2-9 \end{vmatrix}$$

$$\xlongequal[r_4+r_1]{\substack{r_2+(-1)\cdot r_1 \\ r_3+(-1)\cdot r_1}} 2\begin{vmatrix} 1 & 1 & 2 & 3 \\ 0 & 1-x^2 & 0 & 0 \\ 0 & 2 & -1 & 2 \\ 0 & -2 & 1 & x^2-6 \end{vmatrix}$$

$$=2(-1)^{1+1}\times 1\begin{vmatrix} 1-x^2 & 0 & 0 \\ 2 & -1 & 2 \\ -2 & 1 & x^2-6 \end{vmatrix}$$

$$=2(1-x^2)\begin{vmatrix} -1 & 2 \\ 1 & x^2-6 \end{vmatrix}$$

$$=2(1-x^2)(6-x^2-2)=2(1-x^2)(4-x^2)$$

$$=2(1-x)(1+x)(2-x)(2+x)$$

由 $2(1-x)(1+x)(2-x)(2+x)=0$，得 $x_1=1$，$x_2=-1$，$x_3=2$，$x_4=-2$. 故方程的解是 $x_1=1$，$x_2=-1$，$x_3=2$，$x_4=-2$.

例 7　证明：

$$\begin{vmatrix} a_{11} & a_{12} & c_{11} & c_{12} \\ a_{21} & a_{22} & c_{21} & c_{22} \\ 0 & 0 & b_{11} & b_{12} \\ 0 & 0 & b_{21} & b_{22} \end{vmatrix}=\begin{vmatrix} a_{11} & a_{12} \\ a_{21} & a_{22} \end{vmatrix}\begin{vmatrix} b_{11} & b_{12} \\ b_{21} & b_{22} \end{vmatrix}$$

证明　按第一列展开，有

$$\begin{vmatrix} a_{11} & a_{12} & c_{11} & c_{12} \\ a_{21} & a_{22} & c_{21} & c_{22} \\ 0 & 0 & b_{11} & b_{12} \\ 0 & 0 & b_{21} & b_{22} \end{vmatrix}=(-1)^{1+1}\cdot a_{11}\begin{vmatrix} a_{22} & c_{21} & c_{22} \\ 0 & b_{11} & b_{12} \\ 0 & b_{21} & b_{22} \end{vmatrix}+(-1)^{2+1}\cdot a_{21}\begin{vmatrix} a_{12} & c_{11} & c_{12} \\ 0 & b_{11} & b_{12} \\ 0 & b_{21} & b_{22} \end{vmatrix}$$

$$=a_{11}\cdot(-1)^{1+1}\cdot a_{22}\begin{vmatrix} b_{11} & b_{12} \\ b_{21} & b_{22} \end{vmatrix}-a_{21}\cdot(-1)^{1+1}\cdot a_{12}\begin{vmatrix} b_{11} & b_{12} \\ b_{21} & b_{22} \end{vmatrix}$$

$$=(a_{11}a_{22}-a_{12}a_{21})\begin{vmatrix} b_{11} & b_{12} \\ b_{21} & b_{22} \end{vmatrix}=\begin{vmatrix} a_{11} & a_{12} \\ a_{21} & a_{22} \end{vmatrix}\begin{vmatrix} b_{11} & b_{12} \\ b_{21} & b_{22} \end{vmatrix}$$

例 7 的结论可以推广到类似的 n 阶行列式，可以用归纳法证明：

$$\begin{vmatrix} a_{11} & \cdots & a_{1k} & c_{11} & \cdots & c_{1l} \\ \vdots & & \vdots & \vdots & & \vdots \\ a_{k1} & \cdots & a_{kk} & c_{k1} & \cdots & c_{kl} \\ 0 & \cdots & 0 & b_{11} & \cdots & b_{1l} \\ \vdots & & \vdots & \vdots & & \vdots \\ 0 & \cdots & 0 & b_{l1} & \cdots & b_{ll} \end{vmatrix} = \begin{vmatrix} a_{11} & \cdots & a_{1k} \\ \vdots & & \vdots \\ a_{k1} & \cdots & a_{kk} \end{vmatrix} \begin{vmatrix} b_{11} & \cdots & b_{1l} \\ \vdots & & \vdots \\ b_{l1} & \cdots & b_{ll} \end{vmatrix}$$

此外，利用行列式的性质 $D^{\mathrm{T}}=D$，可以得到如下结论：

$$\begin{vmatrix} a_{11} & \cdots & a_{1k} & 0 & \cdots & 0 \\ \vdots & & \vdots & \vdots & & \vdots \\ a_{k1} & \cdots & a_{kk} & 0 & \cdots & 0 \\ c_{11} & \cdots & c_{1l} & b_{11} & \cdots & b_{1l} \\ \vdots & & \vdots & \vdots & & \vdots \\ c_{k1} & \cdots & c_{kl} & b_{l1} & \cdots & b_{ll} \end{vmatrix} = \begin{vmatrix} a_{11} & \cdots & a_{1k} \\ \vdots & & \vdots \\ a_{k1} & \cdots & a_{kk} \end{vmatrix} \begin{vmatrix} b_{11} & \cdots & b_{1l} \\ \vdots & & \vdots \\ b_{l1} & \cdots & b_{ll} \end{vmatrix}$$

同步练习 6.2

1. 计算下列行列式的值：

(1) $\begin{vmatrix} -1 & 2 & 3 \\ 2 & -1 & 2 \\ 1 & 5 & -2 \end{vmatrix}$；　(2) $\begin{vmatrix} 5 & -1 & 3 \\ 3 & 2 & 1 \\ 295 & 201 & 97 \end{vmatrix}$；

(3) $\begin{vmatrix} a & 0 & b \\ 0 & 0 & e \\ c & d & 0 \end{vmatrix}$；　(4) $\begin{vmatrix} -ab & ac & ae \\ bd & -cd & de \\ bf & cf & -ef \end{vmatrix}$；

(5) $\begin{vmatrix} 0 & a_1 & 0 & 0 \\ 0 & 0 & a_2 & 0 \\ 0 & 0 & 0 & a_3 \\ a_4 & b & c & d \end{vmatrix}$；　(6) $\begin{vmatrix} 0 & 1 & 23 & -7 \\ 0 & 0 & 0 & 1 \\ 1 & 3 & 0 & 6 \\ 0 & 0 & 1 & 12 \end{vmatrix}$；

(7) $\begin{vmatrix} 1 & 1 & 1 & 1 \\ 1 & 1+a & 1 & 1 \\ 1 & 1 & 1+b & 1 \\ 1 & 1 & 1 & 1+c \end{vmatrix}$；　(8) $\begin{vmatrix} 2 & 1 & -5 & 8 \\ 1 & -3 & 0 & 9 \\ 0 & 2 & -1 & -5 \\ 1 & 4 & -7 & 0 \end{vmatrix}$.

2. 利用行列式的性质，证明下列等式：

(1) $\begin{vmatrix} a+b-c & c & -a \\ a-b+c & b & -c \\ -a+b+c & a & -b \end{vmatrix} = \begin{vmatrix} b & a & c \\ a & c & b \\ c & b & a \end{vmatrix}$；

(2) $\begin{vmatrix} a & b & 0 & 0 \\ 0 & a & b & 0 \\ 0 & 0 & a & b \\ b & 0 & 0 & a \end{vmatrix} = a^4 - b^4$.

3. 解下列方程：

(1) $\begin{vmatrix} 0 & 1 & x & 1 \\ 1 & 0 & 1 & x \\ x & 1 & 0 & 1 \\ 1 & x & 1 & 0 \end{vmatrix} = 0$；　　(2) $\begin{vmatrix} x-6 & 2 & -2 \\ 2 & x-3 & -4 \\ -2 & -4 & x-3 \end{vmatrix} = 0$.

6.3 克莱姆法则

前面，我们借助二、三阶行列式求得二、三元线性方程组的解，本节将给出用 n 阶行列式求解 n 元线性方程组的方法.

定理 6.1(克莱姆法则)　设含 n 个未知数 n 个方程的线性方程组为

$$\begin{cases} a_{11}x_1 + a_{12}x_2 + \cdots + a_{1n}x_n = b_1 \\ a_{21}x_1 + a_{22}x_2 + \cdots + a_{2n}x_n = b_2 \\ \quad\vdots \\ a_{n1}x_1 + a_{n2}x_2 + \cdots + a_{nn}x_n = b_n \end{cases} \tag{6-5}$$

其系数行列式为

$$D = \begin{vmatrix} a_{11} & a_{12} & \cdots & a_{1n} \\ a_{21} & a_{22} & \cdots & a_{2n} \\ \vdots & \vdots & & \vdots \\ a_{n1} & a_{n2} & \cdots & a_{nn} \end{vmatrix}$$

若 $D \neq 0$，则方程组(6 - 5)有唯一解：

$$x_1 = \frac{D_1}{D},\ x_2 = \frac{D_2}{D},\ \cdots,\ x_n = \frac{D_n}{D}$$

其中，$D_j(j=1,\ 2,\ \cdots,\ n)$是把 D 中第 j 列元素 a_{1j}，a_{2j}，…，a_{nj} 依次换成常数列 b_1，b_2，…，b_n后得到的行列式，即

$$D_j = \begin{vmatrix} a_{11} & a_{12} & \cdots & a_{1,\,j-1} & b_1 & a_{1,\,j+1} & \cdots & a_{1n} \\ a_{21} & a_{22} & \cdots & a_{2,\,j-1} & b_2 & a_{2,\,j+1} & \cdots & a_{2n} \\ \vdots & \vdots & & \vdots & \vdots & \vdots & & \vdots \\ a_{n1} & a_{n2} & \cdots & a_{n,\,j-1} & b_n & a_{n,\,j+1} & \cdots & a_{nn} \end{vmatrix} \quad (j = 1,\ 2,\ \cdots,\ n)$$

注　克莱姆法则适用的两个前提条件：第一是方程的个数与未知数的个数相等；第二是方程的系数行列式不等于零.

例 1　解线性方程组：

$$\begin{cases} x_1 - x_2 + 2x_4 = -5 \\ 3x_1 + 2x_2 - x_3 - 2x_4 = 6 \\ 4x_1 + 3x_2 - x_3 - x_4 = 0 \\ 2x_1 - x_3 = 0 \end{cases}$$

解 因为

$$D = \begin{vmatrix} 1 & -1 & 0 & 2 \\ 3 & 2 & -1 & -2 \\ 4 & 3 & -1 & -1 \\ 2 & 0 & -1 & 0 \end{vmatrix} \xlongequal{c_1+2c_3} \begin{vmatrix} 1 & -1 & 0 & 2 \\ 1 & 2 & -1 & -2 \\ 2 & 3 & -1 & -1 \\ 0 & 0 & -1 & 0 \end{vmatrix}$$

$$= (-1)^{4+3} \times (-1) \begin{vmatrix} 1 & -1 & 2 \\ 1 & 2 & -2 \\ 2 & 3 & -1 \end{vmatrix}$$

$$\xlongequal[r_3+(-2)r_1]{r_2+(-1)r_1} \begin{vmatrix} 1 & -1 & 2 \\ 0 & 3 & -4 \\ 0 & 5 & -5 \end{vmatrix} = \begin{vmatrix} 3 & -4 \\ 5 & -5 \end{vmatrix}$$

$$= -15 + 20 = 5$$

$$D_1 = \begin{vmatrix} -5 & -1 & 0 & 2 \\ 6 & 2 & -1 & -2 \\ 0 & 3 & -1 & -1 \\ 0 & 0 & -1 & 0 \end{vmatrix} = (-1)^{4+3} \times (-1) \begin{vmatrix} -5 & -1 & 2 \\ 6 & 2 & -2 \\ 0 & 3 & -1 \end{vmatrix}$$

$$\xlongequal[c_2+3c_3]{} \begin{vmatrix} -5 & 5 & 2 \\ 6 & -4 & -2 \\ 0 & 0 & -1 \end{vmatrix}$$

$$= (-1)^{3+3} \times (-1) \begin{vmatrix} -5 & 5 \\ 6 & -4 \end{vmatrix}$$

$$= -(20 - 30) = 10$$

$$D_2 = \begin{vmatrix} 1 & -5 & 0 & 2 \\ 3 & 6 & -1 & -2 \\ 4 & 0 & -1 & -1 \\ 2 & 0 & -1 & 0 \end{vmatrix} \xlongequal[c_1+2c_3]{} \begin{vmatrix} 1 & -5 & 0 & 2 \\ 1 & 6 & -1 & -2 \\ 2 & 0 & -1 & -1 \\ 0 & 0 & -1 & 0 \end{vmatrix}$$

$$= (-1)^{4+3} \times (-1) \begin{vmatrix} 1 & -5 & 2 \\ 1 & 6 & -2 \\ 2 & 0 & -1 \end{vmatrix}$$

$$\xlongequal[c_1+2c_3]{} \begin{vmatrix} 5 & -5 & 2 \\ -3 & 6 & -2 \\ 0 & 0 & -1 \end{vmatrix} = (-1)^{3+3} \times (-1) \begin{vmatrix} 5 & -5 \\ -3 & 6 \end{vmatrix}$$

$$= -(30 - 15) = -15$$

$$D_3=\begin{vmatrix}1&-1&-5&2\\3&2&6&-2\\4&3&0&-1\\2&0&0&0\end{vmatrix}=(-1)^{4+1}\times 2\begin{vmatrix}-1&-5&2\\2&6&-2\\3&0&-1\end{vmatrix}$$

$$\xlongequal{c_1+3c_3}-2\begin{vmatrix}5&-5&2\\-4&6&-2\\0&0&-1\end{vmatrix}$$

$$=-2\times(-1)^{3+3}\times(-1)\begin{vmatrix}5&-5\\-4&6\end{vmatrix}$$

$$=2(30-20)=20$$

$$D_4=\begin{vmatrix}1&-1&0&-5\\3&2&-1&6\\4&3&-1&0\\2&0&-1&0\end{vmatrix}\xlongequal{c_1+2c_3}\begin{vmatrix}1&-1&0&-5\\1&2&-1&6\\2&3&-1&0\\0&0&-1&0\end{vmatrix}$$

$$=(-1)^{4+3}\times(-1)\begin{vmatrix}1&-1&-5\\1&2&6\\2&3&0\end{vmatrix}$$

$$\xlongequal[r_3+(-2)r_1]{r_2+(-1)r_1}\begin{vmatrix}1&-1&-5\\0&3&11\\0&5&10\end{vmatrix}$$

$$=(-1)^{1+1}\times 1\begin{vmatrix}3&11\\5&10\end{vmatrix}$$

$$=30-55=-25$$

由此知 $D=5\neq 0$，所以由克莱姆法则可得方程组的解为

$$x_1=\frac{D_1}{D}=\frac{10}{5}=2,\quad x_2=\frac{D_2}{D}=\frac{-15}{5}=-3$$

$$x_3=\frac{D_3}{D}=\frac{20}{5}=4,\quad x_4=\frac{D_4}{D}=\frac{-25}{5}=-5$$

从例题中可以看到，用克莱姆法则解 n 元线性方程组时，需要计算 $n+1$ 个 n 阶行列式，这样计算量是很大的，所以实际应用中很少用克莱姆法则解方程组. 但是克莱姆法则在理论上告诉我们一个很重要的结论：当线性方程组的系数行列式不等于零时，方程组有唯一解，并且这个解可以用方程组的系数和常数项来表示，反映了方程组的解与方程组的系数及常数项的依赖关系.

当线性方程组(6-5)的右端常数项 b_1，b_2，…，b_n 不全为零时，称该线性方程组为非齐次线性方程组.

当线性方程组(6-5)的右端常数项 b_1，b_2，…，b_n 全为零时，称线性方程组

$$\begin{cases}a_{11}x_1+a_{12}x_2+\cdots+a_{1n}x_n=0\\a_{21}x_1+a_{22}x_2+\cdots+a_{2n}x_n=0\\\quad\vdots\\a_{n1}x_1+a_{n2}x_2+\cdots+a_{nn}x_n=0\end{cases}\qquad(6-6)$$

为齐次线性方程组.

对于齐次线性方程组(6-6)，因为行列式 D_j 的第 j 列元素全部为零，所以 $D_j=0(j=1, 2, \cdots, n)$. 因此由克莱姆法则可得，如果齐次线性方程组的系数行列式 $D\neq 0$，则此方程组有唯一解，且

$$x_1=0, x_2=0, \cdots, x_n=0$$

我们把全部由零组成的解称为零解. 由此可得如下推论.

推论 1 若齐次线性方程组(6-6)的系数行列式不等于零，则此方程组只有零解.

推论 2 若齐次线性方程组(6-6)有非零解，则此方程组的系数行列式必为零(即系数行列式为零是齐次线性方程组具有非零解的必要条件).

例 2 解齐次线性方程组：

$$\begin{cases} 3x_1+14x_2+3x_3=0 \\ x_1+10x_2+x_3=0 \\ 2x_1+4x_2+x_3=0 \end{cases}$$

解 因为该齐次线性方程组的系数行列式为

$$D=\begin{vmatrix} 3 & 14 & 3 \\ 1 & 10 & 1 \\ 2 & 4 & 1 \end{vmatrix}=\begin{vmatrix} 1 & 10 & 1 \\ 2 & 4 & 1 \\ 3 & 14 & 3 \end{vmatrix}=\begin{vmatrix} 1 & 10 & 1 \\ 0 & -16 & -1 \\ 0 & -16 & 0 \end{vmatrix}=-\begin{vmatrix} 1 & 10 & 1 \\ 0 & -16 & 0 \\ 0 & 0 & -1 \end{vmatrix}=-16\neq 0$$

所以由推论 1 可知，此齐次线性方程组只有零解，即 $x_1=x_2=x_3=0$.

例 3 若齐次线性方程组 $\begin{cases} (\lambda+3)x_1+x_2+2x_3=0 \\ \lambda x_1+x_3=0 \\ 2\lambda x_2+(\lambda+3)x_3=0 \end{cases}$ 有非零解，问 λ 应取何值.

解 该齐次线性方程组的系数行列式为

$$D=\begin{vmatrix} \lambda+3 & 1 & 2 \\ \lambda & 0 & 1 \\ 0 & 2\lambda & \lambda+3 \end{vmatrix}=\begin{vmatrix} 3-\lambda & 1 & 0 \\ \lambda & 0 & 1 \\ -\lambda(\lambda+3) & 2\lambda & 0 \end{vmatrix}$$

$$=-[2\lambda(3-\lambda)+\lambda(\lambda+3)]=-\lambda(9-\lambda)$$

由推论 2 可知若齐次线性方程组有非零解，则此方程组的系数行列式必为零，即 $-\lambda(9-\lambda)=0$，解得 $\lambda=0$ 或 $\lambda=9$.

同步练习 6.3

1. 用克莱姆法则解下列线性方程组：

(1) $\begin{cases} x_1-x_2+x_3-2x_4=2 \\ 2x_1-x_3+4x_4=4 \\ 3x_1+2x_2+x_3=-1 \\ -x_1+2x_2-x_3+2x_4=-4 \end{cases}$； (2) $\begin{cases} x_1+x_2+x_3=5 \\ 2x_1+x_2-x_3+x_4=1 \\ x_1+2x_2-x_3+x_4=2 \\ x_2+2x_3+3x_4=3 \end{cases}$.

2. 试分析下列线性方程组是否有非零解：

(1) $\begin{cases} x_1+x_2+2x_3+3x_4=0 \\ x_1+2x_2+3x_3-x_4=0 \\ 3x_1-x_2-x_3-2x_4=0 \\ 2x_1+3x_2-x_3-x_4=0 \end{cases}$；　　(2) $\begin{cases} x_1+3x_2-9x_3+7x_4=0 \\ -3x_1-x_2+8x_3+x_4=0 \\ x_1-3x_2+5x_3-x_4=0 \\ x_1+x_2-4x_3-7x_4=0 \end{cases}$.

6.4　矩阵的概念及运算

矩阵的概念是由英国人西尔维斯特于 1850 年提出的. 矩阵不仅是求解线性方程组的有效方法，而且许多实际问题的计算也可以归结为矩阵问题. 尤其在计算机信息时代，矩阵在科学研究、经济管理中的作用日益突显. 因此，矩阵是线性代数中很重要的一部分内容.

6.4.1　矩阵的基本概念

先看看下面两个引例.

引例 1　假设某产品有 3 个产地和 4 个销地，如果以 a_{ij} 表示由第 i 个产地运往第 j 个销地的产品数量($i=1, 2, 3$; $j=1, 2, 3, 4$)，那么调运方案如表 6-1 表示.

表 6-1

调运量 \ 销地 / 产地	1	2	3	4
1	a_{11}	a_{12}	a_{13}	a_{14}
2	a_{21}	a_{22}	a_{23}	a_{24}
3	a_{31}	a_{32}	a_{33}	a_{34}

如果将表 6-1 中的数字取出，保持相对位置不变，放到括号里面，就形成下面三行四列的矩阵数表

$$\begin{bmatrix} a_{11} & a_{12} & a_{13} & a_{14} \\ a_{21} & a_{22} & a_{23} & a_{24} \\ a_{31} & a_{32} & a_{33} & a_{34} \end{bmatrix}$$

称之为三行四列的矩阵.

引例 2　一般地，称方程组

$$\begin{cases} a_{11}x_1+a_{12}x_2+\cdots+a_{1n}x_n=b_1 \\ a_{21}x_1+a_{22}x_2+\cdots+a_{2n}x_n=b_2 \\ \qquad\qquad\vdots \\ a_{m1}x_1+a_{m2}x_2+\cdots+a_{mn}x_n=b_m \end{cases}$$

为含 n 个未知量 m 个方程的线性方程组. 如果把它的系数 a_{ij}($i=1, 2, \cdots, m$; $j=1, 2, \cdots, n$)和常数项 b_i($i=1, 2, \cdots, m$)保持原来相对位置重新写出，放到括号里，就得到含有 m 行 $n+1$ 列的矩形数表

$$\begin{bmatrix} a_{11} & a_{12} & \cdots & a_{1n} & b_1 \\ a_{21} & a_{22} & \cdots & a_{2n} & b_2 \\ \vdots & \vdots & & \vdots & \vdots \\ a_{m1} & a_{m2} & \cdots & a_{mn} & b_m \end{bmatrix}$$

这个数表简捷、清晰而完整地表达了该线性方程组，称之为 m 行 $n+1$ 列的矩阵.

定义 6.6 把由 $m\times n$ 个数 a_{ij} $(i=1, 2, \cdots, m; j=1, 2, \cdots, n)$ 排成的一个 m 行 n 列，并括以方括弧(或圆括弧)的数表

$$\begin{bmatrix} a_{11} & a_{12} & \cdots & a_{1n} \\ a_{21} & a_{22} & \cdots & a_{2n} \\ \vdots & \vdots & & \vdots \\ a_{m1} & a_{m2} & \cdots & a_{mn} \end{bmatrix} \quad 或 \quad \begin{pmatrix} a_{11} & a_{12} & \cdots & a_{1n} \\ a_{21} & a_{22} & \cdots & a_{2n} \\ \vdots & \vdots & & \vdots \\ a_{m1} & a_{m2} & \cdots & a_{mn} \end{pmatrix}$$

称为 m 行 n 列矩阵，简称 $m\times n$ 矩阵，通常用大写字母 $\boldsymbol{A}$，$\boldsymbol{B}$，$\boldsymbol{C}$，…表示.

如上述矩阵可以记作 $\boldsymbol{A}$ 或 $\boldsymbol{A}_{m\times n}$，有时也记作 $\boldsymbol{A}=(a_{ij})_{m\times n}$，其中 a_{ij} 称为矩阵 $\boldsymbol{A}$ 的第 i 行第 j 列元素$(i=1, 2, \cdots, m; j=1, 2, \cdots, n)$.

当 $m=1$ 或 $n=1$ 时，矩阵只有一行或一列，即

$$\boldsymbol{A} = (a_{11} \quad a_{12} \quad \cdots \quad a_{1n}) \quad 或 \quad \boldsymbol{A} = \begin{bmatrix} a_{11} \\ a_{21} \\ \vdots \\ a_{m1} \end{bmatrix}$$

分别称之为行矩阵或列矩阵.

特别地，当 $m=n$ 时，称 $\boldsymbol{A}$ 为 n 阶矩阵或 n 阶方阵. 方阵 $\boldsymbol{A}$ 的行列式

$$\det\boldsymbol{A} = |\boldsymbol{A}| = \begin{vmatrix} a_{11} & a_{12} & \cdots & a_{1n} \\ a_{21} & a_{22} & \cdots & a_{2n} \\ \vdots & \vdots & & \vdots \\ a_{n1} & a_{n2} & \cdots & a_{nn} \end{vmatrix}$$

注 矩阵与行列式有着本质区别. 行列式的行数和列数相同，它表示的是一个算式，一个数字行列式通过计算可以求得其值. 而矩阵仅仅是一个数表，它的行数和列数可以不相等. 只有对 n 阶方阵，有时要计算它的行列式，记作 $\det\boldsymbol{A}$ 或 $|\boldsymbol{A}|$. 但是方阵 $\boldsymbol{A}$ 和方阵行列式 $\det\boldsymbol{A}$(或 $|\boldsymbol{A}|$)也是不同的概念.

在矩阵 $\boldsymbol{A}=(a_{ij})_{m\times n}$ 中各个元素的前面都添加负号(即取相反数)得到的矩阵，称为 $\boldsymbol{A}$ 的负矩阵，记作 $-\boldsymbol{A}$，即 $-\boldsymbol{A}=(-a_{ij})_{m\times n}$.

例如：设 $\boldsymbol{A}=\begin{bmatrix} 6 & 1 & -3 \\ 1 & 0 & 7 \\ -2 & 8 & -5 \end{bmatrix}$，则 $-\boldsymbol{A}=\begin{bmatrix} -6 & -1 & 3 \\ -1 & 0 & -7 \\ 2 & -8 & 5 \end{bmatrix}$.

6.4.2 特殊矩阵

在 n 阶方阵中，类似于行列式，称从左上角至右下角的对角线为主对角线，从左下角至右上角的对角线为次对角线. 下面给出几种特殊的矩阵.

(1) 形如 $\begin{bmatrix} a_{11} & a_{12} & \cdots & a_{1n} \\ 0 & a_{22} & \cdots & a_{2n} \\ \vdots & \vdots & & \vdots \\ 0 & 0 & \cdots & a_{nn} \end{bmatrix}$，即主对角上方(含主对角线)的元素不全为零，其他元素都为零的 n 阶方阵称为上三角矩阵.

(2) 形如 $\begin{bmatrix} a_{11} & 0 & \cdots & 0 \\ a_{21} & a_{22} & \cdots & 0 \\ \vdots & \vdots & & \vdots \\ a_{n1} & a_{n2} & \cdots & a_{nn} \end{bmatrix}$，即主对角下方(含主对角线)的元素不全为零，其他元素都为零的 n 阶方阵称为下三角矩阵.

上三角矩阵和下三角矩阵统称为三角矩阵.

(3) 形如 $\begin{bmatrix} a_{11} & 0 & \cdots & 0 \\ 0 & a_{22} & \cdots & 0 \\ \vdots & \vdots & & \vdots \\ 0 & 0 & \cdots & a_{nn} \end{bmatrix}$，即主对角线上的元素不全为零，其他元素都为零的 n 阶方阵称为对角矩阵，记作 $\text{diag}[a_{11}, a_{22}, \cdots, a_{nn}]$.

(4) 若主对角线上的元素一致，都是非零常数 a，则这样的 n 阶对角矩阵称为 n 阶数量矩阵.

例如：当 $n=2$，3 时，

$$\boldsymbol{A} = \begin{bmatrix} 5 & 0 \\ 0 & 5 \end{bmatrix}, \boldsymbol{B} = \begin{bmatrix} a & 0 & 0 \\ 0 & a & 0 \\ 0 & 0 & a \end{bmatrix} \quad (a \neq 0)$$

分别是二阶、三阶数量矩阵.

(5) 形如 $\begin{bmatrix} 1 & 0 & \cdots & 0 \\ 0 & 1 & \cdots & 0 \\ \vdots & \vdots & & \vdots \\ 0 & 0 & \cdots & 1 \end{bmatrix}$，即主对角线上的元素都是 1，其余元素全部为零的 n 阶方阵，称为 n 阶单位矩阵，记作 $\boldsymbol{E}_n$ 或 $\boldsymbol{E}$. 单位矩阵在矩阵运算中的作用类似于数“1”.

例如：当 $n=2$，4 时，

$$\boldsymbol{A} = \begin{bmatrix} 1 & 0 \\ 0 & 1 \end{bmatrix}, \quad \boldsymbol{B} = \begin{bmatrix} 1 & 0 & 0 & 0 \\ 0 & 1 & 0 & 0 \\ 0 & 0 & 1 & 0 \\ 0 & 0 & 0 & 1 \end{bmatrix}$$

分别是二阶、四阶单位矩阵.

(6) 如果矩阵 $\boldsymbol{A}=(a_{ij})_{m\times n}$，满足 $\boldsymbol{A}=\boldsymbol{A}^{\mathrm{T}}$，即它的第 i 行第 j 列的元素与第 j 行第 i 列的元素相同 $a_{ij}=a_{ji}(i, j=1, 2, \cdots, n)$，那么称 $\boldsymbol{A}$ 是对称矩阵.

例如：矩阵

$$A=\begin{bmatrix}1 & -2 & 0 & -1\\ -2 & 0 & 7 & 5\\ 0 & 7 & 3 & -2\\ -1 & 5 & -2 & 0\end{bmatrix}$$

就是一个四阶对称矩阵.

注 (1)～(6)的矩阵前提都是行数和列数相等的方阵.

(7) 当矩阵的元素全部为零时，即 $a_{ij}=0(i=1, 2, \cdots, m; j=1, 2, \cdots, n)$，则称之为零矩阵，记为 $\mathbf{0}_{m\times n}$ 或 $\mathbf{0}$. 零矩阵在矩阵运算中的作用类似于数“0”.

6.4.3 矩阵的运算

矩阵之所以有着广泛的应用，不只在于把一些数据排列成矩形表的形式，更重要的是在于它所规定的一些有意义的运算.

1. 矩阵的相等

定义 6.7 如果矩阵 $\boldsymbol{A}$ 和 $\boldsymbol{B}$ 有相同的行数和列数，且对应元素相等，即

$$a_{ij}=b_{ij} \quad (i=1, 2, \cdots, m; j=1, 2, \cdots, n)$$

则称矩阵 $\boldsymbol{A}$ 与矩阵 $\boldsymbol{B}$ 相等，记为 $\boldsymbol{A}=\boldsymbol{B}$.

例 1 已知 $\boldsymbol{A}=\begin{bmatrix}a+b & 3\\ 6 & a-b\end{bmatrix}$，$\boldsymbol{B}=\begin{bmatrix}-2 & 2c+d\\ c-d & 4\end{bmatrix}$，且 $\boldsymbol{A}=\boldsymbol{B}$，求 a、b、c、d 的值.

解 根据矩阵相等的定义，有

$$\begin{cases}a+b=-2\\ a-b=4\\ 2c+d=3\\ c-d=6\end{cases}$$

解得 $a=1$，$b=-3$，$c=3$，$d=-3$.

2. 矩阵的加法

定义 6.8 设 $\boldsymbol{A}=(a_{ij})$ 和 $\boldsymbol{B}=(b_{ij})$ 是两个 $m\times n$ 矩阵，规定

$$\boldsymbol{A}+\boldsymbol{B}=(a_{ij}+b_{ij})=\begin{bmatrix}a_{11}+b_{11} & a_{12}+b_{12} & \cdots & a_{1n}+b_{1n}\\ a_{21}+b_{21} & a_{22}+b_{22} & \cdots & a_{2n}+b_{2n}\\ \vdots & \vdots & & \vdots\\ a_{m1}+b_{m1} & a_{m2}+b_{m2} & \cdots & a_{mn}+b_{mn}\end{bmatrix}$$

称矩阵 $\boldsymbol{A}+\boldsymbol{B}$ 为矩阵 $\boldsymbol{A}$ 与矩阵 $\boldsymbol{B}$ 的和.

类似地，由负矩阵的概念可以定义矩阵的减法运算，规定

$$\boldsymbol{A}-\boldsymbol{B}=(a_{ij}-b_{ij})=\begin{bmatrix}a_{11}-b_{11} & a_{12}-b_{12} & \cdots & a_{1n}-b_{1n}\\ a_{21}-b_{21} & a_{22}-b_{22} & \cdots & a_{2n}-b_{2n}\\ \vdots & \vdots & & \vdots\\ a_{m1}-b_{m1} & a_{m2}-b_{m2} & \cdots & a_{mn}-b_{mn}\end{bmatrix}$$

称矩阵 $\boldsymbol{A}-\boldsymbol{B}$ 为矩阵 $\boldsymbol{A}$ 与矩阵 $\boldsymbol{B}$ 的差.

注　只有行数、列数分别相同的两个矩阵之间才能作加法和减法运算.

例 2　设矩阵 $\boldsymbol{A}=\begin{bmatrix}3 & 0 & 2\\5 & -7 & 9\end{bmatrix}$，$\boldsymbol{B}=\begin{bmatrix}-2 & 1 & 5\\3 & 5 & -6\end{bmatrix}$，求 $\boldsymbol{A}+\boldsymbol{B}$ 及 $\boldsymbol{A}-\boldsymbol{B}$.

解

$$\boldsymbol{A}+\boldsymbol{B}=\begin{bmatrix}3 & 0 & 2\\5 & -7 & 9\end{bmatrix}+\begin{bmatrix}-2 & 1 & 5\\3 & 5 & -6\end{bmatrix}=\begin{bmatrix}1 & 1 & 7\\8 & -2 & 3\end{bmatrix}$$

$$\boldsymbol{A}-\boldsymbol{B}=\begin{bmatrix}3 & 0 & 2\\5 & -7 & 9\end{bmatrix}-\begin{bmatrix}-2 & 1 & 5\\3 & 5 & -6\end{bmatrix}=\begin{bmatrix}5 & -1 & -3\\2 & -12 & 15\end{bmatrix}$$

注　两个 $m\times n$ 矩阵作加法、减法的结果依然是一个 $m\times n$ 的矩阵.

设 $\boldsymbol{A}$、$\boldsymbol{B}$、$\boldsymbol{C}$、$\boldsymbol{0}$ 都是 $m\times n$ 矩阵，可以验证矩阵的加法满足以下运算规则：

(1) 加法交换律：$\boldsymbol{A}+\boldsymbol{B}=\boldsymbol{B}+\boldsymbol{A}$.

(2) 加法结合律：$(\boldsymbol{A}+\boldsymbol{B})+\boldsymbol{C}=\boldsymbol{A}+(\boldsymbol{B}+\boldsymbol{C})$.

(3) 零矩阵满足：$\boldsymbol{A}+\boldsymbol{0}=\boldsymbol{A}$.

(4) 存在负矩阵 $-\boldsymbol{A}$，满足：$\boldsymbol{A}+(-\boldsymbol{A})=\boldsymbol{A}-\boldsymbol{A}=\boldsymbol{0}$.

3. 矩阵的数乘

定义 6.9　设 k 是任意一个实数，矩阵 $\boldsymbol{A}=(a_{ij})_{m\times n}$，规定

$$k\boldsymbol{A}=k(a_{ij})_{m\times n}=\begin{bmatrix}ka_{11} & ka_{12} & \cdots & ka_{1n}\\ka_{21} & ka_{22} & \cdots & ka_{2n}\\\vdots & \vdots & & \vdots\\ka_{m1} & ka_{m2} & \cdots & ka_{mn}\end{bmatrix}$$

称该矩阵为数 k 与矩阵 $\boldsymbol{A}$ 的乘积，简称矩阵的数乘.

注　矩阵的数乘是用数乘以矩阵中的所有元素，而行列式中的数乘仅仅是用数乘以行列式中的某一行(或列)，两者有本质的不同.

由矩阵数乘的定义可知，数 k 乘以一个矩阵，是用数 k 乘以矩阵 $\boldsymbol{A}$ 中的每一个元素. 特别地，当 $k=-1$ 时，$k\boldsymbol{A}=-\boldsymbol{A}$，得到 $\boldsymbol{A}$ 的负矩阵. 反之，若矩阵 $\boldsymbol{A}$ 的全部元素都有公因子 k，则 k 可提到矩阵记号外.

例 3　设从Ⅰ、Ⅱ、Ⅲ三个产地到 A、B、C、D 四个销地的距离(单位 km)用矩阵 $\boldsymbol{D}$ 表示为

$$\boldsymbol{D}=\begin{bmatrix}230 & 40 & 120 & 160\\132 & 180 & 190 & 55\\80 & 105 & 130 & 85\\100 & 60 & 75 & 90\end{bmatrix}$$

已知产品每吨的运费是 2.5 元/km，则各地区之间每吨货物的运费可记为

$$2.5\times\boldsymbol{D}=\begin{bmatrix}2.5\times230 & 2.5\times40 & 2.5\times120 & 2.5\times160\\2.5\times132 & 2.5\times180 & 2.5\times190 & 2.5\times55\\2.5\times80 & 2.5\times105 & 2.5\times130 & 2.5\times85\\2.5\times100 & 2.5\times60 & 2.5\times75 & 2.5\times90\end{bmatrix}=\begin{bmatrix}575 & 100 & 300 & 400\\330 & 450 & 475 & 137.5\\200 & 262.5 & 325 & 212.5\\250 & 150 & 187.5 & 225\end{bmatrix}$$

由数乘的定义可以验证，对数 k、l 和矩阵 $\boldsymbol{A}=(a_{ij})_{m\times n}$、$\boldsymbol{B}=(b_{ij})_{m\times n}$ 满足以下运算规则：

(1) 数对矩阵的分配律：$k(\boldsymbol{A}+\boldsymbol{B})=k\boldsymbol{A}+k\boldsymbol{B}$.

(2) 矩阵对数的分配律：$(k+l)\boldsymbol{A}=k\boldsymbol{A}+l\boldsymbol{A}$.

(3) 数与矩阵的结合律：$(kl)\boldsymbol{A}=k(l\boldsymbol{A})=l(k\boldsymbol{A})$.

(4) 数 1 与矩阵的数乘：$1\cdot\boldsymbol{A}=\boldsymbol{A}$.

例 4 已知 $\boldsymbol{A}=\begin{bmatrix}11 & 8 & -6\\ 3 & 7 & 12\end{bmatrix}$，$\boldsymbol{B}=\begin{bmatrix}-5 & 4 & 3\\ -9 & 1 & 10\end{bmatrix}$，求 $3\boldsymbol{A}+2\boldsymbol{B}$.

解 $$3\boldsymbol{A}+2\boldsymbol{B}=3\begin{bmatrix}11 & 8 & -6\\ 3 & 7 & 12\end{bmatrix}+2\begin{bmatrix}-5 & 4 & 3\\ -9 & 1 & 10\end{bmatrix}=\begin{bmatrix}33 & 24 & -18\\ 9 & 21 & 36\end{bmatrix}+\begin{bmatrix}-10 & 8 & 6\\ -18 & 2 & 20\end{bmatrix}$$

$$=\begin{bmatrix}23 & 32 & -12\\ -9 & 23 & 56\end{bmatrix}$$

例 5 已知 $\boldsymbol{A}=\begin{bmatrix}3 & -10 & 4\\ -15 & 2 & 3\\ -11 & 2 & -6\end{bmatrix}$，$\boldsymbol{B}=\begin{bmatrix}15 & 2 & 7\\ -6 & 8 & 3\\ 4 & 11 & -9\end{bmatrix}$，并且 $\boldsymbol{A}+3\boldsymbol{X}=\boldsymbol{B}$，求矩阵 $\boldsymbol{X}$.

解 由 $\boldsymbol{A}+3\boldsymbol{X}=\boldsymbol{B}$，得

$$\boldsymbol{X}=\frac{1}{3}(\boldsymbol{B}-\boldsymbol{A})=\frac{1}{3}\left[\begin{bmatrix}15 & 2 & 7\\ -6 & 8 & 3\\ 4 & 11 & -9\end{bmatrix}-\begin{bmatrix}3 & -10 & 4\\ -15 & 2 & 3\\ -11 & 2 & -6\end{bmatrix}\right]$$

$$=\frac{1}{3}\begin{bmatrix}12 & 12 & 3\\ 9 & 6 & 0\\ 15 & 9 & -3\end{bmatrix}=\begin{bmatrix}4 & 4 & 1\\ 3 & 2 & 0\\ 5 & 3 & -1\end{bmatrix}$$

矩阵的加、减法和数乘统称为矩阵的线性运算.

我们把含有未知矩阵的等式称为矩阵方程，把求未知矩阵的过程称为解矩阵方程. 例 5 就是一道解矩阵方程的题，从形式上看，类似于求解一般的代数方程.

4. 矩阵的乘法

前面讨论的矩阵的数乘运算是用数 k 乘以矩阵中的每一个元素. 下面讨论矩阵与矩阵的相乘，即矩阵的乘法. 首先看看下面这个例题.

例 6 某地区甲、乙、丙三家手机专卖店同时销售两个品牌的手机，矩阵 $\boldsymbol{A}$ 表示各家手机专卖店销售这两个品牌手机的日均销售量(单位：台)，矩阵 $\boldsymbol{B}$ 表示两个品牌手机的单位售价和利润(单位：千元)，矩阵 $\boldsymbol{C}$ 表示各家手机专卖店的总收入和总利润，即

$$\boldsymbol{A}=\begin{matrix}\text{品牌1} & \text{品牌2} & \\ \end{matrix}\begin{bmatrix}2 & 7\\ 5 & 4\\ 4 & 6\end{bmatrix}\begin{matrix}\text{甲}\\ \text{乙}\\ \text{丙}\end{matrix},\quad \boldsymbol{B}=\overset{\text{单价}\quad\text{利润}}{\begin{bmatrix}4.5 & 2.1\\ 1.3 & 0.4\end{bmatrix}}\begin{matrix}\text{品牌 1}\\ \text{品牌 2}\end{matrix},\quad \boldsymbol{C}=\overset{\text{总收入}\quad\text{总利润}}{\begin{bmatrix}c_{11} & c_{12}\\ c_{21} & c_{22}\\ c_{31} & c_{32}\end{bmatrix}}\begin{matrix}\text{甲}\\ \text{乙}\\ \text{丙}\end{matrix}$$

则总收入

$$c_{11}=2\times4.5+7\times1.3=18.1$$
$$c_{21}=5\times4.5+4\times1.3=27.7$$
$$c_{31}=4\times4.5+6\times1.3=25.8$$

总利润

$$c_{12}=2\times2.1+7\times0.4=7$$
$$c_{22}=5\times2.1+4\times0.4=12.1$$
$$c_{32}=4\times2.1+6\times0.4=10.8$$

所以

$$\boldsymbol{C}=\begin{bmatrix}c_{11}&c_{12}\\c_{21}&c_{22}\\c_{31}&c_{32}\end{bmatrix}=\begin{bmatrix}18.1&7\\27.7&12.1\\25.8&10.8\end{bmatrix}$$

其中矩阵 $\boldsymbol{C}$ 中第 i 行第 j 列的元素 c_{ij} 是由矩阵 $\boldsymbol{A}$ 的第 i 行元素与矩阵 $\boldsymbol{B}$ 的第 j 列元素按顺序对应元素的乘积之和.

依据上述矩阵 $\boldsymbol{A}$、$\boldsymbol{B}$、$\boldsymbol{C}$ 之间的关系，下面给出矩阵乘法的定义.

定义 6.10　设 $\boldsymbol{A}$ 是一个 $m\times s$ 矩阵，$\boldsymbol{B}$ 是一个 $s\times n$ 矩阵，即

$$\boldsymbol{A}=\begin{bmatrix}a_{11}&a_{12}&\cdots&a_{1s}\\a_{21}&a_{22}&\cdots&a_{2s}\\\vdots&\vdots&&\vdots\\a_{m1}&a_{m2}&\cdots&a_{ms}\end{bmatrix},\quad\boldsymbol{B}=\begin{bmatrix}b_{11}&b_{12}&\cdots&b_{1n}\\b_{21}&b_{22}&\cdots&b_{2n}\\\vdots&\vdots&&\vdots\\b_{s1}&b_{s2}&\cdots&b_{sn}\end{bmatrix}$$

则称 $\boldsymbol{C}=(c_{ij})_{m\times n}$ 为矩阵 $\boldsymbol{A}$ 与 $\boldsymbol{B}$ 的乘积，其中

$$c_{ij}=a_{i1}b_{1j}+a_{i2}b_{2j}+\cdots+a_{is}b_{sj}=\sum_{k=1}^{s}a_{ik}b_{kj}\quad(i=1,2,\cdots,m;\ j=1,2,\cdots,n)$$

记作 $\boldsymbol{C}=\boldsymbol{AB}$.

在矩阵乘法的定义中，要注意以下几点：

(1) 只有当左矩阵 $\boldsymbol{A}$ 的列数与右矩阵 $\boldsymbol{B}$ 的行数相等时，两矩阵 $\boldsymbol{A}$、$\boldsymbol{B}$ 才能作乘法运算 $\boldsymbol{C}=\boldsymbol{AB}$.

(2) 两矩阵的乘积 $\boldsymbol{C}=\boldsymbol{AB}$ 仍是矩阵，其行数等于左矩阵 $\boldsymbol{A}$ 的行数，列数等于右矩阵 $\boldsymbol{B}$ 的列数.

(3) 乘积矩阵 $\boldsymbol{C}=\boldsymbol{AB}$ 中第 i 行第 j 列的元素等于 $\boldsymbol{A}$ 的第 i 行元素与 $\boldsymbol{B}$ 的第 j 列对应元素的乘积之和，即 $c_{ij}=a_{i1}b_{1j}+a_{i2}b_{2j}+\cdots+a_{is}b_{sj}=\sum\limits_{k=1}^{s}a_{ik}b_{kj}$，这被简称为行乘列法则.

例 7　设矩阵

$$\boldsymbol{A}=\begin{bmatrix}3&5\\-1&0\\7&2\end{bmatrix},\quad\boldsymbol{B}=\begin{bmatrix}4&6\\-2&10\end{bmatrix}$$

求 $\boldsymbol{AB}$.

解

$$\boldsymbol{AB}=\begin{bmatrix}3&5\\-1&0\\7&2\end{bmatrix}\begin{bmatrix}4&6\\-2&10\end{bmatrix}=\begin{bmatrix}3\times4+5\times(-2)&3\times6+5\times10\\(-1)\times4+0\times(-2)&(-1)\times6+0\times10\\7\times4+2\times(-2)&7\times6+2\times10\end{bmatrix}$$

$$=\begin{bmatrix}2&68\\-4&-6\\24&62\end{bmatrix}$$

注 此例中 $\boldsymbol{A}$ 的列数与 $\boldsymbol{B}$ 的行数相等，故 $\boldsymbol{AB}$ 是有意义的；而若互换乘积的顺序时，$\boldsymbol{B}$ 的列数和 $\boldsymbol{A}$ 的行数是不相等的，故 $\boldsymbol{BA}$ 是无意义的.

例 8 设 $\boldsymbol{A}$ 是一个 $1\times n$ 的行矩阵，$\boldsymbol{B}$ 是一个 $n\times 1$ 的列矩阵，且

$$\boldsymbol{A}=(a_1, a_2, \cdots, a_n), \quad \boldsymbol{B}=\begin{bmatrix} b_1 \\ b_2 \\ \vdots \\ b_n \end{bmatrix}$$

求 $\boldsymbol{AB}$ 和 $\boldsymbol{BA}$.

解

$$\boldsymbol{AB}=(a_1, a_2, \cdots, a_n)\begin{bmatrix} b_1 \\ b_2 \\ \vdots \\ b_n \end{bmatrix}=a_1b_1+a_2b_2+\cdots+a_nb_n$$

$$\boldsymbol{BA}=\begin{bmatrix} b_1 \\ b_2 \\ \vdots \\ b_n \end{bmatrix}(a_1, a_2, \cdots, a_n)=\begin{bmatrix} a_1b_1 & a_2b_1 & \cdots & a_nb_1 \\ a_1b_2 & a_2b_2 & \cdots & a_nb_2 \\ \vdots & \vdots & & \vdots \\ a_1b_n & a_2b_n & \cdots & a_nb_n \end{bmatrix}$$

注 此例中 $\boldsymbol{BA}$ 的结果是一个 n 阶矩阵，而 $\boldsymbol{AB}$ 的结果是一个 1 阶矩阵. 一般情况下运算的最终结果是一个 1 阶矩阵时，可以把它当作一个数，可以不加括号，但在运算过程中，不能把 1 阶矩阵看成一个数.

例 9 设矩阵 $\boldsymbol{A}=\begin{bmatrix} 0 & 1 \\ 0 & 0 \end{bmatrix}$，$\boldsymbol{B}=\begin{bmatrix} 3 & 2 \\ 0 & 0 \end{bmatrix}$，求 $\boldsymbol{AB}$ 和 $\boldsymbol{BA}$.

解

$$\boldsymbol{AB}=\begin{bmatrix} 0 & 1 \\ 0 & 0 \end{bmatrix}\begin{bmatrix} 3 & 2 \\ 0 & 0 \end{bmatrix}=\begin{bmatrix} 0 & 0 \\ 0 & 0 \end{bmatrix}$$

$$\boldsymbol{BA}=\begin{bmatrix} 3 & 2 \\ 0 & 0 \end{bmatrix}\begin{bmatrix} 0 & 1 \\ 0 & 0 \end{bmatrix}=\begin{bmatrix} 0 & 3 \\ 0 & 0 \end{bmatrix}$$

例 10 设矩阵 $\boldsymbol{A}=\begin{bmatrix} -1 & 1 \\ 4 & 0 \end{bmatrix}$，$\boldsymbol{B}=\begin{bmatrix} 6 & 1 \\ 5 & 0 \end{bmatrix}$，$\boldsymbol{C}=\begin{bmatrix} 0 & 0 \\ 1 & 3 \end{bmatrix}$，求 $\boldsymbol{AC}$ 和 $\boldsymbol{BC}$.

解

$$\boldsymbol{AC}=\begin{bmatrix} -1 & 1 \\ 4 & 0 \end{bmatrix}\begin{bmatrix} 0 & 0 \\ 1 & 3 \end{bmatrix}=\begin{bmatrix} 1 & 3 \\ 0 & 0 \end{bmatrix}$$

$$\boldsymbol{BC}=\begin{bmatrix} 6 & 1 \\ 5 & 0 \end{bmatrix}\begin{bmatrix} 0 & 0 \\ 1 & 3 \end{bmatrix}=\begin{bmatrix} 1 & 3 \\ 0 & 0 \end{bmatrix}$$

小结 由例 7～例 10 可总结以下几点：

(1) 矩阵的乘法一般不满足交换律，即 $\boldsymbol{AB}$ 和 $\boldsymbol{BA}$ 不一定相等. 故矩阵的乘法有左乘和右乘之分. $\boldsymbol{AB}$ 称为 $\boldsymbol{A}$ 左乘 $\boldsymbol{B}$，或 $\boldsymbol{B}$ 右乘 $\boldsymbol{A}$. 因此在作矩阵乘法时，要注意乘积顺序，不能随意交换顺序.

如果两个矩阵相乘，有 $\boldsymbol{AB}=\boldsymbol{BA}$ 成立，则称矩阵 $\boldsymbol{A}$ 与矩阵 $\boldsymbol{B}$ 是可交换的，简称 $\boldsymbol{A}$ 与 $\boldsymbol{B}$ 可换. 对于单位矩阵 $\boldsymbol{E}$，容易证明 $\boldsymbol{EA}=\boldsymbol{AE}=\boldsymbol{A}$.

(2) 在满足两个矩阵相乘的条件时，零矩阵和任何矩阵的乘积都是零矩阵，反之不一定成立，即当 $\boldsymbol{AB}=\boldsymbol{0}$ 时，不能保证 $\boldsymbol{A}$ 和 $\boldsymbol{B}$ 中至少有一个是零矩阵(如例 9). 所以两个非零矩阵的乘积可能是零矩阵，这种现象在数的乘法中是不可能出现的.

(3) 矩阵乘法不满足消去律(如例 10)，即一般情况下，不能从 $\boldsymbol{AC}=\boldsymbol{BC}$ 中推出 $\boldsymbol{A}=\boldsymbol{B}$.

矩阵乘法不满足交换律、消去律，而且两个非零矩阵的乘积有可能是零矩阵，这都与数的乘法不同，但是矩阵的乘法与数的乘法有相似的地方，矩阵的乘法满足下列运算规则：

(1) 乘法结合律：$(\boldsymbol{AB})\boldsymbol{C}=\boldsymbol{A}(\boldsymbol{BC})$.

(2) 左乘分配律：$\boldsymbol{A}(\boldsymbol{B}+\boldsymbol{C})=\boldsymbol{AB}+\boldsymbol{AC}$；右乘分配律：$(\boldsymbol{B}+\boldsymbol{C})\boldsymbol{A}=\boldsymbol{BA}+\boldsymbol{CA}$.

(3) 数乘结合律：$k(\boldsymbol{AB})=(k\boldsymbol{A})\boldsymbol{B}=\boldsymbol{A}(k\boldsymbol{B})$，$k$ 是常数.

另外，当 $\boldsymbol{A}$ 是 n 阶矩阵时，我们规定

$$\boldsymbol{A}^m=\underbrace{\boldsymbol{AA}\cdots\boldsymbol{A}}_{m\text{个}}$$

称 $\boldsymbol{A}^m$ 为矩阵 $\boldsymbol{A}$ 的 m 次幂，其中 m 为正整数.

当 $m=0$ 时，规定 $\boldsymbol{A}^0=\boldsymbol{E}$.

显然，有 $\boldsymbol{A}^k\boldsymbol{A}^l=\boldsymbol{A}^{k+l}$，$(\boldsymbol{A}^k)^l=\boldsymbol{A}^{kl}$(其中 k，l 是任意正整数).

由于矩阵的乘法不满足交换律，因此，一般 $(\boldsymbol{AB})^k\neq\boldsymbol{A}^k\boldsymbol{B}^k$.

6.4.4　矩阵的转置

定义 6.11　将一个 $m\times n$ 矩阵

$$\boldsymbol{A}=\begin{bmatrix} a_{11} & a_{12} & \cdots & a_{1n} \\ a_{21} & a_{22} & \cdots & a_{2n} \\ \vdots & \vdots & & \vdots \\ a_{m1} & a_{m2} & \cdots & a_{mn} \end{bmatrix}$$

的行与列依次互换位置所得到的 $n\times m$ 矩阵

$$\begin{bmatrix} a_{11} & a_{21} & \cdots & a_{m1} \\ a_{12} & a_{22} & \cdots & a_{m2} \\ \vdots & \vdots & & \vdots \\ a_{1n} & a_{2n} & \cdots & a_{mn} \end{bmatrix}$$

称为矩阵 $\boldsymbol{A}$ 的转置矩阵，记为 $\boldsymbol{A}^{\mathrm{T}}$.

例如，若 $\boldsymbol{A}=\begin{bmatrix} 1 & 2 & 3 \\ 0 & 3 & 4 \end{bmatrix}$，则 $\boldsymbol{A}^{\mathrm{T}}=\begin{bmatrix} 1 & 0 \\ 2 & 3 \\ 3 & 4 \end{bmatrix}$.

矩阵的转置满足如下运算规则：

(1) $(\boldsymbol{A}^{\mathrm{T}})^{\mathrm{T}}=\boldsymbol{A}$.

(2) $(\boldsymbol{A}+\boldsymbol{B})^{\mathrm{T}}=\boldsymbol{A}^{\mathrm{T}}+\boldsymbol{B}^{\mathrm{T}}$.

(3) $(k\boldsymbol{A})^{\mathrm{T}}=k\boldsymbol{A}^{\mathrm{T}}$($k$ 为实数).

(4) $(\boldsymbol{AB})^{\mathrm{T}}=\boldsymbol{B}^{\mathrm{T}}\boldsymbol{A}^{\mathrm{T}}$.

例 11 已知 $\boldsymbol{A}=\begin{bmatrix}-2&3&1\\3&0&2\end{bmatrix}$, $\boldsymbol{B}=\begin{bmatrix}5&0&3\\2&-1&4\\3&6&-2\end{bmatrix}$, 写出它们的转置矩阵，并求 $(\boldsymbol{AB})^{\mathrm{T}}$和 $\boldsymbol{B}^{\mathrm{T}}\boldsymbol{A}^{\mathrm{T}}$.

解 由定义 6.11 可得

$$\boldsymbol{A}^{\mathrm{T}}=\begin{bmatrix}-2&3\\3&0\\1&2\end{bmatrix},\quad \boldsymbol{B}^{\mathrm{T}}=\begin{bmatrix}5&2&3\\0&-1&6\\3&4&-2\end{bmatrix}$$

因为

$$\boldsymbol{AB}=\begin{bmatrix}-2&3&1\\3&0&2\end{bmatrix}\begin{bmatrix}5&0&3\\2&-1&4\\3&6&-2\end{bmatrix}=\begin{bmatrix}-1&3&4\\21&12&5\end{bmatrix}$$

所以

$$(\boldsymbol{AB})^{\mathrm{T}}=\begin{bmatrix}-1&21\\3&12\\4&5\end{bmatrix}$$

$$\boldsymbol{B}^{\mathrm{T}}\boldsymbol{A}^{\mathrm{T}}=\begin{bmatrix}5&2&3\\0&-1&6\\3&4&-2\end{bmatrix}\begin{bmatrix}-2&3\\3&0\\1&2\end{bmatrix}=\begin{bmatrix}-1&21\\3&12\\4&5\end{bmatrix}$$

即$(\boldsymbol{AB})^{\mathrm{T}}=\boldsymbol{B}^{\mathrm{T}}\boldsymbol{A}^{\mathrm{T}}$.

例 12 证明$(\boldsymbol{ABC})^{\mathrm{T}}=\boldsymbol{C}^{\mathrm{T}}\boldsymbol{B}^{\mathrm{T}}\boldsymbol{A}^{\mathrm{T}}$.

证明 由矩阵的转置满足的运算规则$(\boldsymbol{AB})^{\mathrm{T}}=\boldsymbol{B}^{\mathrm{T}}\boldsymbol{A}^{\mathrm{T}}$可得

$$(\boldsymbol{ABC})^{\mathrm{T}}=[(\boldsymbol{AB})\boldsymbol{C}]^{\mathrm{T}}=\boldsymbol{C}^{\mathrm{T}}(\boldsymbol{AB})^{\mathrm{T}}=\boldsymbol{C}^{\mathrm{T}}\boldsymbol{B}^{\mathrm{T}}\boldsymbol{A}^{\mathrm{T}}$$

由此例题可以看出，矩阵的转置满足的运算规则(4)可以推广到多个矩阵相乘的情况，即

$$(\boldsymbol{A}_1\boldsymbol{A}_2\cdots\boldsymbol{A}_k)^{\mathrm{T}}=\boldsymbol{A}_k^{\mathrm{T}}\boldsymbol{A}_{k-1}^{\mathrm{T}}\cdots\boldsymbol{A}_2^{\mathrm{T}}\boldsymbol{A}_1^{\mathrm{T}}$$

同步练习 6.4

1. 设 $\boldsymbol{A}=\begin{bmatrix}x-1&y-2\\5&1\end{bmatrix}$, $\boldsymbol{B}=\begin{bmatrix}5&2\\z-3&1\end{bmatrix}$, 且 $\boldsymbol{A}=\boldsymbol{B}$, 求 x、y、z.

2. 设 $\boldsymbol{A}=\begin{bmatrix}-1&6&3\\0&2&2\\3&2&1\end{bmatrix}$, $\boldsymbol{B}=\begin{bmatrix}-1&3&1\\2&2&3\\0&1&0\end{bmatrix}$, 求 $\boldsymbol{A}+2\boldsymbol{B}$ 及 $2\boldsymbol{A}-3\boldsymbol{B}$.

3. 设 $\boldsymbol{A}=\begin{bmatrix}1&-2&1&2\\2&3&-4&0\\-3&5&0&-4\end{bmatrix}$, $\boldsymbol{B}=\begin{bmatrix}2&2&0&7\\0&5&-4&6\\3&-2&8&1\end{bmatrix}$, 解下面的矩阵方程:

(1) 若 $\boldsymbol{X}$ 满足 $\boldsymbol{A}+2\boldsymbol{X}=\boldsymbol{B}$, 求 $\boldsymbol{X}$;

(2) 若 $\boldsymbol{Y}$ 满足 $(3\boldsymbol{A}-\boldsymbol{Y})+2(\boldsymbol{B}-\boldsymbol{Y})=\boldsymbol{0}$，求 $\boldsymbol{Y}$.

4. 计算下列各题：

(1) $(-1 \quad 3 \quad 2 \quad 5)\begin{bmatrix}4\\0\\7\\-3\end{bmatrix}$；

(2) $\begin{bmatrix}4\\0\\7\\-3\end{bmatrix}(-1 \quad 3 \quad 2 \quad 5)$；

(3) $\begin{bmatrix}5 & 0\\3 & -2\\-1 & 1\end{bmatrix}\begin{bmatrix}-1 & 2 & 3\\2 & -4 & 3\end{bmatrix}$；

(4) $(1 \quad -1 \quad 2)\begin{bmatrix}-1 & 2 & 0\\0 & 1 & 1\\3 & 0 & -1\end{bmatrix}\begin{bmatrix}1\\-1\\2\end{bmatrix}$；

(5) $\begin{bmatrix}-1 & 0 & 1\\0 & 1 & 0\\0 & 0 & -1\end{bmatrix}\begin{bmatrix}6 & 2 & -1\\1 & 4 & -6\\3 & -5 & 4\end{bmatrix}$；

(6) $\begin{bmatrix}-1 & 2 & 1\\0 & -1 & 2\end{bmatrix}\begin{bmatrix}-1 & 1 & 4\\3 & -2 & 1\\0 & 0 & 2\end{bmatrix}+\begin{bmatrix}1 & 0 & 3\\2 & 1 & -1\end{bmatrix}\begin{bmatrix}-1 & 1 & 4\\3 & -2 & 1\\0 & 0 & 2\end{bmatrix}$.

5. 设矩阵 $\boldsymbol{A}=\begin{bmatrix}2 & 1 & 0\\1 & 1 & 2\\-1 & 2 & 1\end{bmatrix}$，$\boldsymbol{B}=\begin{bmatrix}3 & 1 & -2\\3 & -2 & 4\\-3 & 5 & 1\end{bmatrix}$，试计算 $\boldsymbol{AB}-\boldsymbol{BA}$.

6. 设矩阵 $\boldsymbol{A}=\begin{bmatrix}1 & 1 & 0\\0 & 1 & -1\\1 & -1 & 1\end{bmatrix}$，$\boldsymbol{B}=\begin{bmatrix}1 & 2 & 3\\-1 & -2 & -4\\0 & 2 & 1\end{bmatrix}$，求 $\boldsymbol{A}^{\mathrm{T}}\boldsymbol{B}$、$\boldsymbol{B}^{\mathrm{T}}\boldsymbol{A}$、$\boldsymbol{A}^{\mathrm{T}}\boldsymbol{B}^{\mathrm{T}}$、$(\boldsymbol{AB})^{\mathrm{T}}$.

6.5　逆矩阵与初等变换

6.5.1　逆矩阵的概念与性质

前面介绍的矩阵的加法、减法和乘法，这三种矩阵运算与数的加法、减法和乘法有类似之处，但也有很大的不同. 本节将介绍的矩阵运算与数的除法运算类似，当然也存在明显的差异，我们将这种运算称为矩阵的逆运算.

1. 逆矩阵的概念

对于两个非零实数 a、b，若满足 $ab=ba=1$，则称 a 与 b 互为倒数，即 $a=b^{-1}$，$b=$

a^{-1}，那么亦有 $aa^{-1}=a^{-1}a=1$. 与此对应，在矩阵中，对于一个矩阵 $\boldsymbol{A}$，是否存在着一个矩阵 $\boldsymbol{B}$，使得 $\boldsymbol{AB}=\boldsymbol{BA}=\boldsymbol{E}$ 成立呢？是否也有 $\boldsymbol{AA}^{-1}=\boldsymbol{A}^{-1}\boldsymbol{A}=\boldsymbol{E}$ 成立呢？下面先给出矩阵 $\boldsymbol{A}$ 的逆矩阵的概念.

定义 6.12 对于矩阵 $\boldsymbol{A}$，如果存在矩阵 $\boldsymbol{B}$，满足：

$$\boldsymbol{AB}=\boldsymbol{BA}=\boldsymbol{E}$$

则称矩阵 $\boldsymbol{A}$ 为可逆矩阵，简称 $\boldsymbol{A}$ 可逆，称 $\boldsymbol{B}$ 为 $\boldsymbol{A}$ 的逆矩阵，记作 $\boldsymbol{A}^{-1}$，即 $\boldsymbol{B}=\boldsymbol{A}^{-1}$.

于是，当 $\boldsymbol{A}$ 为可逆矩阵时，存在 $\boldsymbol{A}^{-1}$，满足：

$$\boldsymbol{AA}^{-1}=\boldsymbol{A}^{-1}\boldsymbol{A}=\boldsymbol{E}$$

注 (1) 由定义知，上述矩阵 $\boldsymbol{A}$、$\boldsymbol{B}$ 一定是同阶方阵；

(2) $\boldsymbol{AB}=\boldsymbol{BA}=\boldsymbol{E}$ 中 $\boldsymbol{A}$、$\boldsymbol{B}$ 两个矩阵的地位是相等的，即可以得到 $\boldsymbol{A}$ 可逆，且 $\boldsymbol{A}^{-1}=\boldsymbol{B}$，同时 $\boldsymbol{B}$ 也是可逆的，且 $\boldsymbol{B}=\boldsymbol{A}^{-1}$，称 $\boldsymbol{A}$ 与 $\boldsymbol{B}$ 是互逆的.

例 1 设矩阵 $\boldsymbol{A}=\begin{bmatrix}4&3&2\\3&2&1\\2&1&1\end{bmatrix}$，$\boldsymbol{B}=\begin{bmatrix}-1&1&1\\1&0&-2\\1&-2&1\end{bmatrix}$，证明 $\boldsymbol{A}$、$\boldsymbol{B}$ 是可逆的.

证明 因为

$$\boldsymbol{AB}=\begin{bmatrix}4&3&2\\3&2&1\\2&1&1\end{bmatrix}\begin{bmatrix}-1&1&1\\1&0&-2\\1&-2&1\end{bmatrix}=\begin{bmatrix}1&0&0\\0&1&0\\0&0&1\end{bmatrix}=\boldsymbol{E}$$

$$\boldsymbol{BA}=\begin{bmatrix}-1&1&1\\1&0&-2\\1&-2&1\end{bmatrix}\begin{bmatrix}4&3&2\\3&2&1\\2&1&1\end{bmatrix}=\begin{bmatrix}1&0&0\\0&1&0\\0&0&1\end{bmatrix}=\boldsymbol{E}$$

所以矩阵 $\boldsymbol{A}$ 可逆，且其逆矩阵 $\boldsymbol{A}^{-1}=\boldsymbol{B}$，同时矩阵 $\boldsymbol{B}$ 也可逆，$\boldsymbol{B}=\boldsymbol{A}^{-1}$.

例 2 证明 n 阶单位矩阵 $\boldsymbol{E}$ 是可逆矩阵，n 阶零矩阵不是可逆矩阵.

证明 因为 n 阶单位矩阵 $\boldsymbol{E}$ 满足 $\boldsymbol{EE}=\boldsymbol{E}$，故单位矩阵 $\boldsymbol{E}$ 是可逆矩阵.

因为对于任何方阵 $\boldsymbol{A}$ 都有 $\boldsymbol{A0}=\boldsymbol{0A}=\boldsymbol{0}$，故零矩阵 $\boldsymbol{0}$ 不是可逆矩阵.

2. 逆矩阵的性质

由逆矩阵的定义可以证明逆矩阵具有以下性质：

性质 1 若矩阵 $\boldsymbol{A}$ 可逆，则 $\boldsymbol{A}$ 的逆矩阵是唯一的.

性质 2 若矩阵 $\boldsymbol{A}$ 可逆，则 $\boldsymbol{A}^{-1}$ 也可逆，且 $(\boldsymbol{A}^{-1})^{-1}=\boldsymbol{A}$.

性质 3 若矩阵 $\boldsymbol{A}$ 可逆，数 $k\neq0$，则 $k\boldsymbol{A}$ 也可逆，且 $(k\boldsymbol{A})^{-1}=k^{-1}\boldsymbol{A}^{-1}$.

性质 4 若 n 阶矩阵 $\boldsymbol{A}$ 和 $\boldsymbol{B}$ 都可逆，则 $\boldsymbol{AB}$ 也可逆，且 $(\boldsymbol{AB})^{-1}=\boldsymbol{B}^{-1}\boldsymbol{A}^{-1}$.

性质 5 如果矩阵 $\boldsymbol{A}$ 可逆，则 $\boldsymbol{A}^{\mathrm{T}}$ 也可逆，且 $(\boldsymbol{A}^{\mathrm{T}})^{-1}=(\boldsymbol{A}^{-1})^{\mathrm{T}}$.

性质 6 如果矩阵 $\boldsymbol{A}$ 可逆，则 $\det(\boldsymbol{A}^{-1})=(\det\boldsymbol{A})^{-1}$.

注 尽管矩阵 $\boldsymbol{A}$、$\boldsymbol{B}$ 都可逆，但是 $\boldsymbol{A}+\boldsymbol{B}$ 却不一定可逆；即使 $\boldsymbol{A}+\boldsymbol{B}$ 可逆，也不一定有 $(\boldsymbol{A}+\boldsymbol{B})^{-1}=\boldsymbol{A}^{-1}+\boldsymbol{B}^{-1}$.

6.5.2 可逆矩阵的判别及求解

先来介绍一个 n 阶矩阵的行列式的重要结论：

定理 6.2　设 $\boldsymbol{A}$、$\boldsymbol{B}$ 是两个 n 阶矩阵，则乘积矩阵 $\boldsymbol{AB}$ 的行列式等于矩阵 $\boldsymbol{A}$ 的行列式与矩阵 $\boldsymbol{B}$ 的行列式的乘积，即

$$\det(\boldsymbol{AB}) = \det\boldsymbol{A}\det\boldsymbol{B}$$

例 3　设矩阵 $\boldsymbol{A}=\begin{bmatrix}-2 & 3\\ 7 & 5\end{bmatrix}$，$\boldsymbol{B}=\begin{bmatrix}1 & 3\\ 5 & 2\end{bmatrix}$，验证 $\det(\boldsymbol{AB})=\det\boldsymbol{A}\det\boldsymbol{B}$.

证明　因为

$$\boldsymbol{AB} = \begin{bmatrix}-2 & 3\\ 7 & 5\end{bmatrix}\begin{bmatrix}1 & 3\\ 5 & 2\end{bmatrix}=\begin{bmatrix}13 & 0\\ 32 & 31\end{bmatrix}$$

所以

$$\det(\boldsymbol{AB}) = \begin{vmatrix}13 & 0\\ 32 & 31\end{vmatrix} = 403$$

又因为

$$\det\boldsymbol{A} = \begin{vmatrix}-2 & 3\\ 7 & 5\end{vmatrix} = -31,\quad \det\boldsymbol{B} = \begin{vmatrix}1 & 3\\ 5 & 2\end{vmatrix} = -13$$

故

$$\det\boldsymbol{A}\det\boldsymbol{B} = (-31)\times(-13) = 403$$

所以 $\det(\boldsymbol{AB})=\det\boldsymbol{A}\det\boldsymbol{B}$.

例 4　设矩阵 $\boldsymbol{A}=\begin{bmatrix}2 & -1 & 5\\ 0 & 3 & 1\\ 0 & 0 & -2\end{bmatrix}$，$\boldsymbol{B}=\begin{bmatrix}-1 & 0 & 5\\ 0 & 3 & 2\\ 0 & 0 & 3\end{bmatrix}$，试求 $\det(\boldsymbol{A}^{\mathrm{T}}\boldsymbol{B})$、$\det(\boldsymbol{A}+\boldsymbol{B})$ 及 $\det(2\boldsymbol{B})$.

解　由定理 6.2 及 $\det(\boldsymbol{A}^{\mathrm{T}})=\det\boldsymbol{A}$，有

$$\det(\boldsymbol{A}^{\mathrm{T}}\boldsymbol{B}) = \det(\boldsymbol{A}^{\mathrm{T}})\det\boldsymbol{B} = \det\boldsymbol{A}\det\boldsymbol{B} = (-12)\times(-9) = 108$$

$$\det(\boldsymbol{A}+\boldsymbol{B}) = \begin{vmatrix}1 & -1 & 10\\ 0 & 6 & 3\\ 0 & 0 & 1\end{vmatrix} = 6$$

$$\det(2\boldsymbol{B}) = \begin{vmatrix}-2 & 0 & 10\\ 0 & 6 & 4\\ 0 & 0 & 6\end{vmatrix} = -72$$

注　为便于计算，例 4 中给出的矩阵 $\boldsymbol{A}$ 和 $\boldsymbol{B}$ 都是上三角矩阵，但并不影响我们推导结论. 在例题中很容易看到矩阵 $\boldsymbol{A}$ 和 $\boldsymbol{B}$ 的行列式 $\det\boldsymbol{A}=-12$，$\det\boldsymbol{B}=-9$，所以下面两个结论大家要注意：

$$\det(\boldsymbol{A}+\boldsymbol{B}) \neq \det\boldsymbol{A} + \det\boldsymbol{B}$$

$$\det(k\boldsymbol{A}) \neq k\det\boldsymbol{A}$$

由定理 6.2 可以得到以下结论：

设 $\boldsymbol{A}$ 是 n 阶矩阵，λ 为任意非零常数，k 是正整数，那么：

(1) $\det(\lambda\boldsymbol{A})=\lambda^n\det\boldsymbol{A}$；

(2) $\det \boldsymbol{A}^k=(\det \boldsymbol{A})^k$；

(3) $\det(\boldsymbol{A}^{\mathrm{T}}\boldsymbol{A})=\det(\boldsymbol{A}\boldsymbol{A}^{\mathrm{T}})=(\det\boldsymbol{A})^2$；

(4) $\det(\boldsymbol{A}_1\boldsymbol{A}_2\cdots\boldsymbol{A}_k)=\det\boldsymbol{A}_1\det\boldsymbol{A}_2\cdots\det\boldsymbol{A}_n$(其中 $\boldsymbol{A}_1$，$\boldsymbol{A}_2$，…，$\boldsymbol{A}_n$ 均为 n 阶矩阵).

下面给出一个判断 n 阶矩阵 $\boldsymbol{A}$ 可逆的必要条件.

定理 6.3 若 n 阶矩阵 $\boldsymbol{A}$ 是可逆矩阵，则 $\det\boldsymbol{A}\neq 0$.

证明 因为矩阵 $\boldsymbol{A}$ 可逆，则必存在 $\boldsymbol{A}^{-1}$，使得 $\boldsymbol{A}\boldsymbol{A}^{-1}=\boldsymbol{E}$，由定理 6.2 知

$$\det\boldsymbol{A}\det\boldsymbol{A}^{-1}=\det(\boldsymbol{A}\boldsymbol{A}^{-1})=\det\boldsymbol{E}=1$$

所以 $\det\boldsymbol{A}\neq 0$.

当矩阵 $\boldsymbol{A}$ 满足 $\det\boldsymbol{A}\neq 0$ 时，称 $\boldsymbol{A}$ 为非奇异矩阵，否则当 $\det\boldsymbol{A}=0$ 时，称 $\boldsymbol{A}$ 为奇异矩阵.

定理 6.3 中，$\det\boldsymbol{A}\neq 0$ 仅仅是矩阵 $\boldsymbol{A}$ 不可逆的必要条件，那么这个定理的充分性是否成立呢？也就是说，当 $\det\boldsymbol{A}\neq 0$ 时，能断定矩阵 $\boldsymbol{A}$ 是可逆矩阵吗？我们的回答是肯定的. 为了证明这一点，先引入伴随矩阵的概念.

定义 6.13 设 $\boldsymbol{A}=(a_{ij})$ 是 n 阶矩阵，则称

$$\boldsymbol{A}^*=\begin{bmatrix} A_{11} & A_{21} & \cdots & A_{n1} \\ A_{12} & A_{22} & \cdots & A_{n2} \\ \vdots & \vdots & & \vdots \\ A_{1n} & A_{2n} & \cdots & A_{nn} \end{bmatrix}$$

为矩阵 $\boldsymbol{A}$ 的伴随矩阵，记作 $\boldsymbol{A}^*$，其中 A_{ij} 是矩阵行列式 $\det\boldsymbol{A}$ 中元素 a_{ij} 的代数余子式.

例 5 求矩阵 $\boldsymbol{A}=\begin{bmatrix} 3 & 2 & -1 \\ 1 & 0 & 2 \\ -2 & 1 & -1 \end{bmatrix}$ 的伴随矩阵 $\boldsymbol{A}^*$.

解 因为

$$A_{11}=\begin{vmatrix} 0 & 2 \\ 1 & -1 \end{vmatrix}=-2,\quad A_{12}=-\begin{vmatrix} 1 & 2 \\ -2 & -1 \end{vmatrix}=-3,\quad A_{13}=\begin{vmatrix} 1 & 0 \\ -2 & 1 \end{vmatrix}=1$$

$$A_{21}=-\begin{vmatrix} 2 & -1 \\ 1 & -1 \end{vmatrix}=1,\quad A_{22}=\begin{vmatrix} 3 & -1 \\ -2 & -1 \end{vmatrix}=-5,\quad A_{23}=-\begin{vmatrix} 3 & 2 \\ -2 & 1 \end{vmatrix}=-7$$

$$A_{31}=\begin{vmatrix} 2 & -1 \\ 0 & 2 \end{vmatrix}=4,\quad A_{32}=-\begin{vmatrix} 3 & -1 \\ 1 & 2 \end{vmatrix}=-7,\quad A_{33}=\begin{vmatrix} 3 & 2 \\ 1 & 0 \end{vmatrix}=-2$$

所以伴随矩阵为

$$\boldsymbol{A}^*=\begin{bmatrix} -2 & 1 & 4 \\ -3 & -5 & -7 \\ 1 & -7 & -2 \end{bmatrix}$$

由 n 阶行列式的定义 6.4 可知

$$\sum_{k=1}^{n} a_{ik}A_{jk}=\sum_{k=1}^{n} a_{ki}A_{kj}=\begin{cases} \det\boldsymbol{A}, & i=j \\ 0, & i\neq j \end{cases}$$

于是

$$AA^* = \begin{bmatrix} a_{11} & a_{12} & \cdots & a_{1n} \\ a_{21} & a_{22} & \cdots & a_{2n} \\ \vdots & \vdots & & \vdots \\ a_{n1} & a_{n2} & \cdots & a_{nn} \end{bmatrix} \begin{bmatrix} A_{11} & A_{21} & \cdots & A_{n1} \\ A_{12} & A_{22} & \cdots & A_{n2} \\ \vdots & \vdots & & \vdots \\ A_{1n} & A_{2n} & \cdots & A_{nn} \end{bmatrix}$$

$$= \begin{bmatrix} \det\boldsymbol{A} & 0 & \cdots & 0 \\ 0 & \det\boldsymbol{A} & \cdots & 0 \\ \vdots & \vdots & & \vdots \\ 0 & 0 & \cdots & \det\boldsymbol{A} \end{bmatrix} = (\det\boldsymbol{A})\boldsymbol{E}$$

类似地，亦有 $\boldsymbol{A}^*\boldsymbol{A}=(\det\boldsymbol{A})\boldsymbol{E}$.

所以，当 $\det\boldsymbol{A}\neq 0$ 时，有

$$\boldsymbol{A}\cdot\left(\frac{1}{\det\boldsymbol{A}}\boldsymbol{A}^*\right)=\left(\frac{1}{\det\boldsymbol{A}}\boldsymbol{A}^*\right)\cdot\boldsymbol{A}=\boldsymbol{E}$$

即当 $\det\boldsymbol{A}\neq 0$ 时，矩阵 $\boldsymbol{A}$ 可逆，且 $\boldsymbol{A}^{-1}=\frac{1}{\det\boldsymbol{A}}\boldsymbol{A}^*$，于是得到以下定理.

定理 6.4　若 n 阶矩阵 $\boldsymbol{A}$ 满足 $\det\boldsymbol{A}\neq 0$，则 $\boldsymbol{A}$ 是可逆矩阵，且

$$\boldsymbol{A}^{-1}=\frac{1}{\det\boldsymbol{A}}\boldsymbol{A}^*$$

综合定理 6.3 和定理 6.4，还可得到以下定理.

定理 6.5　n 阶矩阵 $\boldsymbol{A}$ 可逆的充分必要条件是 $\det\boldsymbol{A}\neq 0$，且当矩阵 $\boldsymbol{A}$ 可逆时，

$$\boldsymbol{A}^{-1}=\frac{1}{\det\boldsymbol{A}}\boldsymbol{A}^*$$

在定理 6.5 中，不但明确了判断矩阵 $\boldsymbol{A}$ 可逆的充分必要条件是 $\det\boldsymbol{A}\neq 0$，而且还给出了矩阵 $\boldsymbol{A}$ 的逆矩阵的求解公式：$\boldsymbol{A}^{-1}=\frac{1}{\det\boldsymbol{A}}\boldsymbol{A}^*$，用此公式求解逆矩阵的方法称为伴随矩阵法.

例 6　判断矩阵

$$\boldsymbol{A}=\begin{bmatrix} 9 & -6 & 0 \\ 12 & -7 & 1 \\ -24 & 16 & 0 \end{bmatrix},\quad \boldsymbol{B}=\begin{bmatrix} 2 & 2 & 3 \\ 1 & -1 & 0 \\ -1 & 2 & 1 \end{bmatrix}$$

是否可逆？若可逆，求其逆矩阵.

解　因为

$$\det\boldsymbol{A}=\begin{vmatrix} 9 & -6 & 0 \\ 12 & -7 & 1 \\ -24 & 16 & 0 \end{vmatrix}=(-1)^{2+3}\begin{vmatrix} 9 & -6 \\ -24 & 16 \end{vmatrix}=0$$

所以矩阵 $\boldsymbol{A}$ 不可逆.

因为

$$\det\boldsymbol{B}=\begin{vmatrix} 2 & 2 & 3 \\ 1 & -1 & 0 \\ -1 & 2 & 1 \end{vmatrix}=\begin{vmatrix} 2 & 4 & 3 \\ 1 & 0 & 0 \\ -1 & 1 & 1 \end{vmatrix}=(-1)^{2+1}\begin{vmatrix} 4 & 3 \\ 1 & 1 \end{vmatrix}=-1\neq 0$$

所以矩阵 $\boldsymbol{B}$ 是可逆的.

又由

$$B_{11}=\begin{vmatrix}-1 & 0\\ 2 & 1\end{vmatrix}=-1,\quad B_{12}=-\begin{vmatrix}1 & 0\\ -1 & 1\end{vmatrix}=-1,\quad B_{13}=\begin{vmatrix}1 & -1\\ -1 & 2\end{vmatrix}=1$$

$$B_{21}=-\begin{vmatrix}2 & 3\\ 2 & 1\end{vmatrix}=4,\quad B_{22}=\begin{vmatrix}2 & 3\\ -1 & 1\end{vmatrix}=5,\quad B_{23}=-\begin{vmatrix}2 & 2\\ -1 & 2\end{vmatrix}=-6$$

$$B_{31}=\begin{vmatrix}2 & 3\\ -1 & 0\end{vmatrix}=3,\quad B_{32}=-\begin{vmatrix}2 & 3\\ 1 & 0\end{vmatrix}=3,\quad B_{33}=\begin{vmatrix}2 & 2\\ 1 & -1\end{vmatrix}=-4$$

可以得到矩阵 $\boldsymbol{B}$ 的伴随矩阵为

$$\boldsymbol{B}^{*}=\begin{bmatrix}-1 & 4 & 3\\ -1 & 5 & 3\\ 1 & -6 & -4\end{bmatrix}$$

由定理 6.4 可得

$$\boldsymbol{B}^{-1}=\frac{1}{\det\boldsymbol{B}}\boldsymbol{B}^{*}=-\begin{bmatrix}-1 & 4 & 3\\ -1 & 5 & 3\\ 1 & -6 & -4\end{bmatrix}=\begin{bmatrix}1 & -4 & -3\\ 1 & -5 & -3\\ -1 & 6 & 4\end{bmatrix}$$

例 7 设

$$\boldsymbol{A}=\begin{bmatrix}3 & 1\\ 1 & 2\end{bmatrix},\quad \boldsymbol{B}=\begin{bmatrix}3 & 2\\ 1 & 2\end{bmatrix},\quad \boldsymbol{C}=\begin{bmatrix}1 & 4\\ 0 & 2\end{bmatrix}$$

求矩阵 $\boldsymbol{X}$ 满足

$$\boldsymbol{BXA}=\boldsymbol{C}$$

其中矩阵 $\boldsymbol{A}$、$\boldsymbol{B}$ 均为可逆矩阵.

解 因为 $\boldsymbol{A}$、$\boldsymbol{B}$ 都是可逆矩阵，所以 $\boldsymbol{A}^{-1}$、$\boldsymbol{B}^{-1}$ 必存在. 由矩阵乘法的运算性质有

$$\boldsymbol{X}=\boldsymbol{B}^{-1}\boldsymbol{BXAA}^{-1}=\boldsymbol{B}^{-1}\boldsymbol{CA}^{-1}$$

再由伴随矩阵法求出 $\boldsymbol{B}^{-1}$ 和 $\boldsymbol{A}^{-1}$.

因为

$$\boldsymbol{B}^{*}=\begin{bmatrix}2 & -2\\ -1 & 3\end{bmatrix}$$

故

$$\boldsymbol{B}^{-1}=\frac{1}{\det\boldsymbol{B}}\boldsymbol{B}^{*}=\frac{1}{4}\begin{bmatrix}2 & -2\\ -1 & 3\end{bmatrix}$$

因为

$$\boldsymbol{A}^{*}=\begin{bmatrix}2 & -1\\ -1 & 3\end{bmatrix}$$

故

$$\boldsymbol{A}^{-1}=\frac{1}{\det\boldsymbol{A}}\boldsymbol{A}^{*}=\frac{1}{5}\begin{bmatrix}2 & -1\\ -1 & 3\end{bmatrix}$$

所以

$$\boldsymbol{X}=\boldsymbol{B}^{-1}\boldsymbol{CA}^{-1}=\frac{1}{20}\begin{bmatrix}2 & -2\\ -1 & 3\end{bmatrix}\begin{bmatrix}1 & 4\\ 0 & 2\end{bmatrix}\begin{bmatrix}2 & -1\\ -1 & 3\end{bmatrix}=\frac{1}{20}\begin{bmatrix}0 & 10\\ -4 & 7\end{bmatrix}$$

从以上例题可以看出用伴随矩阵法求解逆矩阵的计算量很大，这种方法较适合于二阶、三阶矩阵求逆，对于更高阶的矩阵求逆就太复杂了，我们将在下一节继续讨论其他求解逆矩阵的方法.

6.5.3　矩阵的初等行变换

矩阵的初等行变换是矩阵的一种最基本的运算，它在矩阵理论及求逆矩阵、矩阵的秩、求解线性方程组等方面都具有很重要的作用和广泛的应用.

我们知道利用高斯消元法解线性方程组时，经常使用三种同解变形：

(1) 互换变形：互换两个方程的位置.

(2) 倍乘变形：用非零数乘以某个方程.

(3) 倍加变形：用一个非零数乘以某个方程，加到另一个方程上.

这三种运算称为方程组的初等变换. 类似地，可以得到矩阵的初等变换：

(1) 互换变换：对换矩阵中的某两行(对换第 i、j 两行，用记号 $r_i \leftrightarrow r_j$ 表示).

(2) 倍乘变换：用一个非零数乘以矩阵某一行的所有元素(数 k 乘以第 i 行，用记号 kr_i 表示).

(3) 倍加变换：把矩阵中某一行所有元素的 k 倍加到另一行的对应元素上(第 j 行的 k 倍加到第 i 行上，用记号 $r_i + kr_j$ 表示).

我们把这三种矩阵变换称为矩阵的初等行变换..

注　经过一系列初等行变换后所得到的矩阵 $\boldsymbol{B}$ 与原矩阵 $\boldsymbol{A}$ 是等价的，即初等行变换是一种等价变换，不是恒等变形，故不能用等号连接. 通常用“$\boldsymbol{A} \leftrightarrow \boldsymbol{B}$”表示矩阵 $\boldsymbol{A}$ 经过初等行变换后得到的矩阵 $\boldsymbol{B}$.

把上述三种对矩阵“行”的变换，改成对矩阵“列”的变换，就相应地称为矩阵的初等列变换. 矩阵的初等行变换和初等列变换统称为矩阵的初等变换. 矩阵的逆、矩阵的秩及解线性方程组都只用到矩阵的初等行变换，因此本书只讲述矩阵的初等行变换.

6.5.4　利用初等行变换求解逆矩阵

前面介绍的用伴随矩阵求逆矩阵的方法较适合用于二、三阶矩阵求逆，对于更高阶的矩阵，这种方法计算量太大，在实际应用中很不方便，所以本节将介绍一种更简便的求逆矩阵的方法：利用矩阵的初等变换求解逆矩阵.

根据矩阵乘法，求解矩阵方程 $\boldsymbol{AX}=\boldsymbol{B}$ 中的未知解向量 $\boldsymbol{X}$. 把矩阵方程 $\boldsymbol{AX}=\boldsymbol{B}$ 写成 $\boldsymbol{AX}=\boldsymbol{EB}$，若当矩阵 $\boldsymbol{A}$ 可逆时，方程有唯一解 $\boldsymbol{X}=\boldsymbol{A}^{-1}\boldsymbol{B}$，其求解过程如下：

$$\begin{array}{ccc} \boldsymbol{AX} & = & \boldsymbol{EB} \\ \downarrow & & \downarrow \quad \text{初等行变换} \\ \boldsymbol{EX} & = & \boldsymbol{A}^{-1}\boldsymbol{B} \end{array}$$

从上述形式可以看到：求解过程就是对矩阵方程 $\boldsymbol{AX}=\boldsymbol{B}$ 两边的矩阵 $\boldsymbol{A}$ 和 $\boldsymbol{B}$ 做了一系列的初等变换，直到方程左边的系数矩阵 $\boldsymbol{A}$ 变成单位矩阵 $\boldsymbol{E}$，与此同时，方程右边的矩阵 $\boldsymbol{E}$ 变成了 $\boldsymbol{A}^{-1}$. 这样就可以得到利用初等行变换求逆矩阵的方法：

$$(\boldsymbol{A} \mid \boldsymbol{E}) \xrightarrow{\text{初等行变换}} (\boldsymbol{E} \mid \boldsymbol{A}^{-1})$$

即在矩阵 $\boldsymbol{A}$ 的右边写上一个与 $\boldsymbol{A}$ 同阶的单位矩阵 $\boldsymbol{E}$，构成 $n\times 2n$ 矩阵 $(\boldsymbol{A} \vdots \boldsymbol{E})$，用一系列初等行变换将矩阵左半部分的 $\boldsymbol{A}$ 化成单位矩阵 $\boldsymbol{E}$，同时，右半部分的单位矩阵 $\boldsymbol{E}$ 被化成了要求的 $\boldsymbol{A}$ 的逆矩阵 $\boldsymbol{A}^{-1}$. 这种求逆矩阵的方法简称为初等行变换求逆法.

注 初等行变换求逆法只能对矩阵使用行变换，而不能使用列变换.

例 8 设矩阵 $\boldsymbol{A}=\begin{bmatrix}1 & 1 & 1\\ 2 & -1 & -2\\ 1 & -2 & -1\end{bmatrix}$，试用初等行变换计算逆矩阵 $\boldsymbol{A}^{-1}$.

解 由初等行变换求逆法可得

$$(\boldsymbol{A} \vdots \boldsymbol{E}) = \begin{bmatrix}1 & 1 & 1 & 1 & 0 & 0\\ 2 & -1 & -2 & 0 & 1 & 0\\ 1 & -2 & -1 & 0 & 0 & 1\end{bmatrix}$$

$$\xrightarrow[r_3+(-1)r_1]{r_2+(-2)r_1}\begin{bmatrix}1 & 1 & 1 & 1 & 0 & 0\\ 0 & -3 & -4 & -2 & 1 & 0\\ 0 & -3 & -2 & -1 & 0 & 1\end{bmatrix}$$

$$\xrightarrow[r_3+(-1)r_2]{r_1+\frac{1}{3}r_2}\begin{bmatrix}1 & 0 & -\frac{1}{3} & \frac{1}{3} & \frac{1}{3} & 0\\ 0 & -3 & -4 & -2 & 1 & 0\\ 0 & 0 & 2 & 1 & -1 & 1\end{bmatrix}$$

$$\xrightarrow[r_2+2r_3]{r_1+\frac{1}{6}r_3}\begin{bmatrix}1 & 0 & 0 & \frac{1}{2} & \frac{1}{6} & \frac{1}{6}\\ 0 & -3 & 0 & 0 & -1 & 2\\ 0 & 0 & 2 & 1 & -1 & 1\end{bmatrix}$$

$$\xrightarrow[\frac{1}{2}r_3]{-\frac{1}{3}r_2}\begin{bmatrix}1 & 0 & 0 & \frac{1}{2} & \frac{1}{6} & \frac{1}{6}\\ 0 & 1 & 0 & 0 & \frac{1}{3} & -\frac{2}{3}\\ 0 & 0 & 1 & \frac{1}{2} & -\frac{1}{2} & \frac{1}{2}\end{bmatrix} = (\boldsymbol{E} \vdots \boldsymbol{A}^{-1})$$

所以

$$\boldsymbol{A}^{-1} = \begin{bmatrix}\frac{1}{2} & \frac{1}{6} & \frac{1}{6}\\ 0 & \frac{1}{3} & -\frac{2}{3}\\ \frac{1}{2} & -\frac{1}{2} & \frac{1}{2}\end{bmatrix}$$

初等行变换求逆法不但提供了求解逆矩阵的方法，而且也可以判定矩阵 $\boldsymbol{A}$ 是否可逆. 在对矩阵 $(\boldsymbol{A} \vdots \boldsymbol{E})$ 进行初等行变换的过程中，若 $(\boldsymbol{A} \vdots \boldsymbol{E})$ 中的左半部分 $\boldsymbol{A}$ 出现零行，则说明矩阵 $\boldsymbol{A}$ 的行列式 $\det\boldsymbol{A}=0$，可以判定矩阵 $\boldsymbol{A}$ 不可逆；若 $(\boldsymbol{A} \vdots \boldsymbol{E})$ 中的左半部分 $\boldsymbol{A}$ 被化成了单位矩阵，则说明矩阵 $\boldsymbol{A}$ 的行列式 $\det\boldsymbol{A}\neq 0$，可以判定矩阵 $\boldsymbol{A}$ 可逆，且逆矩阵为 $(\boldsymbol{E} \vdots \boldsymbol{A}^{-1})$ 的右半部分 $\boldsymbol{A}^{-1}$.

例 9　设矩阵 $\boldsymbol{A}=\begin{bmatrix}-2 & -1 & 6\\ 4 & 0 & 5\\ -6 & -1 & 1\end{bmatrix}$，问 $\boldsymbol{A}$ 是否可逆？若可逆，试求逆矩阵 $\boldsymbol{A}^{-1}$.

解　因为

$$(\boldsymbol{A}\vdots\boldsymbol{E})=\begin{bmatrix}-2 & -1 & 6 & 1 & 0 & 0\\ 4 & 0 & 5 & 0 & 1 & 0\\ -6 & -1 & 1 & 0 & 0 & 1\end{bmatrix}\xrightarrow[r_3+(-3)r_2]{r_2+2r_1}\begin{bmatrix}-2 & -1 & 6 & 1 & 0 & 0\\ 0 & -2 & 17 & 2 & 1 & 0\\ 0 & 2 & -17 & -3 & 0 & 1\end{bmatrix}$$

$$\xrightarrow{r_3+r_2}\begin{bmatrix}-2 & -1 & 6 & 1 & 0 & 0\\ 0 & -2 & 17 & 2 & 1 & 0\\ 0 & 0 & 0 & -1 & 1 & 1\end{bmatrix}$$

此时$(\boldsymbol{A}\vdots\boldsymbol{E})$的左边矩阵 $\boldsymbol{A}$ 在初等行变换过程中出现了全零行，所以 $\det\boldsymbol{A}=0$，故矩阵 $\boldsymbol{A}$ 不可逆.

例 10　求矩阵 $\boldsymbol{X}$，使 $\boldsymbol{AX}=\boldsymbol{B}$，其中

$$\boldsymbol{A}=\begin{bmatrix}1 & 1 & 2\\ 1 & 2 & 2\\ 1 & 2 & 3\end{bmatrix},\quad \boldsymbol{B}=\begin{bmatrix}2 & 0\\ -1 & 1\\ 0 & 3\end{bmatrix}$$

解　由 $\boldsymbol{AX}=\boldsymbol{B}$，得 $\boldsymbol{X}=\boldsymbol{A}^{-1}\boldsymbol{B}$. 因为

$$(\boldsymbol{A}\vdots\boldsymbol{E})=\begin{bmatrix}1 & 1 & 2 & 1 & 0 & 0\\ 1 & 2 & 2 & 0 & 1 & 0\\ 1 & 2 & 3 & 0 & 0 & 1\end{bmatrix}\xrightarrow[r_3+(-1)r_1]{r_2+(-1)r_1}\begin{bmatrix}1 & 1 & 2 & 1 & 0 & 0\\ 0 & 1 & 0 & -1 & 1 & 0\\ 0 & 1 & 1 & -1 & 0 & 1\end{bmatrix}$$

$$\xrightarrow[r_3+(-1)r_2]{r_1+(-1)r_2}\begin{bmatrix}1 & 0 & 2 & 2 & -1 & 0\\ 0 & 1 & 0 & -1 & 1 & 0\\ 0 & 0 & 1 & 0 & -1 & 1\end{bmatrix}\xrightarrow{r_1+(-2)r_3}\begin{bmatrix}1 & 0 & 0 & 2 & 1 & -2\\ 0 & 1 & 0 & -1 & 1 & 0\\ 0 & 0 & 1 & 0 & -1 & 1\end{bmatrix}$$

所以

$$\boldsymbol{A}^{-1}=\begin{bmatrix}2 & 1 & -2\\ -1 & 1 & 0\\ 0 & -1 & 1\end{bmatrix}$$

故

$$\boldsymbol{X}=\boldsymbol{A}^{-1}\boldsymbol{B}=\begin{bmatrix}2 & 1 & -2\\ -1 & 1 & 0\\ 0 & -1 & 1\end{bmatrix}\begin{bmatrix}2 & 0\\ -1 & 1\\ 0 & 3\end{bmatrix}=\begin{bmatrix}3 & -5\\ -3 & 1\\ 1 & 2\end{bmatrix}$$

同步练习 6.5

1. 设矩阵 $\boldsymbol{A}=\begin{bmatrix}3 & 4\\ 3 & 5\end{bmatrix}$，$\boldsymbol{B}=\begin{bmatrix}2 & -3\\ -4 & 8\end{bmatrix}$，$\boldsymbol{C}=\begin{bmatrix}3 & 4\\ 2 & 3\end{bmatrix}$，求：

(1) $\det(\boldsymbol{AB})$；　(2) $\det(\boldsymbol{BC}^2)$；

(3) $\det(2\boldsymbol{A}-3\boldsymbol{B})$；　(4) $\det(\boldsymbol{CC}^{\mathrm{T}})$；

(5) $\det(4\boldsymbol{AA}^{\mathrm{T}})^2$.

2. 用伴随矩阵法求下列矩阵的逆矩阵：

(1) $A=\begin{bmatrix}3 & 2\\7 & 5\end{bmatrix}$；　　(2) $A=\begin{bmatrix}1 & 2 & 3\\2 & 2 & 1\\3 & 4 & 3\end{bmatrix}$；

(3) $A=\begin{bmatrix}3 & 2 & 1\\3 & 1 & 5\\3 & 2 & 3\end{bmatrix}$；　　(4) $A=\begin{bmatrix}2 & 2 & 3\\1 & -1 & 0\\-1 & 2 & 1\end{bmatrix}$.

3. 用初等行变换求逆法求下列矩阵的逆矩阵：

(1) $A=\begin{bmatrix}1 & -3 & 2\\-2 & 4 & -3\\-1 & 3 & -5\end{bmatrix}$；　　(2) $A=\begin{bmatrix}2 & 0 & 0\\1 & 2 & 0\\0 & 1 & 2\end{bmatrix}$；

(3) $A=\begin{bmatrix}1 & 1 & 1 & 1\\1 & 1 & -1 & -1\\1 & -1 & 1 & -1\\1 & -1 & -1 & 1\end{bmatrix}$；　　(4) $A=\begin{bmatrix}1 & a & a^2 & a^3\\0 & 1 & a & a^2\\0 & 0 & 1 & a\\0 & 0 & 0 & 1\end{bmatrix}$.

4. 解矩阵方程 $X-AX=B$，其中

$$A=\begin{bmatrix}0 & 0 & -1\\1 & 0 & -1\\-2 & 1 & 0\end{bmatrix},\quad B=\begin{bmatrix}2\\0\\3\end{bmatrix}$$

5. 解矩阵方程 $AXB=C$，其中

$$A=\begin{bmatrix}1 & -2 & 0\\4 & -2 & 1\\-3 & 1 & 2\end{bmatrix},\quad B=\begin{bmatrix}3 & -1 & 2\\1 & 0 & -1\\-2 & 1 & 4\end{bmatrix},\quad C=\begin{bmatrix}5 & 0 & 1\\1 & -3 & 0\\-2 & 1 & 3\end{bmatrix}$$

6. 设矩阵

$$A=\begin{bmatrix}1 & 1\\0 & -2\\2 & 0\end{bmatrix},\quad B=\begin{bmatrix}1 & 2 & -3\\0 & -1 & 2\end{bmatrix}$$

计算$(BA)^{-1}$及$(AB)^{-1}$.

6.6 矩阵的秩

矩阵的秩是表示矩阵的一个重要指标，它不但可以有效地解决求逆矩阵的问题，而且还与线性方程组的解有着密切的联系.

6.6.1 秩的概念

在介绍矩阵秩的概念之前，先给出矩阵的子式的定义.

定义 6.14 设 A 是 $m\times n$ 矩阵，在 A 中位于任意选定的 k 行 k 列交点上的 k^2 个元素，按原来次序组成的 k 阶行列式，称为 A 的一个 k 阶子式，其中 $k\leqslant\min\{m, n\}$.

例如：矩阵 $\boldsymbol{A}=\begin{bmatrix}1 & 2 & -1 & 2\\ 2 & -1 & 3 & -1\\ 4 & 3 & 1 & 5\end{bmatrix}$ 取第一行、第三行和第二列、第四列的元素，就构成 $\boldsymbol{A}$ 的一个二阶子式为 $\begin{vmatrix}2 & 2\\ 3 & 5\end{vmatrix}$.

定义 6.15　矩阵 $\boldsymbol{A}$ 的非零子式的最高阶数称为矩阵 $\boldsymbol{A}$ 的秩，记作 $r(\boldsymbol{A})$ 或秩($\boldsymbol{A}$).

规定：零矩阵 $\boldsymbol{0}$ 的秩为零，即 $r(\boldsymbol{0})=0$.

由定义 6.15 可知，若 $r(\boldsymbol{A})=k$，则 $\boldsymbol{A}$ 中至少有一个非零的 k 阶子式，而所有的 $k+1$ 阶子式(若存在)的值全为零. 利用此定义求一个矩阵的秩时，对一个非零矩阵，一般可以从二阶子式开始逐一计算，若找到一个不为零的二阶子式，就继续计算它的三阶子式，若找到一个不为零的三阶子式，就继续计算它的四阶子式，直到它的 $r+1$ 阶子式全部为零，而至少有一个 r 阶子式不为零，则这个矩阵的秩为 r.

例 1　利用定义计算矩阵 $\boldsymbol{A}$ 的秩，其中 $\boldsymbol{A}=\begin{bmatrix}1 & 2 & 2 & 11\\ 1 & -3 & -3 & -14\\ 3 & 1 & 1 & 8\end{bmatrix}$.

解　由定义 6.14 先计算矩阵 $\boldsymbol{A}$ 的二阶子式 $\begin{vmatrix}1 & 2\\ 1 & -3\end{vmatrix}=-5\neq 0$，再计算其三阶子式. 矩阵 $\boldsymbol{A}$ 的三阶子式有四个，分别为

$$\begin{vmatrix}1 & 2 & 2\\ 1 & -3 & -3\\ 3 & 1 & 1\end{vmatrix}=0,\qquad \begin{vmatrix}1 & 2 & 11\\ 1 & -3 & -14\\ 3 & 1 & 8\end{vmatrix}=0$$

$$\begin{vmatrix}1 & 2 & 11\\ 1 & -3 & -14\\ 3 & 1 & 8\end{vmatrix}=0,\qquad \begin{vmatrix}2 & 2 & 11\\ -3 & -3 & -14\\ 1 & 1 & 8\end{vmatrix}=0$$

故 $r(\boldsymbol{A})=2$.

6.6.2　秩的计算

可以看到，按定义求矩阵的秩，由于要计算很多行列式，故而计算量比较大，但注意到“秩”的求解只关心 k 阶子式是否为零，而不关心 k 阶子式的准确值. 而矩阵的初等行变换不会改变行列式是否为零的本质，所以可以利用初等行变换来求矩阵的秩.

定理 6.6　矩阵的初等行变换不改变矩阵的秩.

为了求矩阵 $\boldsymbol{A}$ 的秩，可以依据定理 6.6 对矩阵 $\boldsymbol{A}$ 通过初等行变换尽量简化，然后对简化的矩阵求秩就容易多了.

例 2　求矩阵 $\boldsymbol{A}$ 的秩，其中

$$\boldsymbol{A}=\begin{bmatrix}1 & -2 & -1 & 0 & 2\\ -2 & 4 & 2 & 6 & -6\\ 2 & -1 & 0 & 2 & 3\\ 3 & 3 & 3 & 3 & 4\end{bmatrix}$$

解 因为

$$A=\begin{bmatrix}1&-2&-1&0&2\\-2&4&2&6&-6\\2&-1&0&2&3\\3&3&3&3&4\end{bmatrix}\xrightarrow[r_4+(-3)r_1]{\substack{r_2+2r_1\\r_3+(-2)r_1}}\begin{bmatrix}1&-2&-1&0&2\\0&0&0&6&-2\\0&3&2&2&-1\\0&9&6&3&-2\end{bmatrix}$$

$$\xrightarrow[r_3\leftrightarrow r_4]{r_2\leftrightarrow r_3}\begin{bmatrix}1&-2&-1&0&2\\0&3&2&2&-1\\0&9&6&3&-2\\0&0&0&6&-2\end{bmatrix}\xrightarrow{r_3+(-3)r_2}\begin{bmatrix}1&-2&-1&0&2\\0&3&2&2&-1\\0&0&0&-3&1\\0&0&0&6&-2\end{bmatrix}$$

$$\xrightarrow{r_4+2r_3}\begin{bmatrix}1&-2&-1&0&2\\0&3&2&2&-1\\0&0&0&-3&1\\0&0&0&0&0\end{bmatrix}=B$$

由矩阵 B 可得三阶子式(由第一、二、三行和第一、三、五列构成)

$$\begin{vmatrix}1&-1&2\\0&2&-1\\0&0&1\end{vmatrix}\neq 0$$

而矩阵 B 的第四行元素全为零，故所有的四阶子式均为零，所以 $r(B)=r(A)=3$.

在例 2 中经过初等行变换得到的矩阵 B 是一个特殊形式的矩阵，故给出如下定义.

定义 6.16 满足下列条件的非零矩阵，称为阶梯形矩阵：

(1) 若矩阵存在零行(元素全部为零的行)，零行一定位于矩阵的最下方；

(2) 各非零行的第一个非零元素的列标随着行标的增大而严格增大.

例如：$A=\begin{bmatrix}2&3&-1&4\\0&3&5&7\\0&0&4&-3\end{bmatrix}$是阶梯形矩阵；而矩阵 $B=\begin{bmatrix}1&0&0\\0&0&3\\0&-2&0\end{bmatrix}$和矩阵 $C=\begin{bmatrix}3&2&1\\1&3&0\\0&0&5\end{bmatrix}$都不是阶梯形矩阵.

定义 6.17 满足下列条件的阶梯形矩阵，称为行最简阶梯形矩阵：

(1) 各非零行的第一个非零元素都是 1；

(2) 各非零行的第一个非零元素所在列的其余元素都为零.

其中，还将各非零行的第一个非零元素称为主元(或首元)，将此行主元后的元素称为非主元(或非首元).

例如，$A=\begin{bmatrix}1&3&0&-1&2\\0&0&1&2&3\\0&0&0&0&0\end{bmatrix}$和 $B=\begin{bmatrix}1&0&0\\0&1&-2\\0&0&0\end{bmatrix}$都是行最简阶梯形矩阵.

例 3 已知矩阵 $A=\begin{bmatrix}1&2&3\\1&1&-2\\-1&3&4\end{bmatrix}$，将其化为阶梯形矩阵和行最简阶梯形矩阵.

解　$\boldsymbol{A}=\begin{bmatrix}1&2&3\\1&1&-2\\-1&3&4\end{bmatrix}\xrightarrow[r_3+r_1]{r_2+(-1)r_1}\begin{bmatrix}1&2&3\\0&-1&-5\\0&5&7\end{bmatrix}$

$\xrightarrow{r_3+5r_2}\begin{bmatrix}1&2&3\\0&-1&-5\\0&0&-18\end{bmatrix}=\boldsymbol{B}$　（阶梯形矩阵）

$$\boldsymbol{B}=\begin{bmatrix}1&2&3\\0&-1&-5\\0&0&-18\end{bmatrix}\xrightarrow{\left(-\frac{1}{18}\right)r_3}\begin{bmatrix}1&2&3\\0&-1&-5\\0&0&1\end{bmatrix}\xrightarrow[r_2+5r_3]{r_1+(-3)r_3}\begin{bmatrix}1&2&0\\0&-1&0\\0&0&1\end{bmatrix}$$

$$\xrightarrow{(-1)r_2}\begin{bmatrix}1&2&0\\0&1&0\\0&0&1\end{bmatrix}\xrightarrow{r_1+(-2)r_2}\begin{bmatrix}1&0&0\\0&1&0\\0&0&1\end{bmatrix}$$

$=\boldsymbol{C}$　（行最简阶梯形矩阵）

矩阵 $\boldsymbol{A}$ 经过一系列初等行变换后，得到的阶梯形矩阵并不是唯一的，但矩阵的行最简阶梯形矩阵是唯一的，而且阶梯形矩阵中非零行的行数是确定的，就是矩阵的秩.这样就可以总结出矩阵的秩的求法——初等行变换求秩法：

经过一系列初等行变换，把矩阵 $\boldsymbol{A}$ 化为阶梯形矩阵 $\boldsymbol{B}$，可表示为

$$\boldsymbol{A}\xrightarrow{\text{初等行变换}}\text{阶梯形矩阵 }\boldsymbol{B}$$

则 $r(\boldsymbol{A})=r(\boldsymbol{B})$.

例 4　用初等行变换求矩阵 $\boldsymbol{A}$ 的秩，其中

$$\boldsymbol{A}=\begin{bmatrix}1&2&2&11\\2&2&-3&-14\\3&1&1&3\\2&5&5&28\end{bmatrix}$$

解　因为

$$\boldsymbol{A}=\begin{bmatrix}1&2&2&11\\2&2&-3&-14\\3&1&1&3\\2&5&5&28\end{bmatrix}\xrightarrow[\substack{r_3+(-3)r_1\\r_4+(-2)r_1}]{r_2+(-2)r_1}\begin{bmatrix}1&2&2&11\\0&-2&-7&-36\\0&-5&-5&-30\\0&1&1&6\end{bmatrix}$$

$$\xrightarrow{r_2\leftrightarrow r_4}\begin{bmatrix}1&2&2&11\\0&1&1&6\\0&-5&-5&-30\\0&-2&-7&-36\end{bmatrix}\xrightarrow[r_4+2r_2]{r_3+5r_2}\begin{bmatrix}1&2&2&11\\0&1&1&6\\0&0&0&0\\0&0&-5&-24\end{bmatrix}$$

$$\xrightarrow{r_3\leftrightarrow r_4}\begin{bmatrix}1&2&2&11\\0&1&1&6\\0&0&-5&-24\\0&0&0&0\end{bmatrix}$$

所以 $r(\boldsymbol{A})=3$.

例 5 设矩阵 $\boldsymbol{A}=\begin{bmatrix}-1&0&1\\0&1&-1\\1&0&-1\end{bmatrix}$，$\boldsymbol{B}=\begin{bmatrix}1&4&-1\\2&2&-1\\3&9&-4\end{bmatrix}$，试求 $r(\boldsymbol{A})$、$r(\boldsymbol{B})$、$r(\boldsymbol{AB})$、$r(\boldsymbol{A}^{\mathrm{T}})$和 $r(\boldsymbol{B}^{\mathrm{T}})$.

解 因为

$$\boldsymbol{A}=\begin{bmatrix}-1&0&1\\0&1&-1\\1&0&-1\end{bmatrix}\xrightarrow{r_3+r_1}\begin{bmatrix}-1&0&1\\0&1&-1\\0&0&0\end{bmatrix}$$

所以 $r(\boldsymbol{A})=2$.

因为

$$\boldsymbol{B}=\begin{bmatrix}1&4&-1\\2&2&-1\\3&9&-4\end{bmatrix}\xrightarrow[r_3+(-3)r_1]{r_2+(-2)r_1}\begin{bmatrix}1&4&-1\\0&-6&1\\0&-3&-1\end{bmatrix}$$

$$\xrightarrow{r_2\leftrightarrow r_3}\begin{bmatrix}1&4&-1\\0&-3&-1\\0&-6&1\end{bmatrix}\xrightarrow{r_3+(-2)r_2}\begin{bmatrix}1&4&-1\\0&-3&-1\\0&0&3\end{bmatrix}$$

所以 $r(\boldsymbol{B})=3$.

因为

$$\boldsymbol{AB}=\begin{bmatrix}-1&0&1\\0&1&-1\\1&0&-1\end{bmatrix}\begin{bmatrix}1&4&-1\\2&2&-1\\3&9&-4\end{bmatrix}=\begin{bmatrix}2&5&-3\\-1&-7&3\\-2&-5&3\end{bmatrix}$$

$$\boldsymbol{AB}=\begin{bmatrix}2&5&-3\\-1&-7&3\\-2&-5&3\end{bmatrix}\xrightarrow{r_1\leftrightarrow r_2}\begin{bmatrix}-1&-7&3\\2&5&-3\\-2&-5&3\end{bmatrix}$$

$$\xrightarrow{r_3+r_2}\begin{bmatrix}-1&-7&3\\2&5&-3\\0&0&0\end{bmatrix}\xrightarrow{r_2+2r_1}\begin{bmatrix}-1&-7&3\\0&-9&3\\0&0&0\end{bmatrix}$$

所以 $r(\boldsymbol{AB})=2$.

因为

$$\boldsymbol{A}^{\mathrm{T}}=\begin{bmatrix}-1&0&1\\0&1&0\\1&-1&-1\end{bmatrix}\xrightarrow{r_3+r_1}\begin{bmatrix}-1&0&1\\0&1&0\\0&-1&0\end{bmatrix}$$

$$\xrightarrow{r_2+r_3}\begin{bmatrix}-1&0&1\\0&1&0\\0&0&0\end{bmatrix}$$

所以 $r(\boldsymbol{A}^{\mathrm{T}})=2$.

因为

$$B^{T}=\begin{bmatrix}1&2&3\\4&2&9\\-1&-1&-4\end{bmatrix}\xrightarrow[r_3+r_1]{r_2+(-4)r_1}\begin{bmatrix}1&2&3\\0&-6&-3\\0&1&-1\end{bmatrix}$$

$$\xrightarrow{r_2\leftrightarrow r_3}\begin{bmatrix}1&2&3\\0&1&-1\\0&-6&-3\end{bmatrix}\xrightarrow{r_3+6r_2}\begin{bmatrix}1&2&3\\0&1&-1\\0&0&-9\end{bmatrix}$$

所以 $r(B^{T})=3$.

从例 5 中可以看到：乘积矩阵 AB 的秩不大于两个相乘矩阵 A、B 的秩，即 $r(AB)\leqslant\min\{r(A), r(B)\}$；矩阵与其转置矩阵的秩相等，此例中 $r(A)=r(A^{T})$，$r(B)=r(B^{T})$. 可以证明这两个结论具有一般性，因此可以总结出如下定理.

定理 6.7　设 A 为任意一个 $m\times n$ 矩阵，则有

(1) $0\leqslant r(A)\leqslant\min\{m, n\}$；

(2) $r(A)=r(A^{T})$.

定理 6.8　设 A 为任意一个 $m\times n$ 矩阵，B 为 $n\times s$ 矩阵，则有

$$r(AB)\leqslant\min\{r(A), r(B)\}$$

即乘积的秩不超过各因子的秩.

推论　如果 $A=A_1A_2\cdots A_t$，那么有

$$r(A)\leqslant\min_{1\leqslant j\leqslant t}\{r(A_j)\}$$

6.6.3　满秩矩阵

定义 6.18　设 A 是一个 n 阶矩阵，若 $r(A)=n$，则称 A 为满秩矩阵；若 $r(A)<n$，则称 A 为降秩矩阵.

例如，矩阵

$$A=\begin{bmatrix}2&3&5\\0&1&3\\0&0&4\end{bmatrix},\quad B=E_n=\begin{bmatrix}1&0&\cdots&0\\0&1&\cdots&0\\\vdots&\vdots&&\vdots\\0&0&\cdots&1\end{bmatrix},\quad C=\begin{bmatrix}1&-1&2&1\\0&3&2&5\\0&0&1&4\\0&0&0&0\end{bmatrix}$$

因为 A 是三阶方阵，B 是 n 阶单位方阵，C 为四阶方阵，且 $r(A)=3$，$r(B)=n$，$r(C)=3$，所以矩阵 A、B 为满秩矩阵，C 为降秩矩阵.

进一步思考可以看到，$\det A=8\neq0$，$\det B=1\neq0$，$\det C=0$，由上一节内容可知，对于矩阵 A，其行列式 $\det A\neq0$ 是判断矩阵 A 是否可逆的充分必要条件，而由满秩矩阵的性质可以得到可逆矩阵的另一个判别方法，即定理 6.9.

定理 6.9　n 阶矩阵可逆的充分必要条件是 A 为满秩矩阵，即 $r(A)=n$.

例 6　判断下列矩阵是否可逆：

(1) $A=\begin{bmatrix}2&1&1\\1&0&2\\3&1&2\end{bmatrix}$；　　(2) $B=\begin{bmatrix}-1&-4&5\\0&5&-10\\2&3&0\end{bmatrix}$.

解　(1) 因为

$$A=\begin{bmatrix}2&1&1\\1&0&2\\3&1&2\end{bmatrix}\xrightarrow{r_2\leftrightarrow r_1}\begin{bmatrix}1&0&2\\2&1&1\\3&1&2\end{bmatrix}$$

$$\xrightarrow[r_3+(-3)r_1]{r_2+(-2)r_1}\begin{bmatrix}1&0&2\\0&1&-3\\0&1&-4\end{bmatrix}\xrightarrow{r_3+(-1)r_2}\begin{bmatrix}1&0&2\\0&1&-3\\0&0&-1\end{bmatrix}$$

所以 $r(\boldsymbol{A})=3$，即矩阵 $\boldsymbol{A}$ 是满秩矩阵，所以 $\boldsymbol{A}$ 是可逆的.

(2) 因为

$$\boldsymbol{B}=\begin{bmatrix}-1&-4&5\\0&5&-10\\2&3&0\end{bmatrix}\xrightarrow{r_3+2r_1}\begin{bmatrix}-1&-4&5\\0&5&-10\\0&-5&10\end{bmatrix}\xrightarrow{r_3+r_2}\begin{bmatrix}-1&-4&5\\0&5&-10\\0&0&0\end{bmatrix}$$

所以 $r(\boldsymbol{B})=2$，即矩阵 $\boldsymbol{B}$ 不是满秩矩阵，所以矩阵 $\boldsymbol{B}$ 不是可逆矩阵.

同步练习 6.6

1. 将下列矩阵化为阶梯形矩阵：

(1) $\begin{bmatrix}1&2&3&4\\2&3&1&2\\1&1&1&-1\\1&0&-2&-6\end{bmatrix}$；　(2) $\begin{bmatrix}2&3&1&-3&-7\\1&2&0&-2&-4\\3&-2&8&3&0\\2&-3&7&4&0\end{bmatrix}$.

2. 设矩阵 $\boldsymbol{A}=\begin{bmatrix}1&2&-1&3\\4&8&-4&12\\3&6&-3&a\end{bmatrix}$，问 a 为何值时，

(1) $r(\boldsymbol{A})=1$；(2) $r(\boldsymbol{A})=2$.

3. 求下列矩阵的秩：

(1) $\boldsymbol{A}=\begin{bmatrix}-3&-6&-13\\-1&-2&-4\\1&1&2\end{bmatrix}$；　(2) $\boldsymbol{A}=\begin{bmatrix}1&3&-1&1&1\\3&9&4&-1&4\\-1&-3&-6&3&2\end{bmatrix}$；

(3) $\boldsymbol{A}=\begin{bmatrix}1&0&1&1&0&1&1\\1&1&0&1&1&0&0\\1&0&1&2&1&0&1\\2&1&1&3&2&0&1\end{bmatrix}$；　(4) $\boldsymbol{A}=\begin{bmatrix}1&1&1&0&1&1&2&1\\1&1&1&1&0&1&1&0\\2&2&2&1&1&2&3&1\\3&3&3&2&1&3&4&1\end{bmatrix}$.

4. 判断下列矩阵是否可逆：

(1) $\begin{bmatrix}1&1&2&2\\0&2&1&5\\2&0&4&3\\1&1&0&4\end{bmatrix}$；　(2) $\begin{bmatrix}0&3&0&0\\3&0&6&-1\\2&-2&4&2\\1&-1&2&1\end{bmatrix}$.

6.7　高斯消元法

在工程技术和经济管理中有许多问题最终归结为求解一个线性方程组.我们在中学已经学习了二元及三元一次方程组，那么未知数更多的方程组如何求解呢？方程组有唯一解、有无穷多解还是无解，又如何判定？若方程组有解，其解的结构有没有规律？这些问题就是本节将要讨论的主要问题.

6.7.1　高斯消元法

前面介绍的克莱姆法则解线性方程组，其计算量很大，下面在矩阵相关知识的基础上介绍线性方程组的另一种解法：高斯消元法.

定义 6.19　设含有 n 个未知量、m 个方程式组成的方程组

$$\begin{cases} a_{11}x_1 + a_{12}x_2 + \cdots + a_{1n}x_n = b_1 \\ a_{21}x_1 + a_{22}x_2 + \cdots + a_{2n}x_n = b_2 \\ \qquad\vdots \\ a_{m1}x_1 + a_{m2}x_2 + \cdots + a_{mn}x_n = b_m \end{cases} \tag{6-7}$$

其中：系数 a_{ij}、常数 b_i 都是已知数；x_j 是未知数.当右端常数项 b_1，b_2，…，b_m 不全为零时，称方程组(6-7)为非齐次线性方程组；当常数项 b_1，b_2，…，b_m 全为零时，即

$$\begin{cases} a_{11}x_1 + a_{12}x_2 + \cdots + a_{1n}x_n = 0 \\ a_{21}x_1 + a_{22}x_2 + \cdots + a_{2n}x_n = 0 \\ \qquad\vdots \\ a_{m1}x_1 + a_{m2}x_2 + \cdots + a_{mn}x_n = 0 \end{cases} \tag{6-8}$$

称之为齐次线性方程组.

非齐次线性方程组(6-7)的矩阵表示形式为

$$\boldsymbol{AX} = \boldsymbol{B} \tag{6-9}$$

其中：

$$\boldsymbol{A} = \begin{bmatrix} a_{11} & a_{12} & \cdots & a_{1n} \\ a_{21} & a_{22} & \cdots & a_{2n} \\ \vdots & \vdots & & \vdots \\ a_{m1} & a_{m2} & \cdots & a_{mn} \end{bmatrix}, \quad \boldsymbol{X} = \begin{bmatrix} x_1 \\ x_2 \\ \vdots \\ x_n \end{bmatrix}, \quad \boldsymbol{B} = \begin{bmatrix} b_1 \\ b_2 \\ \vdots \\ b_m \end{bmatrix}$$

称 $\boldsymbol{A}$ 为方程组(6-7)的系数矩阵，$\boldsymbol{X}$ 为未知矩阵，$\boldsymbol{B}$ 为常数矩阵.将系数矩阵 $\boldsymbol{A}$ 和常数矩阵 $\boldsymbol{B}$ 放在一起构成的矩阵

$$(\boldsymbol{A}, \boldsymbol{B}) = \begin{bmatrix} a_{11} & a_{12} & \cdots & a_{1n} & b_1 \\ a_{21} & a_{22} & \cdots & a_{2n} & b_2 \\ \vdots & \vdots & & \vdots & \vdots \\ a_{m1} & a_{m2} & \cdots & a_{mn} & b_m \end{bmatrix}$$

称为方程组(6-7)的增广矩阵.由于方程组(6-7)就是由其系数和常数项决定的，因此增广矩阵$(\boldsymbol{A}, \boldsymbol{B})$可以明确地表示一个线性方程组.

类似地，齐次线性方程组(6-8)的矩阵表示形式为

$$AX = 0 \tag{6-10}$$

其中$\mathbf{0}=(0, 0, \cdots, 0)^T$.

例 1 写出线性方程组

$$\begin{cases} x_1 + 2x_2 - x_3 - 3x_4 = -1 \\ 2x_1 - 3x_3 + 5x_4 = 3 \\ -5x_1 + x_2 - 2x_3 + x_4 = 0 \end{cases}$$

的增广矩阵$(\boldsymbol{A}, \boldsymbol{B})$和矩阵形式.

解 方程组的增广矩阵是

$$(\boldsymbol{A}, \boldsymbol{B}) = \begin{bmatrix} 1 & 2 & -1 & -3 & -1 \\ 2 & 0 & -3 & 5 & 3 \\ -5 & 1 & -2 & 1 & 0 \end{bmatrix}$$

方程组的矩阵形式是$\boldsymbol{AX}=\boldsymbol{B}$，即

$$\begin{bmatrix} 1 & 2 & -1 & -3 \\ 2 & 0 & -3 & 5 \\ -5 & 1 & -2 & 1 \end{bmatrix} \begin{bmatrix} x_1 \\ x_2 \\ x_3 \end{bmatrix} = \begin{bmatrix} -1 \\ 3 \\ 0 \end{bmatrix}$$

下面用矩阵讨论一般线性方程组的解的三个问题：

(1) 方程组在什么条件下有解？

(2) 方程组有解时有多少个解？

(3) 如何求方程组的全部解？

当方程组(6-7)用增广矩阵$(\boldsymbol{A}, \boldsymbol{B})$表示时，对其进行加减消元，即对增广矩阵$(\boldsymbol{A}, \boldsymbol{B})$实施初等行变换，直到增广矩阵的左半部分$\boldsymbol{A}$化为行最简阶梯形矩阵，再求出此行最简阶梯形矩阵所对应的线性方程组的解，也就得到了原线性方程组的解. 这种方法最早在 19 世纪由德国数学家高斯提出，所以称为高斯消元法.

下面举例说明高斯消元法.

例 2 解线性方程组：

$$\begin{cases} x_1 + 2x_2 + 3x_3 = -7 \\ 2x_1 - x_2 + 2x_3 = -8 \\ x_1 + 3x_2 = 7 \end{cases}$$

解 先写出增广矩阵，再对增广矩阵实施初等行变换，将其化为行最简阶梯形矩阵：

$$(\boldsymbol{A}, \boldsymbol{B}) = \begin{bmatrix} 1 & 2 & 3 & -7 \\ 2 & -1 & 2 & -8 \\ 1 & 3 & 0 & 7 \end{bmatrix} \xrightarrow[r_3 + (-1)r_1]{r_2 + (-2)r_1} \begin{bmatrix} 1 & 2 & 3 & -7 \\ 0 & -5 & -4 & 6 \\ 0 & 1 & -3 & 14 \end{bmatrix}$$

$$\xrightarrow{r_2 \leftrightarrow r_3} \begin{bmatrix} 1 & 2 & 3 & -7 \\ 0 & 1 & -3 & 14 \\ 0 & -5 & -4 & 6 \end{bmatrix} \xrightarrow{r_3 + 5r_2} \begin{bmatrix} 1 & 2 & 3 & -7 \\ 0 & 1 & -3 & 14 \\ 0 & 0 & -19 & 76 \end{bmatrix}$$

$$\xrightarrow{-\frac{1}{19}r_3} \begin{bmatrix} 1 & 2 & 3 & -7 \\ 0 & 1 & -3 & 14 \\ 0 & 0 & 1 & -4 \end{bmatrix} \xrightarrow[r_2 + 3r_3]{r_1 + (-2)r_2} \begin{bmatrix} 1 & 0 & 9 & -35 \\ 0 & 1 & 0 & 2 \\ 0 & 0 & 1 & -4 \end{bmatrix}$$

$$\xrightarrow{r_1+(-9)r_3}\begin{bmatrix}1&0&0&1\\0&1&0&2\\0&0&1&-4\end{bmatrix}$$

最终，行最简阶梯形矩阵所对应的线性方程组为

$$\begin{cases}x_1=1\\x_2=2\\x_3=-4\end{cases}$$

这就是原方程组的解，且只有这一个解.

注　例 2 的特点是 $r(\boldsymbol{A})=r(\boldsymbol{A},\boldsymbol{B})=n$（$n$ 是未知量个数），即若系数矩阵与增广矩阵的秩相同，且与方程组未知量个数也相同，则线性方程组有唯一一组解.

例 3　解线性方程组：

$$\begin{cases}x_1+x_2-2x_3-x_4=-1\\x_1+5x_2-3x_3-2x_4=0\\3x_1-x_2+x_3+4x_4=2\\-2x_1+2x_2+x_3-x_4=1\end{cases}$$

解　先写出增广矩阵，再对增广矩阵实施初等行变换，将其化为行最简阶梯形矩阵：

$$(\boldsymbol{A},\boldsymbol{B})=\begin{bmatrix}1&1&-2&-1&-1\\1&5&-3&-2&0\\3&-1&1&4&2\\-2&2&1&-1&1\end{bmatrix}\xrightarrow[r_4+2r_1]{\substack{r_2+(-1)r_1\\r_3+(-3)r_1}}\begin{bmatrix}1&1&-2&-1&-1\\0&4&-1&-1&1\\0&-4&7&7&5\\0&4&-3&-3&-1\end{bmatrix}$$

$$\xrightarrow[r_4+(-1)r_2]{r_3+r_2}\begin{bmatrix}1&1&-2&-1&-1\\0&4&-1&-1&1\\0&0&6&6&6\\0&0&-2&-2&-2\end{bmatrix}\xrightarrow{r_4+\frac{1}{3}r_3}\begin{bmatrix}1&1&-2&-1&-1\\0&4&-1&-1&1\\0&0&6&6&6\\0&0&0&0&0\end{bmatrix}$$

$$\xrightarrow{\frac{1}{6}r_3}\begin{bmatrix}1&1&-2&-1&-1\\0&4&-1&-1&1\\0&0&1&1&1\\0&0&0&0&0\end{bmatrix}\xrightarrow[r_2+r_3]{r_1+2r_3}\begin{bmatrix}1&1&0&1&1\\0&4&0&0&2\\0&0&1&1&1\\0&0&0&0&0\end{bmatrix}$$

$$\xrightarrow{\frac{1}{4}r_2}\begin{bmatrix}1&1&0&1&1\\0&1&0&0&\frac{1}{2}\\0&0&1&1&1\\0&0&0&0&0\end{bmatrix}\xrightarrow{r_1+(-1)r_2}\begin{bmatrix}1&0&0&1&\frac{1}{2}\\0&1&0&0&\frac{1}{2}\\0&0&1&1&1\\0&0&0&0&0\end{bmatrix}$$

最终，行最简阶梯形矩阵对应的线性方程组为

$$\begin{cases}x_1+x_4=\frac{1}{2}\\x_2=\frac{1}{2}\\x_3+x_4=1\end{cases}\tag{6-11}$$

即

$$\begin{cases} x_1 = -x_4 + \dfrac{1}{2} \\ x_2 = \dfrac{1}{2} \\ x_3 = -x_4 + 1 \end{cases} \quad \text{(其中 } x_4 \text{ 可以取任意实数)} \tag{6-12}$$

由于未知量 x_4 的取值是任意实数，故此方程组有无穷多组解. 将表达式(6－12)中等号右端的未知量 x_4 称为自由未知量. 用自由未知量表示其他未知量的解称为方程组的一般解. 当自由未知量取定一个值时，得到方程组的一个解，称为方程组的特解. 如令 $x_4=1$，则得到一个特解 $x_1=-\frac{1}{2}$，$x_2=\frac{1}{2}$，$x_3=0$，$x_4=1$.

注 自由未知量的选取不是唯一的. 例 3 中也可以将 x_3 取作自由未知量，由式(6－11)可得

$$\begin{cases} x_1 = -x_3 + \dfrac{1}{2} \\ x_2 = \dfrac{1}{2} \\ x_4 = -x_3 + 1 \end{cases} \tag{6-13}$$

式(6－11)和式(6－13)虽然形式上不一样，但本质是一样的，它们都是方程组的一般解.

例 3 的特点是 $r(\boldsymbol{A})=r(\boldsymbol{A}, \boldsymbol{B})=r<n$($n$ 是未知量个数)，即若系数矩阵与增广矩阵的秩相同，但数值小于方程组未知量的个数，则此线性方程组有无穷多组解，且含 $n-r$ 个自由未知量.

例 4 解线性方程组：

$$\begin{cases} x_1 + 2x_2 - x_3 + x_4 = 3 \\ 2x_1 - 3x_2 + x_3 - x_4 = -2 \\ 4x_1 + x_2 - x_3 + x_4 = -5 \end{cases}$$

解 先写出增广矩阵，再对增广矩阵实施初等行变换，将其化为阶梯形矩阵：

$$(\boldsymbol{A}, \boldsymbol{B}) = \begin{bmatrix} 1 & 2 & -1 & 1 & 3 \\ 2 & -3 & 1 & -1 & -2 \\ 4 & 1 & -1 & 1 & -5 \end{bmatrix} \xrightarrow[r_3+(-4)r_1]{r_2+(-2)r_1} \begin{bmatrix} 1 & 2 & -1 & 1 & 3 \\ 0 & -7 & 3 & -3 & -8 \\ 0 & -7 & 3 & -3 & -17 \end{bmatrix}$$

$$\xrightarrow{r_3+(-1)r_2} \begin{bmatrix} 1 & 2 & -1 & 1 & 3 \\ 0 & -7 & 3 & -3 & -8 \\ 0 & 0 & 0 & 0 & -9 \end{bmatrix}$$

注意到，次阶梯形矩阵对应的线性方程组为

$$\begin{cases} x_1 + 2x_2 - x_3 + x_4 = 3 \\ -7x_2 + 3x_3 - 3x_4 = -8 \\ 0x_1 + 0x_2 + 0x_3 + 0x_4 = -9 \end{cases} \tag{6-14}$$

在式(6－14)中，第三个方程为矛盾方程，即无论未知量 x_1、x_2、x_3、x_4 如何取值，都不能满足这个方程，所以此方程组无解.

注　例 4 的特点是 $r(\boldsymbol{A})\neq r(\boldsymbol{A},\boldsymbol{B})$，即若系数矩阵的秩与增广矩阵的秩不相等，则此线性方程组无解.

6.7.2　线性方程组解的判定

从 6.7.1 节的几个例题中，大家已学习了用高斯消元法解线性方程组，同时还发现方程组的系数矩阵的秩、增广矩阵的秩与方程组的解之间存在某种关系，这些关系是可以经过理论证明的，具有一般性，因此将这些规律归纳如下：

定理 6.10　设含有 n 个未知数的非齐次线性方程组 $\boldsymbol{AX}=\boldsymbol{B}$ 的系数矩阵的秩为 $r(\boldsymbol{A})$，增广矩阵的秩为 $r(\boldsymbol{A},\boldsymbol{B})$.

(1) 若 $r(\boldsymbol{A})\neq r(\boldsymbol{A},\boldsymbol{B})$，则线性方程组无解；

(2) 若 $r(\boldsymbol{A})=r(\boldsymbol{A},\boldsymbol{B})=n$，则线性方程组有唯一一组解；

(3) 若 $r(\boldsymbol{A})=r(\boldsymbol{A},\boldsymbol{B})=r<n$，则线性方程组有无穷多组解，且有 $n-r(\boldsymbol{A})$ 个自由未知量.

对于齐次线性方程组 $\boldsymbol{AX}=\boldsymbol{0}$，因为 $r(\boldsymbol{A})=r(\boldsymbol{A},\boldsymbol{B})$ 恒成立，所以齐次线性方程组总是有解(至少有一零解)的. 由定理 6.10 再结合齐次线性方程组的具体情况，可以得到如下定理.

定理 6.11　设含有 n 个未知数的齐次线性方程组 $\boldsymbol{AX}=\boldsymbol{0}$ 的系数矩阵的秩为 $r(\boldsymbol{A})$.

(1) 若 $r(\boldsymbol{A})=n$，则线性方程组只有唯一的零解(没有非零解)；

(2) 若 $r(\boldsymbol{A})<n$，则线性方程组有无穷多组解，且有 $n-r(\boldsymbol{A})$ 个自由未知量(有非零解).

注　由上述两个定理可知，线性方程组(包含非齐次线性方程组和齐次线性方程组)有解的充分必要条件是它的系数矩阵 $\boldsymbol{A}$ 与增广矩阵 $(\boldsymbol{A},\boldsymbol{B})$ 有相同的秩，即 $r(\boldsymbol{A})=r(\boldsymbol{A},\boldsymbol{B})$.

例 5　试讨论下面线性方程组中 k 取不同值时解的情况：

$$\begin{cases}x_1+2x_2+2x_3+x_4=8\\2x_1+x_2-2x_3-2x_4=4\\x_1-x_2-4x_3-3x_4=k\end{cases}$$

解　对该线性方程组的增广矩阵实施初等行变换，将其化为阶梯形矩阵：

$$(\boldsymbol{A},\boldsymbol{B})=\begin{bmatrix}1&2&2&1&8\\2&1&-2&-2&4\\1&-1&-4&-3&k\end{bmatrix}\xrightarrow[r_3+(-1)r_1]{r_2+(-2)r_1}\begin{bmatrix}1&2&2&1&8\\0&-3&-6&-4&-12\\0&-3&-6&-4&k-8\end{bmatrix}$$

$$\xrightarrow{r_3+(-1)r_2}\begin{bmatrix}1&2&2&1&8\\0&-3&-6&-4&-12\\0&0&0&0&k+4\end{bmatrix}$$

当 $k=-4$ 时，$k+4=0$，则 $r(\boldsymbol{A})=r(\boldsymbol{A},\boldsymbol{B})=2<4$，所以此时线性方程组有无穷多组解，且解中自由未知量的个数为 $n-r(\boldsymbol{A})=4-2=2$；当 $k\neq-4$ 时，由于 $r(\boldsymbol{A})=2$，

$r(\boldsymbol{A},\boldsymbol{B})=3$，即 $r(\boldsymbol{A})\neq r(\boldsymbol{A},\boldsymbol{B})$，则此时线性方程组无解.

例 6 求解齐次线性方程组：

$$\begin{cases}x_1+x_2-x_3=0\\2x_1-x_2-3x_4=0\\x_1+2x_2+x_3-x_4=0\\4x_1+2x_2-4x_4=0\end{cases}$$

解

$$\boldsymbol{A}=\begin{bmatrix}1&1&-1&0\\2&-1&0&-3\\1&2&1&-1\\4&2&0&-4\end{bmatrix}\xrightarrow[r_4+(-4)r_1]{\substack{r_2+(-2)r_1\\r_3+(-1)r_1}}\begin{bmatrix}1&1&-1&0\\0&-3&2&-3\\0&1&2&-1\\0&-2&4&-4\end{bmatrix}$$

$$\xrightarrow{r_2\leftrightarrow r_3}\begin{bmatrix}1&1&-1&0\\0&1&2&-1\\0&-3&2&-3\\0&-2&4&-4\end{bmatrix}\xrightarrow{\substack{r_3+3r_2\\r_4+2r_2}}\begin{bmatrix}1&1&-1&0\\0&1&2&-1\\0&0&8&-6\\0&0&8&-6\end{bmatrix}$$

$$\xrightarrow{r_4+(-1)r_3}\begin{bmatrix}1&1&-1&0\\0&1&2&-1\\0&0&8&-6\\0&0&0&0\end{bmatrix}\xrightarrow{\frac{1}{8}r_3}\begin{bmatrix}1&1&-1&0\\0&1&2&-1\\0&0&1&-\frac{3}{4}\\0&0&0&0\end{bmatrix}$$

$$\xrightarrow{\substack{r_2+(-2)r_3\\r_1+r_3}}\begin{bmatrix}1&1&0&-\frac{3}{4}\\0&1&0&\frac{1}{2}\\0&0&1&-\frac{3}{4}\\0&0&0&0\end{bmatrix}\xrightarrow{r_1+(-1)r_2}\begin{bmatrix}1&0&0&-\frac{5}{4}\\0&1&0&\frac{1}{2}\\0&0&1&-\frac{3}{4}\\0&0&0&0\end{bmatrix}$$

因为 $r(\boldsymbol{A})=3<4$，所以此齐次线性方程组有非零解，对应的同解方程组为

$$\begin{cases}x_1-\frac{5}{4}x_4=0\\x_2+\frac{1}{2}x_4=0\\x_3-\frac{3}{4}x_4=0\end{cases}$$

由此解得该线性方程组的一般解为

$$\begin{cases}x_1=\frac{5}{4}x_4\\x_2=-\frac{1}{2}x_4\\x_3=\frac{3}{4}x_4\end{cases}\qquad(x_4\text{ 为自由未知量})$$

同步练习 6.7

1. 用高斯消元法解下列线性方程组：

(1) $\begin{cases}2x_1+x_2+x_3=2\\x_1+3x_2+x_3=5\\x_1+x_2+3x_3=-3\\2x_1+x_2-3x_3=10\end{cases}$；　(2) $\begin{cases}x_1+x_2-3x_3=-1\\2x_1+x_2-2x_3=1\\x_1+x_2+x_3=3\\x_1+2x_2-3x_3=1\end{cases}$；

(3) $\begin{cases}x_1-x_2-x_3=1\\x_1+x_2-2x_3=0\\2x_1-3x_2+x_3=10\end{cases}$　(4) $\begin{cases}2x_1-x_2+2x_3+2x_4+6x_5=2\\x_1+x_2-2x_3+x_4+3x_5=1\\3x_1+2x_2-4x_3-3x_4-9x_5=3\end{cases}$.

2. 求解下列齐次线性方程组：

(1) $\begin{cases}-x_1+x_2-x_3+5x_4=0\\x_1+x_2+3x_3-2x_4=0\\-x_1+3x_2+x_3+8x_4=0\\3x_1+x_2+7x_3-9x_4=0\end{cases}$；　(2) $\begin{cases}x_1+2x_2+x_3-x_4=0\\-2x_1+x_2-x_3+x_4=0\\7x_1+x_2+5x_3-5x_4=0\\-x_1+3x_2-x_3-2x_4=0\end{cases}$.

3. 当 a、b 取何值时，线性方程组 $\begin{cases}x_1+ax_2+x_3=3\\x_1+2ax_2+x_3=4\\x_1+x_2+bx_3=4\end{cases}$ 有唯一解、无解或无穷多解？有无穷多解时，求其一般解.

6.8　n 维向量

6.7 节介绍了用高斯消元法解线性方程组、判定方程组解的情况，本节将进一步讨论方程组的内在联系和解的结构等问题.

6.8.1　n 维向量的定义

定义 6.20　由 n 个数 a_1，a_2，…，a_n 组成的 n 元有序数组

$$\boldsymbol{\alpha}=\begin{bmatrix}a_1\\a_2\\\vdots\\a_n\end{bmatrix}$$

称为 n 维向量，记作 $\boldsymbol{\alpha}$，其中 $a_i(i=1, 2, \cdots, n)$ 为 n 维向量 $\boldsymbol{\alpha}$ 的第 i 个分量.

向量一般用小写希腊字母 $\boldsymbol{\alpha}$，$\boldsymbol{\beta}$，$\boldsymbol{\gamma}$，…表示.

向量也可以用下面形式给出：

$$\boldsymbol{\alpha}^{\mathrm{T}}=(a_1\quad a_2\quad\cdots\quad a_n)$$

一般地，称 $\boldsymbol{\alpha}$ 为列向量，$\boldsymbol{\alpha}^{\mathrm{T}}$ 为行向量.

实际上，n 维向量 $\boldsymbol{\alpha}$ 就是 $n\times1$ 矩阵(即列矩阵)，$\boldsymbol{\alpha}^{\mathrm{T}}$ 就是 $1\times n$ 矩阵(即行矩阵)，因此我们规定 n 维向量的相等、相加、数乘与列矩阵(或行矩阵)的相等、相加、数乘是相同的.

例如，一个 3×4 矩阵

$$\boldsymbol{A}=\begin{bmatrix}1&2&3&-1\\3&1&2&4\\2&2&1&2\end{bmatrix}$$

可以看成由四个三维向量组成，它们是 $\begin{bmatrix}1\\3\\2\end{bmatrix}$，$\begin{bmatrix}2\\1\\3\end{bmatrix}$，$\begin{bmatrix}3\\2\\1\end{bmatrix}$，$\begin{bmatrix}-1\\4\\2\end{bmatrix}$，称为矩阵 $\boldsymbol{A}$ 的列向量.

类似地，矩阵 $\boldsymbol{A}$ 也可以看成是分别由三个四维向量所组成的，它们是 $(1\quad2\quad3\quad-1)$，$(3\quad1\quad2\quad4)$，$(2\quad3\quad1\quad2)$，称为矩阵 $\boldsymbol{A}$ 的行向量.

例 1 设 $\boldsymbol{\alpha}=\begin{bmatrix}1\\3\\-1\\4\end{bmatrix}$，$\boldsymbol{\beta}=\begin{bmatrix}10\\3\\-4\\1\end{bmatrix}$，且 $\boldsymbol{\alpha}+2\boldsymbol{\beta}=3\boldsymbol{\gamma}$，求向量 $\boldsymbol{\gamma}$.

解 由 $\boldsymbol{\alpha}+2\boldsymbol{\beta}=3\boldsymbol{\gamma}$，得

$$\boldsymbol{\gamma}=\frac{1}{3}(\boldsymbol{\alpha}+2\boldsymbol{\beta})=\frac{1}{3}\left(\begin{bmatrix}1\\3\\-1\\4\end{bmatrix}+2\begin{bmatrix}10\\3\\-4\\1\end{bmatrix}\right)=\frac{1}{3}\left(\begin{bmatrix}1\\3\\-1\\4\end{bmatrix}+\begin{bmatrix}20\\6\\-8\\2\end{bmatrix}\right)$$

$$=\frac{1}{3}\begin{bmatrix}21\\9\\-9\\6\end{bmatrix}=\begin{bmatrix}7\\3\\-3\\2\end{bmatrix}=(7\quad3\quad-3\quad2)^{\mathrm{T}}$$

6.8.2 n 维向量的线性相关性

对于线性方程组

$$\begin{cases}a_{11}x_1+a_{12}x_2+\cdots+a_{1n}x_n=b_1\\a_{21}x_1+a_{22}x_2+\cdots+a_{2n}x_n=b_2\\\qquad\vdots\\a_{m1}x_1+a_{m2}x_2+\cdots+a_{mn}x_n=b_m\end{cases}$$

若令

$$\boldsymbol{\alpha}_1=\begin{bmatrix}a_{11}\\a_{21}\\\vdots\\a_{m1}\end{bmatrix},\quad\boldsymbol{\alpha}_2=\begin{bmatrix}a_{12}\\a_{22}\\\vdots\\a_{m2}\end{bmatrix},\quad\cdots,\quad\boldsymbol{\alpha}_n=\begin{bmatrix}a_{1n}\\a_{2n}\\\vdots\\a_{mn}\end{bmatrix},\quad\boldsymbol{\beta}=\begin{bmatrix}b_1\\b_2\\\vdots\\b_m\end{bmatrix}$$

用向量的概念及相关运算，上述线性方程组可以表示为

$$\begin{bmatrix} a_{11} \\ a_{21} \\ \vdots \\ a_{m1} \end{bmatrix} x_1 + \begin{bmatrix} a_{12} \\ a_{22} \\ \vdots \\ a_{m2} \end{bmatrix} x_2 + \cdots + \begin{bmatrix} a_{1n} \\ a_{2n} \\ \vdots \\ a_{mn} \end{bmatrix} x_n = \begin{bmatrix} b_1 \\ b_2 \\ \vdots \\ b_m \end{bmatrix} \tag{6-15}$$

即 $\boldsymbol{\alpha}_1 x_1 + \boldsymbol{\alpha}_2 x_2 + \cdots + \boldsymbol{\alpha}_n x_n = \boldsymbol{\beta}$.

那么，线性方程组的求解问题就可以看成是求一组数 x_1，x_2，…，x_n，使等号右端的常数向量与等号左端的系数矩阵的列向量之间的关系成立. 因此，研究一个向量与另外一些向量之间是否存在式(6-15)的这种关系是很重要的.

定义 6.21　对于向量 $\boldsymbol{\alpha}$，$\boldsymbol{\alpha}_1$，$\boldsymbol{\alpha}_2$，…，$\boldsymbol{\alpha}_m$，如果存在一组数 k_1，k_2，…，k_m，使

$$\boldsymbol{\alpha} = k_1\boldsymbol{\alpha}_1 + k_2\boldsymbol{\alpha}_2 + \cdots + k_m\boldsymbol{\alpha}_m$$

则称向量 $\boldsymbol{\alpha}$ 是向量 $\boldsymbol{\alpha}_1$，$\boldsymbol{\alpha}_2$，…，$\boldsymbol{\alpha}_m$ 的线性组合，或称向量 $\boldsymbol{\alpha}$ 可由向量组 $\boldsymbol{\alpha}_1$，$\boldsymbol{\alpha}_2$，…，$\boldsymbol{\alpha}_m$ 线性表示.

例 2　n 维零向量 $\mathbf{0} = (0 \quad 0 \quad \cdots \quad 0)^{\mathrm{T}}$ 是任一 n 维向量组 $\boldsymbol{\alpha}_1$，$\boldsymbol{\alpha}_2$，…，$\boldsymbol{\alpha}_m$ 的线性组合. 因为取 $k_1 = k_2 = \cdots = k_m = 0$，则

$$\mathbf{0} = 0\boldsymbol{\alpha}_1 + 0\boldsymbol{\alpha}_2 + \cdots + 0\boldsymbol{\alpha}_m$$

即零向量可由任何向量组线性表示.

例 3　设 n 维向量 $\boldsymbol{\varepsilon}_1 = (1 \quad 0 \quad \cdots \quad 0)$，$\boldsymbol{\varepsilon}_2 = (0 \quad 1 \quad \cdots \quad 0)$，$\boldsymbol{\varepsilon}_n = (0 \quad 0 \quad \cdots \quad 1)$，$\boldsymbol{\alpha} = (a_1 \quad a_2 \quad \cdots \quad a_n)^{\mathrm{T}}$ 是任意一个 n 维向量，由于

$$\boldsymbol{\alpha} = a_1\boldsymbol{\varepsilon}_1 + a_2\boldsymbol{\varepsilon}_2 + \cdots + a_n\boldsymbol{\varepsilon}_n$$

所以 $\boldsymbol{\alpha}$ 是 $\boldsymbol{\varepsilon}_1$，$\boldsymbol{\varepsilon}_2$，…，$\boldsymbol{\varepsilon}_n$ 的线性组合.

通常称 $\boldsymbol{\varepsilon}_1$，$\boldsymbol{\varepsilon}_2$，…，$\boldsymbol{\varepsilon}_n$ 为 n 维单位向量组. 因此，任何一个 n 维向量必可由 n 维单位向量组线性表示.

例 4　设向量 $\boldsymbol{\beta} = \begin{bmatrix} 2 \\ 3 \\ -1 \end{bmatrix}$，$\boldsymbol{\alpha}_1 = \begin{bmatrix} 1 \\ -1 \\ 2 \end{bmatrix}$，$\boldsymbol{\alpha}_2 = \begin{bmatrix} -1 \\ 2 \\ -3 \end{bmatrix}$，$\boldsymbol{\alpha}_3 = \begin{bmatrix} 2 \\ -3 \\ 6 \end{bmatrix}$，判断向量 $\boldsymbol{\beta}$ 是否能由向量组 $\boldsymbol{\alpha}_1$，$\boldsymbol{\alpha}_2$，$\boldsymbol{\alpha}_3$ 线性表示；若能，则写出它的一种表达式.

解　设 $x_1\boldsymbol{\alpha}_1 + x_2\boldsymbol{\alpha}_2 + x_3\boldsymbol{\alpha}_3 = \boldsymbol{\beta}$，由此可得以 x_1、x_2、x_3 为未知量的线性方程组

$$\begin{cases} x_1 - x_2 + 2x_3 = 2 \\ -x_1 + 2x_2 - 3x_3 = 3 \\ 2x_1 - 3x_2 + 6x_3 = -1 \end{cases}$$

用高斯消元法解此线性方程组：

$$\begin{bmatrix} 1 & -1 & 2 & 2 \\ -1 & 2 & -3 & 3 \\ 2 & -3 & 6 & -1 \end{bmatrix} \longrightarrow \begin{bmatrix} 1 & -1 & 2 & 2 \\ 0 & 1 & -1 & 5 \\ 0 & -1 & 2 & -5 \end{bmatrix} \longrightarrow \begin{bmatrix} 1 & 0 & 1 & 7 \\ 0 & 1 & -1 & 5 \\ 0 & 0 & 1 & 0 \end{bmatrix}$$

$$\longrightarrow \begin{bmatrix} 1 & 0 & 0 & 7 \\ 0 & 1 & 0 & 5 \\ 0 & 0 & 1 & 0 \end{bmatrix}$$

则方程组有解，$x_1 = 7$，$x_2 = 5$，$x_3 = 0$，所以

$$\boldsymbol{\beta}=7\boldsymbol{\alpha}_1+5\boldsymbol{\alpha}_2+0\boldsymbol{\alpha}_3$$

由此例题可以看出，判断一个向量是否可由其他向量线性表示，可归纳为构成的线性方程组是否有解的问题. 因此有下述定理：

定理 6.12 向量 $\boldsymbol{\beta}$ 可由向量组 $\boldsymbol{\alpha}_1$，$\boldsymbol{\alpha}_2$，…，$\boldsymbol{\alpha}_m$ 线性表示的充分必要条件是以 $\boldsymbol{\alpha}_1$，$\boldsymbol{\alpha}_2$，…，$\boldsymbol{\alpha}_m$ 为系数向量，以 $\boldsymbol{\beta}$ 为常数向量的线性方程组有解.

定义 6.22 设 $\boldsymbol{\alpha}_1$，$\boldsymbol{\alpha}_2$，…，$\boldsymbol{\alpha}_m$ 为 m 个 n 维向量，若有不全为零的 m 个实数 k_1，k_2，…，k_m，使得

$$k_1\boldsymbol{\alpha}_1+k_2\boldsymbol{\alpha}_2+\cdots+k_m\boldsymbol{\alpha}_m=\mathbf{0} \tag{6-16}$$

成立，则称向量组 $\boldsymbol{\alpha}_1$，$\boldsymbol{\alpha}_2$，…，$\boldsymbol{\alpha}_m$ 线性相关；否则，称向量组 $\boldsymbol{\alpha}_1$，$\boldsymbol{\alpha}_2$，…，$\boldsymbol{\alpha}_m$ 线性无关. 也就是说，若仅当 k_1，k_2，…，k_m 全都为零时，才能使式(6-16)成立，即 $\boldsymbol{\alpha}_1$，$\boldsymbol{\alpha}_2$，…，$\boldsymbol{\alpha}_m$ 线性无关.

例 5 证明向量组 $\mathbf{0}$，$\boldsymbol{\alpha}_1$，$\boldsymbol{\alpha}_2$，$\boldsymbol{\alpha}_3$ 是线性相关的.

证明 因为 $1\cdot\mathbf{0}+0\boldsymbol{\alpha}_1+0\boldsymbol{\alpha}_2+0\boldsymbol{\alpha}_3=\mathbf{0}$，且系数 1、0、0、0 不全为零，所以 $\mathbf{0}$，$\boldsymbol{\alpha}_1$，$\boldsymbol{\alpha}_2$，$\boldsymbol{\alpha}_3$ 是线性相关的.

例 6 证明单位向量 $\boldsymbol{e}_1=(1\quad 0\quad 0)^{\mathrm{T}}$，$\boldsymbol{e}_2=(0\quad 1\quad 0)^{\mathrm{T}}$，$\boldsymbol{e}_3=(0\quad 0\quad 1)^{\mathrm{T}}$ 是线性无关的.

证明 设 $k_1\boldsymbol{e}_1+k_2\boldsymbol{e}_2+k_3\boldsymbol{e}_3=\mathbf{0}$，即

$$k_1(1\quad 0\quad 0)^{\mathrm{T}}+k_2(0\quad 1\quad 0)^{\mathrm{T}}+k_3(0\quad 0\quad 1)^{\mathrm{T}}=(0\quad 0\quad 0)^{\mathrm{T}}$$

则 $k_1=k_2=k_3=0$，所以 $\boldsymbol{e}_1$，$\boldsymbol{e}_2$，$\boldsymbol{e}_3$ 是线性无关的.

由以上两个例题可看出两个特殊向量组具备的性质：

(1) 含有零向量的向量组必线性相关；

(2) 任何一个单位向量组必线性无关.

判断一般的向量组 $\boldsymbol{\alpha}_1$，$\boldsymbol{\alpha}_2$，…，$\boldsymbol{\alpha}_m$ 的线性相关性的基本方法和步骤如下：

① 假设存在一组数 k_1，k_2，…，k_m，并使得 $k_1\boldsymbol{\alpha}_1+k_2\boldsymbol{\alpha}_2+\cdots+k_m\boldsymbol{\alpha}_m=\mathbf{0}$ 成立.

② 运用齐次线性方程组系数矩阵的秩与方程组解的关系，判断出以 k_1，k_2，…，k_m 为未知数的齐次线性方程组是否有非零解.

③ 如果方程组有非零解，则 $\boldsymbol{\alpha}_1$，$\boldsymbol{\alpha}_2$，…，$\boldsymbol{\alpha}_m$ 线性相关；如果方程组只有零解，则 $\boldsymbol{\alpha}_1$，$\boldsymbol{\alpha}_2$，…，$\boldsymbol{\alpha}_m$ 线性无关.

例 7 讨论下列向量组的线性相关性：

(1) $\boldsymbol{\alpha}_1=(1\quad 1\quad 1)$，$\boldsymbol{\alpha}_2=(1\quad 2\quad 3)$，$\boldsymbol{\alpha}_3=(1\quad 3\quad 6)$；

(2) $\boldsymbol{\alpha}_1=(1\quad 0\quad -1\quad 2)$，$\boldsymbol{\alpha}_2=(-1\quad -1\quad 2\quad -4)$，$\boldsymbol{\alpha}_3=(2\quad 3\quad -5\quad 10)$.

解 (1) 因为

$$\boldsymbol{A}=\begin{bmatrix}1&1&1\\1&2&3\\1&3&6\end{bmatrix}\longrightarrow\begin{bmatrix}1&1&1\\0&1&2\\0&2&5\end{bmatrix}\longrightarrow\begin{bmatrix}1&1&1\\0&1&2\\0&0&1\end{bmatrix}$$

$r(\boldsymbol{A})=3=m$，所以向量组 $\boldsymbol{\alpha}_1$，$\boldsymbol{\alpha}_2$，$\boldsymbol{\alpha}_3$ 线性无关.

(2) 因为

$$\boldsymbol{B}=\begin{bmatrix}1&0&-1&2\\-1&-1&2&-4\\2&3&-5&10\end{bmatrix}\longrightarrow\begin{bmatrix}1&0&-1&2\\0&-1&1&-2\\0&3&-3&6\end{bmatrix}\longrightarrow\begin{bmatrix}1&0&-1&2\\0&-1&1&-2\\0&0&0&0\end{bmatrix}$$

$r(\boldsymbol{B})=2<m$，所以向量组 $\boldsymbol{\alpha}_1$，$\boldsymbol{\alpha}_2$，$\boldsymbol{\alpha}_3$ 线性相关.

6.8.3　向量组的秩

若给定一个 n 维向量组，在讨论其线性与否时，如何找出尽可能少的向量去表示全体向量，是本节要讨论的主要问题.

定义 6.23　若向量组 $\boldsymbol{\alpha}_1$，$\boldsymbol{\alpha}_2$，…，$\boldsymbol{\alpha}_m$ 中的部分向量组 $\boldsymbol{\alpha}_1$，$\boldsymbol{\alpha}_2$，…，$\boldsymbol{\alpha}_r$($r\leqslant m$)满足：

(1) $\boldsymbol{\alpha}_1$，$\boldsymbol{\alpha}_2$，…，$\boldsymbol{\alpha}_r$ 线性无关；

(2) 向量组 $\boldsymbol{\alpha}_1$，$\boldsymbol{\alpha}_2$，…，$\boldsymbol{\alpha}_m$ 中的任意一个向量都可以由 $\boldsymbol{\alpha}_1$，$\boldsymbol{\alpha}_2$，…，$\boldsymbol{\alpha}_r$ 线性表示，

则称部分向量组 $\boldsymbol{\alpha}_1$，$\boldsymbol{\alpha}_2$，…，$\boldsymbol{\alpha}_r$ 为向量组 $\boldsymbol{\alpha}_1$，$\boldsymbol{\alpha}_2$，…，$\boldsymbol{\alpha}_m$ 的一个极大无关组.

由极大无关组的定义可知，任意一个不全为零的向量组必有极大无关组，而线性无关的向量组的极大无关组就是向量组本身.

特别地，n 维单位向量组 $\boldsymbol{\varepsilon}_1=(1\quad 0\quad \cdots\quad 0)$，$\boldsymbol{\varepsilon}_2=(0\quad 1\quad \cdots\quad 0)$，…，$\boldsymbol{\varepsilon}_n=(0\quad 0\quad \cdots\quad 1)$是线性无关的，这个单位向量组本身就是一个极大无关组.

例 8　设向量组 $\boldsymbol{\alpha}_1=(1\quad 2\quad -1)$，$\boldsymbol{\alpha}_2=(2\quad -3\quad 1)$，$\boldsymbol{\alpha}_3=(4\quad 1\quad -1)$，不难验证 $\boldsymbol{\alpha}_1$，$\boldsymbol{\alpha}_2$，$\boldsymbol{\alpha}_3$ 是线性相关的，但 $\boldsymbol{\alpha}_1$，$\boldsymbol{\alpha}_2$ 线性无关，且 $\boldsymbol{\alpha}_1$，$\boldsymbol{\alpha}_2$，$\boldsymbol{\alpha}_3$ 都可由 $\boldsymbol{\alpha}_1$，$\boldsymbol{\alpha}_2$ 线性表示.

由于 $\boldsymbol{\alpha}_1=1\boldsymbol{\alpha}_1+0\boldsymbol{\alpha}_2$，$\boldsymbol{\alpha}_2=0\boldsymbol{\alpha}_1+1\boldsymbol{\alpha}_2$，$\boldsymbol{\alpha}_3=2\boldsymbol{\alpha}_1+\boldsymbol{\alpha}_2$，所以 $\boldsymbol{\alpha}_1$，$\boldsymbol{\alpha}_2$ 为 $\boldsymbol{\alpha}_1$，$\boldsymbol{\alpha}_2$，$\boldsymbol{\alpha}_3$ 的一个极大无关组. 此外，同理可验证 $\boldsymbol{\alpha}_2$ 与 $\boldsymbol{\alpha}_3$，$\boldsymbol{\alpha}_1$ 与 $\boldsymbol{\alpha}_3$ 也是 $\boldsymbol{\alpha}_1$，$\boldsymbol{\alpha}_2$，$\boldsymbol{\alpha}_3$ 的极大无关组.

由例 8 看到一个向量组的极大无关组可能不止一个，但是每个极大无关组中所含向量的个数却是相同的. 这反映了向量组的一个重要内在性质，下面引入一个概念.

定义 6.24　向量组 $\boldsymbol{\alpha}_1$，$\boldsymbol{\alpha}_2$，…，$\boldsymbol{\alpha}_m$ 的极大无关组所含向量的个数称为向量组的秩，记作 $r(\boldsymbol{\alpha}_1, \boldsymbol{\alpha}_2, \cdots, \boldsymbol{\alpha}_m)$.

例 8 中向量组的秩为 $r(\boldsymbol{\alpha}_1, \boldsymbol{\alpha}_2, \boldsymbol{\alpha}_3)=2$. n 维单位向量组 $\boldsymbol{\varepsilon}_1$，$\boldsymbol{\varepsilon}_2$，…，$\boldsymbol{\varepsilon}_n$ 的秩为 $r(\boldsymbol{\varepsilon}_1, \boldsymbol{\varepsilon}_2, \cdots, \boldsymbol{\varepsilon}_n)=n$.

特别地，若一个向量组中只含零向量，则规定它的秩为零.

那么，对于一个向量组，如何求它的秩和极大无关组呢？

定理 6.13　$m\times n$ 矩阵 $\boldsymbol{A}$ 的秩为 r 的充分必要条件是矩阵 $\boldsymbol{A}$ 的行(或列)向量组的秩为 r.

定理 6.14　矩阵 $\boldsymbol{A}$ 的秩＝矩阵 $\boldsymbol{A}$ 列向量组的秩＝矩阵 $\boldsymbol{A}$ 行向量组的秩.

由这个定理，可以把求向量组的秩和极大无关组的问题转化为对矩阵的研究，即把这些向量组作为矩阵的列(或行)构成一个矩阵，用初等行变换将其化为阶梯形矩阵，则非零行的个数就是向量组的秩，且非零行的首个非零元素所在的列序号对应原来向量组中的向量就构成了极大无关组.

例 9　设向量组

$$\boldsymbol{\alpha}_1=\begin{bmatrix}1\\-1\\3\\-1\\1\end{bmatrix},\quad \boldsymbol{\alpha}_2=\begin{bmatrix}2\\-1\\-1\\4\\2\end{bmatrix},\quad \boldsymbol{\alpha}_3=\begin{bmatrix}3\\-2\\2\\3\\3\end{bmatrix},\quad \boldsymbol{\alpha}_4=\begin{bmatrix}1\\0\\-4\\5\\-1\end{bmatrix}$$

求向量组的秩及其一个极大无关组.

解 把向量组 $\boldsymbol{\alpha}_1, \boldsymbol{\alpha}_2, \boldsymbol{\alpha}_3, \boldsymbol{\alpha}_4$ 作为矩阵 $\boldsymbol{A}$ 的列构成矩阵，再用初等行变换把矩阵 $\boldsymbol{A}$ 化为阶梯形矩阵：

$$\boldsymbol{A}=\begin{bmatrix}1&2&3&1\\-1&-1&-2&0\\3&-1&2&-4\\-1&4&3&5\\1&2&3&-1\end{bmatrix}\longrightarrow\begin{bmatrix}1&2&3&1\\0&1&1&1\\0&-7&-7&-7\\0&6&6&6\\0&0&0&-2\end{bmatrix}$$

$$\longrightarrow\begin{bmatrix}1&2&3&1\\0&1&1&1\\0&0&0&0\\0&0&0&0\\0&0&0&-2\end{bmatrix}\longrightarrow\begin{bmatrix}1&2&3&1\\0&1&1&1\\0&0&0&-2\\0&0&0&0\\0&0&0&0\end{bmatrix}$$

所以 $r(\boldsymbol{\alpha}_1, \boldsymbol{\alpha}_2, \boldsymbol{\alpha}_3, \boldsymbol{\alpha}_4)=3$，且 $\boldsymbol{\alpha}_1, \boldsymbol{\alpha}_2, \boldsymbol{\alpha}_4$ 是其中一个极大无关组.

例 10 设向量组 $\boldsymbol{\alpha}_1=(1\ \ -1\ \ 2\ \ 4)$，$\boldsymbol{\alpha}_2=(0\ \ 3\ \ 1\ \ 2)$，$\boldsymbol{\alpha}_3=(3\ \ 0\ \ 7\ \ 14)$，$\boldsymbol{\alpha}_4=(2\ \ 1\ \ 5\ \ 6)$，$\boldsymbol{\alpha}_5=(1\ \ -1\ \ 2\ \ 0)$，求向量组的秩及其一个极大无关组，并把其余向量用极大无关组线性表出.

解 方法 1：把向量 $\boldsymbol{\alpha}_1, \boldsymbol{\alpha}_2, \boldsymbol{\alpha}_3, \boldsymbol{\alpha}_4, \boldsymbol{\alpha}_5$ 看作一个矩阵 $\boldsymbol{A}$ 的列向量组，用初等行变换把 $\boldsymbol{A}$ 化成行最简阶梯形矩阵，即

$$\boldsymbol{A}=\begin{bmatrix}1&0&3&2&1\\-1&3&0&1&-1\\2&1&7&5&2\\4&2&14&6&0\end{bmatrix}\longrightarrow\begin{bmatrix}1&0&3&2&1\\0&3&3&3&0\\0&1&1&1&0\\0&2&2&-2&-4\end{bmatrix}$$

$$\longrightarrow\begin{bmatrix}1&0&3&2&1\\0&1&1&1&0\\0&2&2&-2&-4\\0&0&0&0&0\end{bmatrix}\longrightarrow\begin{bmatrix}1&0&3&2&1\\0&1&1&1&0\\0&0&0&-4&-4\\0&0&0&0&0\end{bmatrix}$$

$$\longrightarrow\begin{bmatrix}1&0&3&2&1\\0&1&1&1&0\\0&0&0&1&1\\0&0&0&0&0\end{bmatrix}\longrightarrow\begin{bmatrix}1&0&3&0&-1\\0&1&1&0&-1\\0&0&0&1&1\\0&0&0&0&0\end{bmatrix}$$

由上面最后一个行最简阶梯形矩阵可知，$r(\boldsymbol{\alpha}_1, \boldsymbol{\alpha}_2, \boldsymbol{\alpha}_3, \boldsymbol{\alpha}_4, \boldsymbol{\alpha}_5)=3$，向量组 $\boldsymbol{\alpha}_1, \boldsymbol{\alpha}_2, \boldsymbol{\alpha}_4$ 就是原向量组的一个极大无关组，且 $\boldsymbol{\alpha}_3=3\boldsymbol{\alpha}_1+\boldsymbol{\alpha}_2$，$\boldsymbol{\alpha}_5=-\boldsymbol{\alpha}_1-\boldsymbol{\alpha}_2+\boldsymbol{\alpha}_4$.

方法 2：把向量 $\boldsymbol{\alpha}_1, \boldsymbol{\alpha}_2, \boldsymbol{\alpha}_3, \boldsymbol{\alpha}_4, \boldsymbol{\alpha}_5$ 看作一个矩阵 $\boldsymbol{A}$ 的行向量组，再用初等行变换把 $\boldsymbol{A}$ 化成行最简阶梯形矩阵，即

$$\boldsymbol{A}=\begin{bmatrix}1&-1&2&4\\0&3&1&2\\3&0&7&14\\2&1&5&6\\1&-1&2&0\end{bmatrix}\begin{matrix}\boldsymbol{\alpha}_1\\\boldsymbol{\alpha}_2\\\boldsymbol{\alpha}_3\\\boldsymbol{\alpha}_4\\\boldsymbol{\alpha}_5\end{matrix}\longrightarrow\begin{bmatrix}1&-1&2&4\\0&3&1&2\\0&3&1&2\\0&3&1&-2\\0&0&0&-4\end{bmatrix}\begin{matrix}\boldsymbol{\alpha}_1\\\boldsymbol{\alpha}_2\\\boldsymbol{\alpha}_3-3\boldsymbol{\alpha}_1\\\boldsymbol{\alpha}_4-2\boldsymbol{\alpha}_1\\\boldsymbol{\alpha}_5-\boldsymbol{\alpha}_1\end{matrix}$$

$$\longrightarrow \begin{bmatrix} 1 & -1 & 2 & 4 \\ 0 & 3 & 1 & 2 \\ 0 & 0 & 0 & 0 \\ 0 & 0 & 0 & -4 \\ 0 & 0 & 0 & -4 \end{bmatrix} \begin{matrix} \boldsymbol{\alpha}_1 \\ \boldsymbol{\alpha}_2 \\ \boldsymbol{\alpha}_3-3\boldsymbol{\alpha}_1-\boldsymbol{\alpha}_2 \\ \boldsymbol{\alpha}_4-2\boldsymbol{\alpha}_1-\boldsymbol{\alpha}_2 \\ \boldsymbol{\alpha}_5-\boldsymbol{\alpha}_1 \end{matrix}$$

$$\longrightarrow \begin{bmatrix} 1 & -1 & 2 & 4 \\ 0 & 3 & 1 & 2 \\ 0 & 0 & 0 & -4 \\ 0 & 0 & 0 & 0 \\ 0 & 0 & 0 & 0 \end{bmatrix} \begin{matrix} \boldsymbol{\alpha}_1 \\ \boldsymbol{\alpha}_2 \\ \boldsymbol{\alpha}_4-2\boldsymbol{\alpha}_1-\boldsymbol{\alpha}_2 \\ \boldsymbol{\alpha}_5+\boldsymbol{\alpha}_1-\boldsymbol{\alpha}_4+\boldsymbol{\alpha}_2 \\ \boldsymbol{\alpha}_3-3\boldsymbol{\alpha}_1-\boldsymbol{\alpha}_2 \end{matrix}$$

所以 $r(\boldsymbol{\alpha}_1, \boldsymbol{\alpha}_2, \boldsymbol{\alpha}_3, \boldsymbol{\alpha}_4, \boldsymbol{\alpha}_5)=3$，由阶梯形矩阵的最后两行知

$$\boldsymbol{\alpha}_5+\boldsymbol{\alpha}_1-\boldsymbol{\alpha}_4+\boldsymbol{\alpha}_2=\mathbf{0}, \quad \boldsymbol{\alpha}_3-3\boldsymbol{\alpha}_1-\boldsymbol{\alpha}_2=\mathbf{0}$$

由此可得 $\boldsymbol{\alpha}_5=-\boldsymbol{\alpha}_1-\boldsymbol{\alpha}_2+\boldsymbol{\alpha}_4$，$\boldsymbol{\alpha}_3=3\boldsymbol{\alpha}_1+\boldsymbol{\alpha}_2$，即向量组 $\boldsymbol{\alpha}_1$，$\boldsymbol{\alpha}_2$，$\boldsymbol{\alpha}_4$ 就是原向量组的一个极大无关组.

同步练习 6.8

1. 设 $\boldsymbol{\alpha}=(6 \quad -2 \quad 0 \quad 4)^{\mathrm{T}}$，$\boldsymbol{\beta}=(-3 \quad 1 \quad 2 \quad 9)^{\mathrm{T}}$，求向量 $\boldsymbol{\gamma}$，使 $\boldsymbol{\alpha}+\boldsymbol{\gamma}=3\boldsymbol{\beta}$.

2. 判断向量组的线性相关性：

(1) $\boldsymbol{\alpha}_1=(1 \quad -1 \quad 2)$，$\boldsymbol{\alpha}_2=(0 \quad 2 \quad 1)$，$\boldsymbol{\alpha}_3=(1 \quad 1 \quad 1)$；

(2) $\boldsymbol{\alpha}_1=(3 \quad -1 \quad 2)^{\mathrm{T}}$，$\boldsymbol{\alpha}_2=(1 \quad 5 \quad -7)^{\mathrm{T}}$，
$\boldsymbol{\alpha}_3=(7 \quad -13 \quad 20)^{\mathrm{T}}$，$\boldsymbol{\alpha}_4=(-2 \quad 6 \quad 1)^{\mathrm{T}}$；

(3) $\boldsymbol{\alpha}_1=(1 \quad -2 \quad 4 \quad -8)^{\mathrm{T}}$，$\boldsymbol{\alpha}_2=(1 \quad 3 \quad 9 \quad 27)^{\mathrm{T}}$，
$\boldsymbol{\alpha}_3=(1 \quad 4 \quad 16 \quad 64)^{\mathrm{T}}$，$\boldsymbol{\alpha}_4=(1 \quad -1 \quad 1 \quad -1)^{\mathrm{T}}$.

3. 求下列向量组的秩及其一个极大无关组，并将其余向量用极大无关组线性表出：

(1) $\boldsymbol{\alpha}_1=(1 \quad 1 \quad 1)^{\mathrm{T}}$，$\boldsymbol{\alpha}_2=(1 \quad 1 \quad 0)^{\mathrm{T}}$，
$\boldsymbol{\alpha}_3=(1 \quad 0 \quad 0)^{\mathrm{T}}$，$\boldsymbol{\alpha}_4=(1 \quad 2 \quad -3)^{\mathrm{T}}$；

(2) $\boldsymbol{\alpha}_1=(1 \quad -1 \quad 2 \quad 1 \quad 0)^{\mathrm{T}}$，$\boldsymbol{\alpha}_2=(2 \quad -2 \quad 4 \quad -2 \quad 0)^{\mathrm{T}}$，
$\boldsymbol{\alpha}_3=(3 \quad 0 \quad 6 \quad -1 \quad 1)^{\mathrm{T}}$，$\boldsymbol{\alpha}_4=(0 \quad 3 \quad 0 \quad 0 \quad 1)^{\mathrm{T}}$；

(3) $\boldsymbol{\alpha}_1=(-1 \quad 2 \quad 0 \quad 0)$，$\boldsymbol{\alpha}_2=(1 \quad -1 \quad 1 \quad -1)$，$\boldsymbol{\alpha}_3=(0 \quad 1 \quad 1 \quad -1)$，
$\boldsymbol{\alpha}_4=(-1 \quad 4 \quad 2 \quad 1)$，$\boldsymbol{\alpha}_5=(-2 \quad 8 \quad 4 \quad 1)$.

6.9　线性方程组解的结构

6.8 节中已经讨论了线性方程组解的存在性问题，在方程组有解，尤其有无穷多组解时，如何求这些解？这些解之间有什么样的联系？这就是本节重点介绍的内容.

6.9.1　齐次线性方程组解的结构

齐次线性方程组

$$\begin{cases} a_{11}x_1 + a_{12}x_2 + \cdots + a_{1n}x_n = 0 \\ a_{21}x_1 + a_{22}x_2 + \cdots + a_{2n}x_n = 0 \\ \vdots \\ a_{m1}x_1 + a_{m2}x_2 + \cdots + a_{mn}x_n = 0 \end{cases}$$

的矩阵形式为

$$\boldsymbol{AX} = \boldsymbol{0}$$

该齐次线性方程组的任一组解

$$x_1 = k_1,\ x_2 = k_2,\ \cdots,\ x_n = k_n$$

可看成一个 n 维向量 $(k_1 \quad k_2 \quad \cdots \quad k_n)^{\mathrm{T}}$，称此向量为该齐次线性方程组的一个解向量.

显然，n 维零向量 $\boldsymbol{0} = (0 \quad 0 \quad \cdots \quad 0)^{\mathrm{T}}$ 是上述齐次线性方程组的一个解向量.

齐次线性方程组的解向量具有以下两个性质：

性质 1 若 $\boldsymbol{X}_1$、$\boldsymbol{X}_2$ 是齐次线性方程组 $\boldsymbol{AX}=\boldsymbol{0}$ 的任意两个解向量，则 $\boldsymbol{X}_1 + \boldsymbol{X}_2$ 也是方程组 $\boldsymbol{AX}=\boldsymbol{0}$ 的解向量.

性质 2 若 $\boldsymbol{X}_1$ 是方程组 $\boldsymbol{AX}=\boldsymbol{0}$ 的一个解向量，k 为任意实数，则 $k\boldsymbol{X}_1$ 也是方程组 $\boldsymbol{AX}=\boldsymbol{0}$ 的解向量.

由这两条性质可知：如果 $\boldsymbol{X}_1, \boldsymbol{X}_2, \cdots, \boldsymbol{X}_s$ 是方程组 $\boldsymbol{AX}=\boldsymbol{0}$ 的 s 个解向量，则它们的线性组合 $k_1\boldsymbol{X}_1 + k_2\boldsymbol{X}_2 + \cdots + k_s\boldsymbol{X}_s$ 也是方程组 $\boldsymbol{AX}=\boldsymbol{0}$ 的解向量.

由此可知，若齐次线性方程组 $\boldsymbol{AX}=\boldsymbol{0}$ 有非零解，则它就有无穷多个解，并且当我们能找出方程组 $\boldsymbol{AX}=\boldsymbol{0}$ 的有限个线性无关的解向量 $\boldsymbol{X}_1, \boldsymbol{X}_2, \cdots, \boldsymbol{X}_s$，使得方程组 $\boldsymbol{AX}=\boldsymbol{0}$ 的每一个解都能由 $\boldsymbol{X}_1, \boldsymbol{X}_2, \cdots, \boldsymbol{X}_s$ 线性表出时，方程组 $\boldsymbol{AX}=\boldsymbol{0}$ 的全部解就是

$$k_1\boldsymbol{X}_1 + k_2\boldsymbol{X}_2 + \cdots + k_s\boldsymbol{X}_s$$

其中，$k_1, k_2, \cdots, k_s$ 为任意实数.

定义 6.25 若齐次线性方程组 $\boldsymbol{AX}=\boldsymbol{0}$ 的解向量 $\boldsymbol{X}_1, \boldsymbol{X}_2, \cdots, \boldsymbol{X}_s$ 满足：

(1) $\boldsymbol{X}_1, \boldsymbol{X}_2, \cdots, \boldsymbol{X}_s$ 线性无关；

(2) $\boldsymbol{AX}=\boldsymbol{0}$ 的每一个解向量都可以由 $\boldsymbol{X}_1, \boldsymbol{X}_2, \cdots, \boldsymbol{X}_s$ 线性表出，

则称 $\boldsymbol{X}_1, \boldsymbol{X}_2, \cdots, \boldsymbol{X}_s$ 为方程组 $\boldsymbol{AX}=\boldsymbol{0}$ 的一个基础解系.

由定义 6.25 可知，方程组 $\boldsymbol{AX}=\boldsymbol{0}$ 的基础解系就是其全部解向量的一个极大无关组.

当方程组 $\boldsymbol{AX}=\boldsymbol{0}$ 的系数矩阵的秩 $r(\boldsymbol{A})=n$（未知量的个数）时，方程组只有零解，那么它也就不存在基础解系；而当 $r(\boldsymbol{A})=r<n$ 时，方程组有无穷多组解，且基础解系具有下列定理.

定理 6.15 若齐次线性方程组 $\boldsymbol{AX}=\boldsymbol{0}$ 的系数矩阵的秩 $r(\boldsymbol{A})=r<n$，则方程组一定有基础解系，并且它的基础解系中解向量的个数为 $n-r$.

例 1 求齐次线性方程组 $\begin{cases} x_1 + 2x_2 + 3x_3 + x_4 - 3x_5 = 0 \\ 2x_1 + x_2 + 2x_4 - 6x_5 = 0 \\ 3x_1 + 4x_2 + 5x_3 + 6x_4 - 3x_5 = 0 \\ x_1 + x_2 + x_3 + 3x_4 + x_5 = 0 \end{cases}$ 的基础解系.

解 由于方程组有 5 个未知量，却只有 4 个方程，所以方程组必有非零解. 为了求方程

组的基础解系，先要求出方程组的一般解，因此先将方程组的系数矩阵化为行最简阶梯形矩阵，即

$$A=\begin{bmatrix}1&2&3&1&-3\\2&1&0&2&-6\\3&4&5&6&-3\\1&1&1&3&1\end{bmatrix}\longrightarrow\begin{bmatrix}1&2&3&1&-3\\0&-3&-6&0&0\\0&-2&-4&3&6\\0&-1&-2&2&4\end{bmatrix}$$

$$\longrightarrow\begin{bmatrix}1&2&3&1&-3\\0&1&2&0&0\\0&-2&-4&3&6\\0&-1&-2&2&4\end{bmatrix}\longrightarrow\begin{bmatrix}1&2&3&1&-3\\0&1&2&0&0\\0&0&0&3&6\\0&0&0&2&4\end{bmatrix}$$

$$\longrightarrow\begin{bmatrix}1&2&3&1&-3\\0&1&2&0&0\\0&0&0&1&2\\0&0&0&0&0\end{bmatrix}\longrightarrow\begin{bmatrix}1&0&-1&0&-5\\0&1&2&0&0\\0&0&0&1&2\\0&0&0&0&0\end{bmatrix}$$

故方程组的一般解为

$$\begin{cases}x_1=x_3+5x_5\\x_2=-2x_3\\x_4=-2x_5\end{cases}\qquad（x_3，x_5 \text{ 为自由未知量}）$$

下面再找出方程组的有限个线性无关解向量. 令自由未知量分别取值 $\begin{bmatrix}x_3\\x_5\end{bmatrix}=\begin{bmatrix}1\\0\end{bmatrix}$、$\begin{bmatrix}0\\1\end{bmatrix}$，可以证明这样得到的两个解

$$X_1=\begin{bmatrix}1\\-2\\1\\0\\0\end{bmatrix},\quad X_2=\begin{bmatrix}5\\0\\0\\-2\\1\end{bmatrix}$$

不仅是线性无关的，而且方程组的每一个解都可以由 X_1，X_2 线性表出，即 X_1，X_2 就是方程组的一个基础解系.

此方程组有 5 个未知量，化简后的行最简阶梯形矩阵中非零行数为 3，即系数矩阵的秩为 3，由定理 6.15 可知，基础解系中解向量的个数为 5−3=2 个.

由上述例题可以归纳出求齐次线性方程组的基础解系的步骤：

(1) 把齐次线性方程组的系数矩阵 A 通过初等行变换化为行最简阶梯形矩阵；

(2) 把行最简阶梯形矩阵中非主元列所对应的未知量作为自由未知量，写出方程组的一般解；

(3) 用分别令自由未知量中的一个为 1，其余全部为 0 的方法，求出 $n-r$ 个解向量，这 $n-r$ 个解向量就构成一个基础解系.

例 2 求齐次线性方程组$\begin{cases}x_1+2x_2+2x_3+x_4=0\\2x_1+x_2-2x_3-2x_4=0\\x_1-x_2-4x_3-3x_4=0\\-x_1-2x_2-2x_3-x_4=0\end{cases}$的基础解系和全部解.

解 齐次线性方程组的系数矩阵为

$$A=\begin{bmatrix}1&2&2&1\\2&1&-2&-2\\1&-1&-4&-3\\-1&-2&-2&-1\end{bmatrix}\longrightarrow\begin{bmatrix}1&2&2&1\\0&-3&-6&-4\\0&-3&-6&-4\\0&0&0&0\end{bmatrix}\longrightarrow\begin{bmatrix}1&2&2&1\\0&-3&-6&-4\\0&0&0&0\\0&0&0&0\end{bmatrix}$$

$$\longrightarrow\begin{bmatrix}1&2&2&1\\0&1&2&\frac{4}{3}\\0&0&0&0\\0&0&0&0\end{bmatrix}\longrightarrow\begin{bmatrix}1&0&-2&-\frac{5}{3}\\0&1&2&\frac{4}{3}\\0&0&0&0\\0&0&0&0\end{bmatrix}$$

则方程组的一般解为

$$\begin{cases}x_1=2x_3+\frac{5}{3}x_4\\x_2=-2x_3-\frac{4}{3}x_4\end{cases}\quad（x_3，x_4\text{ 为自由未知量}）$$

令 $x_3=1$，$x_4=0$，得

$$\boldsymbol{X}_1=(2\quad -2\quad 1\quad 0)^{\mathrm{T}}$$

令 $x_3=0$，$x_4=1$，得

$$\boldsymbol{X}_2=\left(\frac{5}{3}\quad -\frac{4}{3}\quad 0\quad 1\right)^{\mathrm{T}}$$

所以方程组的基础解系为 $\boldsymbol{X}_1$，$\boldsymbol{X}_2$，而全部解为 $k_1\boldsymbol{X}_1+k_2\boldsymbol{X}_2$，其中 k_1，k_2 为任意实数.

6.9.2 非齐次线性方程组解的结构

非齐次线性方程组

$$\begin{cases}a_{11}x_1+a_{12}x_2+\cdots+a_{1n}x_n=b_1\\a_{21}x_1+a_{22}x_2+\cdots+a_{2n}x_n=b_2\\\quad\vdots\\a_{m1}x_1+a_{m2}x_2+\cdots+a_{mn}x_n=b_m\end{cases}$$

的矩阵形式为

$$\boldsymbol{AX}=\boldsymbol{B}$$

令 $\boldsymbol{B}=\boldsymbol{0}$，得到的齐次线性方程组 $\boldsymbol{AX}=\boldsymbol{0}$，称为非齐次线性方程组 $\boldsymbol{AX}=\boldsymbol{B}$ 的导出组.

非齐次线性方程组的解具有下列性质：

性质 1 若 $\boldsymbol{X}_1$，$\boldsymbol{X}_2$ 是非齐次线性方程组 $\boldsymbol{AX}=\boldsymbol{B}$ 的一个解，则 $\boldsymbol{X}_1-\boldsymbol{X}_2$ 是导出组 $\boldsymbol{AX}=\boldsymbol{0}$ 的一个解.

性质 2　若 $\boldsymbol{X}_0$ 是非齐次线性方程组 $\boldsymbol{AX}=\boldsymbol{B}$ 的一个解，$\widetilde{\boldsymbol{X}}$ 是 $\boldsymbol{AX}=\boldsymbol{0}$ 的一个解，则 $\boldsymbol{X}_0+\widetilde{\boldsymbol{X}}$ 是方程组 $\boldsymbol{AX}=\boldsymbol{B}$ 的一个解.

由以上两个性质可以得到非齐次线性方程组 $\boldsymbol{AX}=\boldsymbol{B}$ 的解的结构定理：

定理 6.16　若 $\boldsymbol{X}_0$ 是非齐次线性方程组 $\boldsymbol{AX}=\boldsymbol{B}$ 的一个特解，$\widetilde{\boldsymbol{X}}$ 是其导出组 $\boldsymbol{AX}=\boldsymbol{0}$ 的解，则 $\boldsymbol{X}_0+\widetilde{\boldsymbol{X}}$ 是方程组 $\boldsymbol{AX}=\boldsymbol{B}$ 的全部解.

由此定理，对于非齐次线性方程组 $\boldsymbol{AX}=\boldsymbol{B}$ 的解可以得到下面两个结论：

(1) 若非齐次线性方程组 $\boldsymbol{AX}=\boldsymbol{B}$ 有解，则只需要求出它的一个特解 $\boldsymbol{X}_0$，并求出导出组 $\boldsymbol{AX}=\boldsymbol{0}$ 的一个基础解系 $\boldsymbol{X}_1$，$\boldsymbol{X}_2$，…，$\boldsymbol{X}_{n-r}$，于是方程组 $\boldsymbol{AX}=\boldsymbol{B}$ 的全部解就可表示为

$$\boldsymbol{X}=\boldsymbol{X}_0+k_1\boldsymbol{X}_1+k_2\boldsymbol{X}_2+\cdots+k_{n-r}\boldsymbol{X}_{n-r} \tag{6-17}$$

其中，k_1，k_2，…，k_{n-r} 为任意实数，r 是系数矩阵 $\boldsymbol{A}$ 的秩.

(2) 若非齐次线性方程组 $\boldsymbol{AX}=\boldsymbol{B}$ 有解，且它的导出组 $\boldsymbol{AX}=\boldsymbol{0}$ 只有零解，则方程组 $\boldsymbol{AX}=\boldsymbol{B}$ 只有一个解；若其导出组有无穷多解，则方程组 $\boldsymbol{AX}=\boldsymbol{B}$ 也有无穷多解.

例 3　求下列线性方程组的全部解：

$$\begin{cases}2x_1+x_2-x_3+x_4=1\\3x_1-2x_2+x_3-3x_4=4\\x_1+4x_2-3x_3+5x_4=-2\end{cases}$$

解　利用初等行变换，将方程组的增广矩阵化成行最简阶梯形矩阵，即

$$(\boldsymbol{A},\boldsymbol{B})=\begin{bmatrix}2&1&-1&1&1\\3&-2&1&-3&4\\1&4&-3&5&-2\end{bmatrix}\longrightarrow\begin{bmatrix}1&4&-3&5&-2\\3&-2&1&-3&4\\2&1&-1&1&1\end{bmatrix}$$

$$\longrightarrow\begin{bmatrix}1&4&-3&5&-2\\0&-14&10&-18&10\\0&-7&5&-9&5\end{bmatrix}\longrightarrow\begin{bmatrix}1&4&-3&5&-2\\0&-14&10&-18&10\\0&0&0&0&0\end{bmatrix}$$

$$\longrightarrow\begin{bmatrix}1&4&-3&5&-2\\0&1&-\frac{5}{7}&\frac{9}{7}&-\frac{5}{7}\\0&0&0&0&0\end{bmatrix}\longrightarrow\begin{bmatrix}1&0&-\frac{1}{7}&-\frac{1}{7}&\frac{6}{7}\\0&1&-\frac{5}{7}&\frac{9}{7}&-\frac{5}{7}\\0&0&0&0&0\end{bmatrix}$$

由此可得 $r(\boldsymbol{A})=r(\boldsymbol{A},\boldsymbol{B})=2$，所以方程组有解，且方程组的一般解为

$$\begin{cases}x_1=\frac{1}{7}x_3+\frac{1}{7}x_4+\frac{6}{7}\\x_2=\frac{5}{7}x_3-\frac{9}{7}x_4-\frac{5}{7}\end{cases}\quad(x_3,\ x_4\ \text{为自由未知量})$$

令 $x_3=x_4=4$，得到方程组的一个特解

$$\boldsymbol{X}_0=(2\quad -3\quad 4\quad 4)^{\mathrm{T}}$$

方程组的导出组的一般解为

$$\begin{cases}x_1=\frac{1}{7}x_3+\frac{1}{7}x_4\\x_2=\frac{5}{7}x_3-\frac{9}{7}x_4\end{cases}\quad(x_3,\ x_4\ \text{为自由未知量})$$

令 $x_3=0$，$x_4=1$，得出导出组的解向量

$$X_1=\left(\frac{1}{7}\quad -\frac{9}{7}\quad 0\quad 1\right)^{\mathrm{T}}$$

令 $x_3=1$，$x_4=0$，得出导出组的解向量

$$X_2=\left(\frac{1}{7}\quad \frac{5}{7}\quad 1\quad 0\right)^{\mathrm{T}}$$

所以方程组的全部解为

$$X=X_0+k_1X_1+k_2X_2$$

$$=\begin{bmatrix}2\\-3\\4\\4\end{bmatrix}+k_1\begin{bmatrix}\frac{1}{7}\\-\frac{9}{7}\\0\\1\end{bmatrix}+k_2\begin{bmatrix}\frac{1}{7}\\\frac{5}{7}\\1\\0\end{bmatrix}$$

其中 k_1，k_2为任意实数.

例 4 设非齐次线性方程组

$$\begin{cases}x_1+x_2+x_3=4\\2x_1+kx_2+2x_3=8\\x_1+x_2+kx_3=3\end{cases}$$

讨论当 k 取何值时：(1) 方程组无解；(2) 方程组有唯一解，并写出这唯一解；(3)方程组有无穷多解，并用导出组的基础解系表示其全部解.

解 对方程组的增广矩阵作初等行变换，即

$$(\boldsymbol{A},\boldsymbol{B})=\begin{bmatrix}1&1&1&4\\2&k&2&8\\1&1&k&3\end{bmatrix}\longrightarrow\begin{bmatrix}1&1&1&4\\0&k-2&0&0\\0&0&k-1&-1\end{bmatrix}$$

(1) 若 $k=1$，则 $r(\boldsymbol{A})=2$，$r(\boldsymbol{A},\boldsymbol{B})=3$，故方程组无解.

(2) 若 $k\neq1$，且 $k\neq2$，则方程组有唯一解，且解为

$$x_1=\frac{3-4k}{1-k},\quad x_2=0,\quad x_3=\frac{1}{1-k}$$

(3) 若 $k=2$，则 $r(\boldsymbol{A})=r(\boldsymbol{A},\boldsymbol{B})=2<3$，故方程组有无穷多解. 方程组的增广矩阵为

$$(\boldsymbol{A},\boldsymbol{B})=\begin{bmatrix}1&1&1&4\\0&0&1&-1\\0&0&0&0\end{bmatrix}$$

则

$$\begin{cases}x_1=5-x_2\\x_3=-1\end{cases}\qquad(x_2\text{ 为自由未知量})$$

令 $x_2=0$，则得到方程组的一个特解

$$X_0=(5\quad 0\quad -1)^{\mathrm{T}}$$

方程组的导出组的一般解为

$$\begin{cases} x_1 = -x_2 \\ x_3 = 0 \end{cases} \quad (x_2 \text{ 为自由未知量})$$

令 $x_2=1$，得到导出组的解向量 $\boldsymbol{X}_1=(-1\quad 1\quad 0)^{\mathrm{T}}$，所以方程组的全部解为

$$\boldsymbol{X}=\boldsymbol{X}_0+c\boldsymbol{X}_1=\begin{bmatrix}5\\0\\1\end{bmatrix}+c\begin{bmatrix}-1\\1\\0\end{bmatrix}$$

同步练习 6.9

1. 求下列齐次线性方程组的一个基础解系和全部解：

(1) $\begin{cases} x_1+2x_3-x_4=0 \\ -x_1+x_2-3x_3+2x_4=0 \\ 2x_1-x_2+5x_3-3x_4=0 \end{cases}$；　(2) $\begin{cases} x_1-2x_2+x_3+x_4=0 \\ x_1-2x_2+x_3-x_4=0 \\ x_1-2x_2+x_3+5x_4=0 \end{cases}$；

(3) $\begin{cases} x_1-3x_2+x_3-2x_4-x_5=0 \\ -3x_1+9x_2-3x_3+6x_4+3x_5=0 \\ 2x_1-6x_2+2x_3-4x_4-2x_5=0 \\ 5x_1-15x_2+5x_3-10x_4-5x_5=0 \end{cases}$；　(4) $\begin{cases} 2x_1+x_2+3x_3+5x_4-5x_5=0 \\ x_1+x_2+x_3+4x_4-3x_5=0 \\ 3x_1+x_2+5x_3+6x_4-7x_5=0 \end{cases}$.

2. 求下列线性方程组的全部解：

(1) $\begin{cases} x_1+5x_2-x_3+x_4=-1 \\ x_1-x_2+x_3+4x_4=3 \\ 3x_1+9x_2-x_3+6x_4=1 \\ x_1-7x_2+3x_3+7x_4=7 \end{cases}$；　(2) $\begin{cases} 2x_1-4x_2+5x_3+3x_4=7 \\ 3x_1-6x_2+4x_3+2x_4=7 \\ 4x_1-8x_2+17x_3+11x_4=21 \end{cases}$.

本 章 小 结

本章系统地介绍了线性代数的基本知识，包括行列式、矩阵和线性方程组三大部分.

1. 行列式

行列式部分主要讨论了行列式的概念、性质和计算方法，同时还讨论了 n 阶行列式在解 n 元线性方程组中的应用. 主要内容包括二阶和三阶行列式的概念、n 阶行列式的定义、余子式和代数余子式的概念、n 阶行列式的性质及推论等.

1) n 阶行列式的定义

由 n^2 个数排成一个 n 行 n 列的数表 $D=\begin{vmatrix} a_{11} & a_{12} & \cdots & a_{1n} \\ a_{21} & a_{22} & \cdots & a_{2n} \\ \vdots & \vdots & & \vdots \\ a_{n1} & a_{n2} & \cdots & a_{nn} \end{vmatrix}$，称为 n 阶行列式，它是一个算式，其定义为 $D=a_{i1}A_{i1}+a_{i2}A_{i2}+\cdots+a_{in}A_{in}=\sum\limits_{j=1}^{n}a_{ij}A_{ij}$（其中 A_{ij} 为元素 a_{ij} 的代

数余子式)，当 $n=2$ 和 $n=3$ 时，分别称为二阶和三阶行列式.

注 (1) n 阶行列式是一个算式，通过计算得到的最终结果是一个数.

(2) a_{ij} 的代数余子式 A_{ij} 只与 a_{ij} 的所在位置有关，而与 a_{ij} 本身的大小无关.

(3) 这里给出的 n 阶行列式值的定义，是将行列式按某一行(或列)展开，从而将一个高阶行列式化为低阶行列式的和，这种方法有时也被称为行列式按行(或列)的展开定理，也是利用降阶法计算行列式的理论依据.

2) 化简 n 阶行列式的方法

化简 n 阶行列式有两种方法："化三角形法"和"降阶法". 在行列式计算之前，首先要观察分析各行(或列)元素的构成特点及相互关系，再采用适合的办法化简行列式. 同时要注意尽量避免分数运算，避免计算错误.

3) 求解 n 元线性方程组的克莱姆法则和齐次线性方程组有非零解的一个必要条件

克莱姆法则：针对 n 个未知数 n 个方程的线性方程组

$$\begin{cases} a_{11}x_1 + a_{12}x_2 + \cdots + a_{1n}x_n = b_1 \\ a_{21}x_1 + a_{22}x_2 + \cdots + a_{2n}x_n = b_2 \\ \qquad\qquad\vdots \\ a_{n1}x_1 + a_{n2}x_2 + \cdots + a_{nn}x_n = b_n \end{cases}$$

如果系数行列式 $D\neq 0$，则方程组就有唯一解，且解的形式为

$$x_1 = \frac{D_1}{D},\ x_2 = \frac{D_2}{D},\ \cdots,\ x_n = \frac{D_n}{D}$$

在这个法则中我们要清晰地认识三个问题：

(1) 方程组有解，但要满足两个前提条件：其一，方程的个数与未知数个数相同；其二，方程组的系数行列式 $D\neq 0$.

(2) 解是唯一的.

(3) 解的形式是确定的.

当方程组是齐次线性方程组时，满足两个前提条件的唯一的解只有零解，那么其逆否命题也成立，即齐次线性方程组有非零解，则其方程组的系数行列式 D 必为零. 因此系数行列式为零是齐次线性方程组有非零解的必要条件.

2. 矩阵

矩阵部分主要介绍了矩阵的概念、特殊矩阵、矩阵的运算、可逆矩阵和矩阵的初等行变换、逆矩阵的判别与求解以及矩阵的秩.

1) 矩阵的概念

矩阵是由 $m\times n$ 个数 a_{ij} ($i=1, 2, \cdots, m$; $j=1, 2, \cdots, n$)排成的一个 m 行 n 列的数表. 当 $m=n$ 时，称之为 n 阶方阵；当 $m=1$(或 $n=1$)时，称之为行矩阵(或列矩阵).

矩阵与行列式有着本质区别. 行列式的行数和列数相同，它表示的是一个算式. 对于数字行列式，可以通过计算求得其值. 而矩阵仅仅是一个数表，它的行数和列数可以不相同.

2) 矩阵的分类

矩阵按其结构和性质可以分为零矩阵、单位矩阵(数量矩阵)、对角矩阵(三角矩阵)、

对称矩阵与反对称矩阵、阶梯形矩阵、转置矩阵、可逆矩阵及伴随矩阵.

注　只有方阵才有可逆矩阵的概念，只有矩阵行列式不为零的矩阵才有可逆矩阵.

3）矩阵的运算

矩阵的运算包含矩阵的加法、数乘矩阵、矩阵的乘法、矩阵的初等行变换及矩阵的逆.

(1) 矩阵的加法是两个同型矩阵(即行、列数相同的矩阵)中对应元素相加得到的矩阵.

(2) 数乘矩阵是用一个任意数乘以矩阵中的每个元素所得到的矩阵.

(3) 矩阵的乘法的前提条件是：左边矩阵的列数与右边矩阵的行数相等.

设矩阵 $\boldsymbol{A}=(a_{ij})_{m\times s}$，矩阵 $\boldsymbol{B}=(b_{ij})_{s\times n}$，那么矩阵 $\boldsymbol{C}=(c_{ij})_{m\times n}$ 称为矩阵 $\boldsymbol{A}$ 与矩阵 $\boldsymbol{B}$ 的乘积，其中

$$\begin{aligned} c_{ij} &= a_{i1}b_{1j}+a_{i2}b_{2j}+\cdots+a_{is}b_{sj} \\ &= \sum_{k=1}^{s} a_{ik}b_{kj} \quad (i=1,2,\cdots,m;\ j=1,2,\cdots,n) \end{aligned}$$

一般情况下矩阵乘法不满足交换律和消去律，即 $\boldsymbol{AB}\neq\boldsymbol{BA}$；且当 $\boldsymbol{AB}=\boldsymbol{AC}$ 时，也不一定有 $\boldsymbol{B}=\boldsymbol{C}$ 成立，只有当矩阵 $\boldsymbol{A}$ 可逆(即 $\det\boldsymbol{A}\neq 0$)时，由 $\boldsymbol{AB}=\boldsymbol{AC}\Rightarrow\boldsymbol{B}=\boldsymbol{C}$.

若两矩阵 $\boldsymbol{A}$、$\boldsymbol{B}$ 满足 $\boldsymbol{AB}=\boldsymbol{BA}$，则称矩阵 $\boldsymbol{A}$ 与 $\boldsymbol{B}$ 是可交换的.

两个非零矩阵的乘积可能是零矩阵.

(4) 逆矩阵. 设 $\boldsymbol{A}$ 是 n 阶方阵，如果存在 n 阶方阵 $\boldsymbol{B}$，使得 $\boldsymbol{AB}=\boldsymbol{E}$ 或 $\boldsymbol{BA}=\boldsymbol{E}$，则矩阵 $\boldsymbol{A}$、$\boldsymbol{B}$ 都是可逆的.

$$n \text{ 阶方阵 } \boldsymbol{A} \text{ 可逆} \Leftrightarrow \det\boldsymbol{A}\neq 0 \text{（或 } r(\boldsymbol{A})=n\text{）}$$

逆矩阵的求法：

① 伴随矩阵法：$\boldsymbol{A}^{-1}=\dfrac{1}{\det\boldsymbol{A}}\boldsymbol{A}^{*}$.

② 初等行变换法对矩阵$(\boldsymbol{A}\,\vdots\,\boldsymbol{E})$进行初等行变换，将它的左半部分矩阵 $\boldsymbol{A}$ 化为单位矩阵，而同时右半部分的单位矩阵 $\boldsymbol{E}$ 化为了矩阵 $\boldsymbol{A}$ 的逆矩阵 $\boldsymbol{A}^{-1}$，即$(\boldsymbol{A}\,\vdots\,\boldsymbol{E})\xrightarrow{\text{初等行变换}}(\boldsymbol{E}\,\vdots\,\boldsymbol{A}^{-1})$.

(5) 矩阵的秩. 若一个 $m\times n$ 矩阵 $\boldsymbol{A}$ 至少有一个不为零的 k 阶子式，而所有高于 k 阶的子式都为零，则称矩阵 $\boldsymbol{A}$ 的秩为 k，记作 $r(\boldsymbol{A})=k$.

矩阵秩的求法：

① 定义法：计算量大，较适合二、三阶矩阵.

② 初等行变换法：用初等行变换将矩阵 $\boldsymbol{A}$ 化为阶梯形矩阵，则阶梯形矩阵中非零行的行数就是该矩阵的秩.

(6) 初等行变换是对矩阵变换的手段，这种变换是等价变换，但不是恒等变换. 因此，矩阵间不能用等号相连，只用“→”相连，表示矩阵间存在的某种关系. 这种等价变换不改变矩阵可逆或不可逆的本质特性，也不改变矩阵的秩.

3. 线性方程组

线性方程组部分主要介绍了求解线性方程组的高斯消元法、线性方程组解的判定、n 维向量及其线性相关性、向量组的秩、线性方程组解的结构等内容.

1）高斯消元法

首先写出线性方程组的增广矩阵$(\boldsymbol{A},\boldsymbol{B})$（对齐次线性方程组只需写出系数矩阵$\boldsymbol{A}$），并用初等行变换将其化成阶梯形矩阵，然后判断方程组是否有解. 在有解的情况下，写出阶梯形矩阵对应的方程组，并求解，或者将阶梯形矩阵化为行最简阶梯形矩阵，写出方程组的一般解.

2）线性方程组解的判定

对于非齐次线性方程组$\boldsymbol{AX}=\boldsymbol{B}$有解的充分必要条件是$r(\boldsymbol{A})=r(\boldsymbol{A},\boldsymbol{B})$，且当$r(\boldsymbol{A})=n$时，方程组有唯一解；当$r(\boldsymbol{A})<n$时，方程组有无穷多解，其中$n$为未知数个数. 对于齐次线性方程组$\boldsymbol{AX}=\boldsymbol{0}$只有零解的充分必要条件是$r(\boldsymbol{A})=n$；而当$r(\boldsymbol{A})<n$时，必有非零解.

3）向量组的线性相关性及向量组的秩

向量组$\boldsymbol{\alpha}_1,\boldsymbol{\alpha}_2,\cdots,\boldsymbol{\alpha}_n$是否线性相关，常用的判别法是先求向量组的秩，若向量组的秩等于向量组的个数，则向量组线性无关；若向量组的秩小于向量组的个数，则向量组线性相关.

向量组的秩与极大无关组的求法：把向量组中的每一个向量作为矩阵的列构成一个矩阵，用初等行变换将其化为阶梯形矩阵，则非零行的个数就是向量组的秩，主元所在的列对应的原来向量组中的向量就是极大无关组.

4）齐次线性方程组$\boldsymbol{AX}=\boldsymbol{0}$的基础解系的求解

首先把齐次线性方程组的系数矩阵通过初等行变换化为行最简阶梯形矩阵；然后把行最简阶梯形矩阵中非主元列所对应的未知量作为自由未知量，写出方程组的一般解；再用分别令自由未知量中的一个为1，其余全部为0的办法，求出$n-r$个解向量，这$n-r$个解向量就构成一个基础解系.

当$r(\boldsymbol{A})<n$时，$\boldsymbol{AX}=\boldsymbol{0}$有无穷多非零解，这些非零解可以用$n-r$个解向量线性表出，即基础解系中的解向量是方程组全部解的一个极大无关组.

5）非齐次线性方程组$\boldsymbol{AX}=\boldsymbol{B}$的求解

首先用初等行变换把方程组的增广矩阵化为行最简阶梯形矩阵，然后写出方程组的一般解，并求出它的一个特解$\boldsymbol{X}_0$，再求出方程组的导出组$\boldsymbol{AX}=\boldsymbol{0}$的一个基础解系$\boldsymbol{X}_1,\boldsymbol{X}_2,\cdots,\boldsymbol{X}_{n-r}$，最后写出方程组$\boldsymbol{AX}=\boldsymbol{B}$的全部解：$\boldsymbol{X}=\boldsymbol{X}_0+k_1\boldsymbol{X}_1+k_2\boldsymbol{X}_2+\cdots+k_{n-r}\boldsymbol{X}_{n-r}$，其中$k_1,k_2,\cdots,k_{n-r}$为任意实数.

单元测试6

1. 填空题：

（1）行列式$\begin{vmatrix} 1 & 5 & 3 & 2 \\ -2 & 1 & -1 & 3 \\ 5 & 7 & 10 & 6 \\ 3 & -2 & 1 & 8 \end{vmatrix}$中处于$a_{32}$位置的元素的代数余子式为________；

(2) 设行列式 $\begin{vmatrix} a_{11} & a_{12} & a_{13} \\ a_{21} & a_{22} & a_{23} \\ a_{31} & a_{32} & a_{33} \end{vmatrix}=3$，则 $\begin{vmatrix} 3a_{11}+a_{12} & 3a_{12} & 3a_{13} \\ 3a_{31}+a_{32} & 3a_{32} & 3a_{33} \\ 3a_{21}+a_{22} & 3a_{22} & 3a_{23} \end{vmatrix}=$________；

(3) 齐次线性方程组有非零解的必要条件是________；

(4) 若 n 阶方阵 $\boldsymbol{A}$ 可逆，则 $\det\boldsymbol{A}\neq$________，$r(\boldsymbol{A})=$________，用伴随矩阵求方阵 $\boldsymbol{A}$ 的逆矩阵的计算公式为________；

(5) 若 $\boldsymbol{A}=\begin{bmatrix} 1 & -3 & 5 & 7 \\ a & 0 & 2 & 8 \\ 5 & 2 & 4 & -11 \\ 7 & b & -11 & 6 \end{bmatrix}$ 是对称矩阵，则 $a=$________，$b=$________；

(6) 设 $\boldsymbol{A}$、$\boldsymbol{B}$ 为两个已知矩阵，且 $\boldsymbol{E}-\boldsymbol{B}$ 可逆，则方程 $\boldsymbol{A}+\boldsymbol{BX}=\boldsymbol{X}$ 的解 $\boldsymbol{X}=$________；

(7) 设 $\boldsymbol{A}$ 为 $n\times m$ 矩阵，$\boldsymbol{B}$ 为 $m\times s$ 矩阵，则 $\boldsymbol{AB}$ 有________行________列；

(8) 设齐次线性方程组 $\boldsymbol{A}_{m\times n}\boldsymbol{X}_{n\times 1}=\boldsymbol{0}$，且秩 $r(\boldsymbol{A})=r<n$，则其一般解中的自由未知量的个数等于______；

(9) 若齐次线性方程组 $\boldsymbol{AX}=\boldsymbol{0}$ 的系数矩阵为 $\boldsymbol{A}=\begin{bmatrix} 1 & -1 & 2 & 3 \\ 0 & 1 & 0 & -2 \\ 0 & 0 & 0 & 0 \end{bmatrix}$，则此方程组的一般解为________；

(10) 若线性方程组 $\boldsymbol{AX}=\boldsymbol{B}(\boldsymbol{B}\neq\boldsymbol{0})$ 有唯一解，则 $\boldsymbol{AX}=\boldsymbol{0}$________.

2. 选择题：

(1) 设 $\boldsymbol{A}$ 为 $n\times m$ 矩阵，$\boldsymbol{B}$ 为 $n\times s$ 矩阵，则下列运算有意义的是(　　).

A. $\boldsymbol{AB}$　　B. $\boldsymbol{B}^{\mathrm{T}}\boldsymbol{A}$　　C. $\boldsymbol{A}+\boldsymbol{B}$　　D. $\boldsymbol{AB}^{\mathrm{T}}$

(2) $\boldsymbol{A}$ 为 $m\times k$ 矩阵，$\boldsymbol{B}$ 为 $k\times t$ 矩阵，若 $\boldsymbol{B}$ 的第 j 列元素全为零，则下列结论正确的是(　　).

A. $\boldsymbol{AB}$ 的第 j 行元素全为零　　B. $\boldsymbol{AB}$ 的第 j 列元素全为零

C. $\boldsymbol{BA}$ 的第 j 行元素全为零　　D. $\boldsymbol{BA}$ 的第 j 列元素全为零

(3) 设 $\boldsymbol{A}$ 为 n 阶可逆矩阵，k 是非零常数，则 $(k\boldsymbol{A})^{-1}=$(　　).

A. $k\boldsymbol{A}^{-1}$　　B. $\frac{1}{k^n}\boldsymbol{A}^{-1}$　　C. $-k\boldsymbol{A}^{-1}$　　D. $\frac{1}{k}\boldsymbol{A}^{-1}$

(4) 若线性方程组的增广矩阵为 $(\boldsymbol{A},\ \boldsymbol{B})=\begin{bmatrix} 1 & \lambda & 2 \\ 2 & 1 & 0 \end{bmatrix}$，则当 $\lambda=$(　　)时方程组无解.

A. 0　　B. $\frac{1}{2}$　　C. 1　　D. 2

(5) 若线性方程组 $\boldsymbol{AX}=\boldsymbol{0}$ 只有零解，则 $\boldsymbol{AX}=\boldsymbol{B}(\boldsymbol{B}\neq\boldsymbol{0})$(　　).

A. 有唯一解　　B. 可能无解　　C. 有无穷多解　　D. 无解

3. 计算下列行列式的值：

(1) $\begin{vmatrix} 123 & 23 & 3 \\ 249 & 49 & 9 \\ 367 & 67 & 7 \end{vmatrix}$；

(2) $\begin{vmatrix} a_1 & a_2 & a_3 & 1+a_4 \\ a_1 & a_2 & 1+a_3 & a_4 \\ a_1 & 1+a_2 & a_3 & a_4 \\ 1+a_1 & a_2 & a_3 & a_4 \end{vmatrix}$；

(3) $\begin{vmatrix} 2 & -5 & 1 & 2 \\ -3 & 7 & -1 & 4 \\ 5 & -9 & 2 & 7 \\ 4 & -6 & 1 & 2 \end{vmatrix}$.

4. 若齐次线性方程组

$$\begin{cases} (\lambda+3)x_1+14x_2+2x_3=0 \\ -2x_1+(\lambda-8)x_2-x_3=0 \\ -2x_1-3x_2+(\lambda-2)x_3=0 \end{cases}$$

有非零解，试求 λ 的值.

5. 设 $\mathbf{A}=\begin{bmatrix} 1 & -1 & 1 & 1 \\ -1 & 0 & -1 & 0 \\ 1 & -1 & 1 & 0 \\ 1 & 0 & 0 & 2 \end{bmatrix}$，问矩阵 $\mathbf{A}$ 是否可逆？若可逆，试求其逆矩阵 $\mathbf{A}^{-1}$.

6. 设矩阵 $\mathbf{A}=\begin{bmatrix} 2 & -1 & -1 & 1 & 2 \\ 1 & 1 & -2 & 1 & 4 \\ 4 & -6 & 2 & -2 & 4 \\ 3 & 6 & -9 & 7 & 9 \end{bmatrix}$，试求 $r(\mathbf{A})$.

7. 求下列齐次线性方程组的一个基础解系和全部解：

(1) $\begin{cases} x_1+x_2+x_3+x_4+x_5=0 \\ 3x_1+2x_2+x_3+x_4-3x_5=0 \\ x_2+3x_3+2x_4+6x_5=0 \\ 5x_1+4x_2+3x_3+3x_4-x_5=0 \end{cases}$；

(2) $\begin{cases} 3x_1+x_2-8x_3+2x_4+x_5=0 \\ 2x_1-2x_2-3x_3-7x_4+2x_5=0 \\ x_1+11x_2-12x_3+34x_4-5x_5=0 \\ x_1-5x_2+2x_3-16x_4+3x_5=0 \end{cases}$.

8. 求下列线性方程组的全部解：

(1) $\begin{cases} 2x_1+x_2+3x_3=4 \\ x_1+x_2+x_3=1 \\ -x_1+2x_2+x_3=-2 \end{cases}$；

(2) $\begin{cases} x_1+2x_2-x_3+2x_4=1 \\ 2x_1+4x_2+x_3+x_4=5 \\ -x_1-2x_2-2x_3+x_4=-4 \end{cases}$.

第 7 章　Matlab 应用

7.1　Matlab 简介

7.1.1　Matlab 及其发展

Matlab 是一种功能强大的科学计算软件. 经过二十多年的补充与完善以及多个版本的升级换代，Matlab 已成为一个包含众多工程计算和仿真功能与工具的庞大系统，是目前世界上最流行的仿真计算软件之一.

Matlab 的产生与数学计算紧密联系. 1980 年，美国新墨西哥州大学计算机系主任 Cleve Moler 为了解决矩阵数值计算而编写了名为 Matlab 的程序，即 Matrix laboratory 中各单词前三个字母的组合，意为“矩阵实验室”. 这个程序受到学生的广泛欢迎，后来经过不断地研究与完善，现在的 Matlab 已经不仅仅是最初的“矩阵实验室”了，它已经集数值分析、矩阵运算、信息处理、图形显示和编程于一体，成为应用代数、自动控制理论、数理统计、数字信号处理、时间序列分析和动态系统仿真等课程的基本学习工具.

7.1.2　Matlab 的特点

Matlab 作为一种功能强大的数学软件，使用户在数学学习过程中更方便、简易. 用户只需要给出数学表达式，结果就以数值或图像的形式显示出来. 此外，相比其他计算机语言，Matlab 具有以下特点：

(1) 功能强大. Matlab 不仅在数值计算上继续保持着相对其他同类软件的绝对优势，而且还开发了自己的符号运算功能，使用户可以方便地处理如矩阵变换及运算、多项式运算、微积分运算、线性与非线性方程求解、常微分方程求解、偏微分方程求解、插值与拟合、统计与优化等问题.

(2) 语言简单. Matlab 允许用户以数学形式的语言编写程序，比 Basic、Fortran 和 C 语言更接近于书写计算公式的思维方式. 它的操作和功能函数指令就是以平时计算机和数学书上的一些简单英文单词表达的. 而 Matlab 的帮助系统也近乎完美，用户可以方便地查询到所需的各种信息. 另外，Matlab 还为初学者提供了功能演示窗口，用户可以从中得到感兴趣的例题和演示.

(3) 绘图功能强大. 从最早版本的 Matlab 起，图形功能就是其最基本功能之一，随着 Matlab 版本的逐步升级，其图形工具箱从简单的点、线、面处理发展到集二维图形、三维图形，甚至四维图形和对图形进行着色、消隐、光照处理、渲染和多视角处理等多功能于一体的强大功能包.

(4) 编程简易、效率高. 从形式上看，Matlab 程序文件是一个纯文本文件，扩展名为 m. 用任何字处理软件都可以对它进行编写和修改，因此程序易调试，人机交互性强.

7.1.3 Matlab 的桌面平台

1. Matlab 的启动和退出

使用 Matlab 安装盘，根据需要选择并按照提示进行安装后，最常用的方法就是双击系统桌面上的 Matlab 图标，也可以在开始菜单的程序选项中选择 Matlab 快捷方式，还可以在 Matlab 的安装路径的 bin 子菜单目录中双击可执行文件 Matlab. exe.

初次启动 Matlab 后，进入 Matlab 默认设置的桌面平台，如图 7-1 所示.

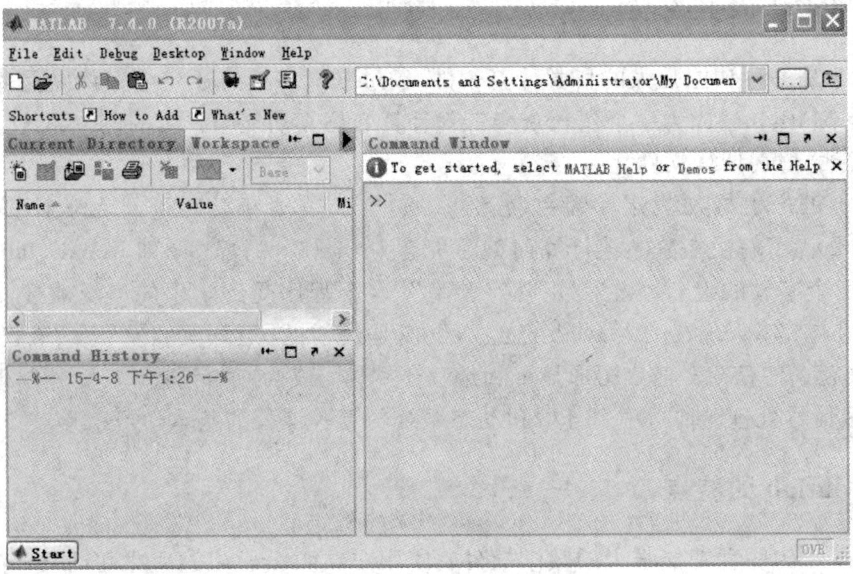

图 7-1

退出 Matlab 系统的方式有两种：

(1) 在文件菜单(File)中选择"Exit"或"Quit".

(2) 用鼠标单击窗口右上角的关闭图标"×".

2. Matlab 的桌面平台

打开 Matlab，出现系统默认的操作桌面，如图 7-1 所示. 它包括四个窗口，分别是：工作间窗口(Workspace Browser)、命令窗口(Command Window)、命令历史窗口(Command History)和当前目录窗口(Current Directory).

(1) 工作间窗口是 Matlab 的重要组成部分，这里将显示目前内存中所有变量的变量名、数字结构、字节数以及类型，不同的变量类型分别对应不同的变量名图标. 此外，窗口的上方还有一行快捷键按钮，分别表示建立新变量、打开已保存的数据文件、保存工作空间的所有数据、打印、删除数据等功能.

(2) 命令窗口位于图 7-1 的桌面右侧位置，是各窗口中最大的. 其中“≫”为运算提示符，表示 Matlab 正处于准备状态. 当在提示符后输入一段运算式并按回车键后，Matlab 将给出计算结果，然后再次进入准备状态. 如果不希望结果被显示，只要在语句后加一个分号(；)即可，此时尽管结果没有显示，但它依然被赋值，并且 Matlab 在工作空间中为之分配了内存.

(3) 命令历史窗口在默认设置下，会保留自安装起所有命令的历史记录，并标明使用时间，这大大方便了用户的查询及调用. 只须双击某一行命令，即在命令窗口中执行此行命令.

(4) 当前目录窗口中可以显示或改变当前目录，还可以显示当前目录下的文件并提供搜索功能.

7.1.4　Matlab 的帮助系统

Matlab 与其他科学计算软件相比，具有一个突出的优点，即具有一个非常完备的帮助系统. 它的帮助系统可分为三大类：联机帮助系统、命令窗口查询帮助系统和联机演示系统.

如果用户想了解某个函数的用法及输入格式，就可以在命令窗口查询帮助系统获取帮助. 此外，还可以在联机演示系统中看到演示帮助和执行的程序.

7.1.5　Matlab 的常用命令和操作技巧

1. 常用命令

在使用 Matlab 时，常用的命令如表 7-1 所示.

表 7-1

命令	命令说明	命令	命令说明
Cd	显示或改变工作目录	hold	图形保持开关
dir	显示目录下的文件	disp	显示变量或文字内容
type	显示文件内容	path	显示搜索目录
clear	清理内存变量	save	保存内存变量到指定文件
clf	清除图形窗口	load	加载指定文件的变量
pack	收集内存碎片，扩大内存空间	diary	日志文件命令
clc	清除工作窗	quit	退出 Matlab
echo	工作窗信息显示开关	!	调用 DOS 命令

2. 操作技巧

掌握一些常用的输入技巧，可以在输入命令的过程中起到事半功倍的效果. 表 7-2 列出了可能用到的技巧.

表 7-2

键盘按键	说　明	键盘按键	说　明
↑	Ctrl+p，调用上一行	home	Ctrl+a，光标置于当前行开头
↓	Ctrl+n，调用下一行	end	Ctrl+e，光标置于当前行末尾
←	Ctrl+b，光标左移一个字符	esc	Ctrl+u，清除当前行输入
→	Ctrl+f，光标右移一个字符	del	Ctrl+d，删除光标处的字符
Crtl+ ←	Ctrl+l，光标左移一个单词	backspace	Ctrl+h，删除光标前的字符
Crtl+ →	Ctrl+r，光标右移一个单词	Alt+backspace	恢复上一次删除

3. 标点

在 Matlab 语言中，一些标点符号也被赋予了特殊意义或代表一定的运算，如表 7-3 所示.

表 7-3

标点	定　义	标点	定　义
：	冒号，具有多种应用功能	.	小数点，小数点及访问符等
；	分号，区分行及取消运行显示等	…	续行符
，	逗号，区分列及函数参数分隔符等	%	百分号，注释标记
()	括号，指定运算过程中的先后次序等	!	惊叹号，调用操作系统运算
[ ]	方括号，矩阵定义的标志等	=	等号，赋值标记
{ }	大括号，用于构成单元数组等	′	单引号，字符串的标识符等

同步练习 7.1

打开 Matlab 软件，熟悉 Matlab 桌面上的各窗口的使用，以及各种按钮的含义和使用方法.

7.2 用 Matlab 进行函数运算

7.2.1 变量

变量是任何程序设计语言的基本元素之一，Matlab 语言也不例外，但不同的是，Matlab不要求对所使用的变量进行事先声明，也不需要指定变量类型，它会自动根据所赋予变量的值或对变量所进行的操作来确定变量的类型；在赋值过程中，如果变量已存在，Matlab 语言将使用新值代替旧值，并以新的变量类型代替旧的变量类型.

在 Matlab 语言中，变量的命名遵循如下规则：

(1) 变量名区分大小写；

(2) 变量名长度不超过 31 位，第 31 个字符之后的字符将被忽略；

(3) 变量名以字母开头，变量名中可包含字母、数字、下划线，但不能使用标点.

7.2.2 常量

Matlab 中有一些预定义的变量，这些特殊的变量称为常量. 表 7-4 给出了常用的一些常量及说明.

表 7-4

常量名	常量值	常量名	常量值
i，j	虚数单位，定义为 $\sqrt{-1}$	Realmin	最小的正浮点数，2^{-1023}
pi	圆周率	Realmax	最大的正浮点数，2^{1023}
eps	浮点运算的相对精度 10^{-52}	Inf	无穷大
NaN	Not-a-Number，表示不定值		

7.2.3 数字变量的运算

对于简单的数字运算，可以直接在命令窗口中以平常惯用的形式输入，如计算 125 和 36 的乘积时，可以直接输入：

```
≫ 125 * 36
ans = 4500
```

程序中的"≫"是不需要读者输入的，而是命令窗口自带的符号. 这个符号的作用是区分输入部分和输出部分的内容，凡是带有这个符号的都是输入部分，没有这个符号的都是输出结果.

这里 ans 指当前计算结果. 若计算时用户没有对表达式设定变量，Matlab 就自动将当前计算结果赋给 ans 变量. 若用户设定变量，比如：

```
≫ x=125 * 36
x = 4500
```

此时，Matlab 就把计算结果赋给指定的变量 x 了.

对于简单的表达式的计算，直接输入不失为一个好办法，但当表达式比较复杂或多次重复时，最好是先定义变量，再由变量表达式计算得到结果.

在 Matlab 中，一般代数表达式的输入与平时书写一样，如四则运算符就直接用+、-、*、/即可.

例 1 计算 122+203 和 122×203.

解 在命令窗口中输入：

```
≫ 122+203
ans =325
≫ 122 * 203
ans = 24766
```

Matlab 中的乘方和开方可能和其他语言有所不同，分别由"^"符号和函数"sqrt"实现，如下例.

例 2 计算 123^3 和 $\sqrt{123^3}$.

解 在命令窗口中输入：

```
≫ 123^3
ans = 1860867
≫ sqrt(ans)
ans = 1.3641e+003
```

注 有单纯数字的运算在用 Matlab 解决计算问题时很少用到，而且很多功能函数已融入矩阵运算和数组运算当中，后面会详细介绍. 需要提醒的是计算顺序和优先级问题，一般说来，"^"和"sqrt"的优先级最高，"*"、"/"次之，"+"、"-"的优先级最低.

7.2.4 Matlab 中基本数组函数

表 7-5 中列出了 Matlab 中的一些常用函数.

表 7-5

函数名	功　能	函数名	功　能	函数名	功　能	函数名	功　能
sin	正弦	asin	反正弦	sinh	双曲正弦	log10	常用对数
cos	余弦	acos	反余弦	cosh	双曲余弦	log2	以 2 为底的对数
tan	正切	atan	反正切	tanh	双曲正切	pow2	以 2 为底的指数
cot	余切	acot	反余切	coth	双曲余切	sqrt	平方根
sec	正割	asec	反正割	exp	指数	abs	绝对值
csc	余割	acsc	反余割	log	自然对数	image	复数的虚部
						real	复数的实部

7.2.5 复合函数运算

若函数 $z=z(y)$ 的自变量 x 又是 x 的函数 $y=y(x)$，则求 z 对 x 的函数的过程为复合函数运算. 在 Matlab 中求复合函数可由功能函数 compose 来实现.

• compose(f, g)：得到的是当 $f=f(x)$ 和 $g=g(y)$ 复合而成的函数 $f(g(y))$，这里 x 为系统定义的 f 的符号变量，y 为系统定义的 g 的符号变量.

• compose(f, g, z)：得到的是 f 和 g 复合而成的以 z 为自变量的函数.

例 3 求 $f=\dfrac{1}{1+x^2}$ 和 $g=\sin y$ 的复合函数 $f[g(y)]$.

解 在命令窗口中输入：

```
≫ syms x y t;
≫ f=1/(1+x^2);
≫ g=sin(y);
≫ compose(f, g) %默认自变量
```

```
ans =1/(sin(y)^2+1)
```

7.2.6　反函数运算

反函数的运算也是符号函数运算的重要组成部分之一，在 Matlab 中由函数 finverse 来实现.

· g= finverse(f)：得到的是函数 f 的反函数. 其中：f 的反函数默认自变量为 x；g 也是函数，且使得 $g(f(x))=x$.

· g= finverse(f, t)：表示设置自变量为 t，得到的 g 的表达式要使 $g(f(t))=t$. 例如，在命令窗口中输入：

```
≫ syms x y;
≫ f=x^2+y;
≫ finverse(f, y)
ans =- x^2+y
```

同步练习 7.2

1. 给出下列语句的运行结果：

(1) 132+173－54；　(2) 122 * 3；　(3) 12^2；　(4) pi；　(5) sqrt(64).

2. 用 compose 命令，求函数 $f=\sin x$、$g=\cos y$ 的复合函数 $f(g(y))$.

3. 用 finverse 命令，求 $f=3x-2$ 的反函数.

7.3　用 Matlab 求极限

极限是微积分的基础. 在 Matlab 中极限的求解可由 limit 函数来实现. 该命令在使用前，要先用 syms 做相关符号变量的说明. 其调用格式如下：

· limit(f, x, a)：表示求 $\lim\limits_{x\to a} f(x)$.

· limit(f, a)：表示计算默认的自变量趋于 a 时函数 f 的极限值.

· limit(f)：表示计算默认的自变量趋于 0 时函数 f 的极限值.

· limit(f, x, a, 'left')：表示求左极限 $\lim\limits_{x\to a^-} f(x)$.

· limit(f, x, a, 'right')：表示求右极限 $\lim\limits_{x\to a^+} f(x)$.

例 1　求下列表达式的极限：

(1) $\lim\limits_{x\to 0}\dfrac{\sqrt{1+x^2}-1}{1-\cos x}$；　(2) $\lim\limits_{x\to +\infty}\left(1+\dfrac{a}{x}\right)^x$；

(3) $\lim\limits_{x\to \infty}\left(1+\dfrac{2}{n}\right)^n$；　(4) $\lim\limits_{x\to 0}\dfrac{\tan(ax^2)}{2x^2+3(\sin x)^3}$；

(5) $\lim\limits_{x\to 1^+}\left[\dfrac{1}{x\ln^2 x}-\dfrac{1}{(x-1)^2}\right]$；　(6) $\lim\limits_{x\to 0}\dfrac{\sin x}{x}$；

(7) $\lim\limits_{x\to \infty}\left(1+\dfrac{2t}{x}\right)^{3x}$　(8) $\lim\limits_{x\to +\infty}(\sqrt{x-5}-\sqrt{x})$.

解 (1) 在命令窗口中输入：

```
≫ syms x;
≫ b=limit((sqrt(1+x^2)-1)/(1-cos(x)))
b =1
```

(2) 在命令窗口中输入：

```
≫ syms x a;
≫ b=limit((1+a/x)^x, x, inf)
b = exp(a)
```

(3) 在命令窗口中输入：

```
≫ syms n;
≫ y=(1+2/n)^n;
≫ limit(y, n, inf)
ans =exp(2)
```

(4) 在命令窗口中输入：

```
≫ syms a x;
≫ y=tan(a*x^2)/(2*x^2+3*(sin(x))^3);
≫ b=limit(y)
b =1/2*a
```

(5) 在命令窗口中输入：

```
≫ syms x;
≫ y=1/(x*(log(x)^2))-1/(x-1)^2;
≫ limit(y, x, 1, 'right')
ans =1/12
```

(6) 在命令窗口中输入：

```
≫ syms x;
≫ limit(sin(x)/x)
ans =1
```

(7) 在命令窗口中输入：

```
≫ syms x t;
≫ limit((1+(2*t)/x)^(3*x), x, inf)
ans =exp(6*t)
```

在极限运算中还有 $x\to\infty$ 的情况，这时用命令“inf”，其含义就是无穷大. 在具体使用时，如果出现 $x\to+\infty$ 或 $x\to-\infty$，只需在命令“inf”前加上符号即可.

(8) 在命令窗口中输入：

```
≫ syms x;
≫ f=sqrt(x-5)-sqrt(x);
≫ limit(f, x, +inf)
ans =0
```

同步练习 7.3

用 Matlab 实现下列极限：

(1) $\lim\limits_{h\to 0}\dfrac{\sin(x+h)-\sin x}{h}$；　　(2) $\lim\limits_{x\to 2}\dfrac{x-2}{x^2-4}$；

(3) $\lim\limits_{n\to\infty}\left(1+\dfrac{2}{n}\right)^{3n}$；　　(4) $\lim\limits_{x\to-\infty}\left(1+\dfrac{a}{x}\right)^{x}$.

7.4　用 Matlab 进行求导运算

在 Matlab 符号函数工具箱中，符号导数由函数 diff 来实现，其调用格式如下：

· diff(S)：没有指定变量和导数阶数，则系统将对默认的变量对表达式 S 求一阶导数.

· diff(S, 'N')：以 N 为自变量，对表达式 S 求一阶导数.

· diff(S, n)：系统将对默认的变量对表达式 S 求 n 阶导数，其中 n 为正整数.

· diff(S, 'N', n)：以 N 为自变量，对表达式 S 求 n 阶导数.

例 1　计算函数 $y=\sin(x^2)$的二阶导数 y''.

解　在命令窗口中输入：

```
≫ syms x;
≫ diff(sin(x^2))
ans =2 * cos(x^2) * x
```

例 2　计算$\dfrac{d^5 t^5}{dt^5}$.

解　在命令窗口中输入：

```
≫ syms t;
≫ diff(t^5, 5)
ans =120
```

例 3　求函数 $y=4x^3+3x$ 的二阶导数.

解　在命令窗口中输入：

```
≫ syms x;
≫ y=4 * x^3+3 * x;
≫ diff(y, 2);
≫ diff(y, 2)
ans =24 * x
```

例 4　求由参数方程所确定的函数$\begin{cases}y=e^t\\x=t^2\end{cases}$的一阶导数.

分析　根据由参数方程所确定的函数求导公式$\dfrac{dy}{dx}=\dfrac{\frac{dy}{dt}}{\frac{dx}{dt}}$调用程序时，连续使用两次 diff(S)

命令即可.

解 在命令窗口中输入：

```
≫ syms t;
≫ y=exp(t);
≫ x=t^2;
≫ dy=diff(y, 't');
≫ dx=diff(x, 't');
≫ dy/dx
ans =1/2 * exp(t)/t
```

例 5 求隐函数 $x^3+y^3+3xy=0$ 的导数$\frac{dy}{dx}$.

分析 无论是一元隐函数还是多元隐函数，在微分计算时可采用计算公式，调用两次diff(S)命令即可，针对多元隐函数求偏导数时，指定好导数变量即可.

解 在命令窗口中输入：

```
≫ clear;
≫ syms x y;
≫ s=x^3+y^3+3 * x * y;
≫ dsx=diff(s, 'x');
≫ dsy=diff(s, 'y');
≫ -dsx/dsy
ans =(-3 * x^2-3 * y)/(3 * y^2+3 * x)
```

同步练习 7.4

1. 用 Matlab 软件求函数 $y=x^2\sin 2x$ 的一阶和二阶导数.

2. 用 Matlab 软件求$\begin{cases}y=\sin t\\x=\cos t\end{cases}$的导数$\frac{dy}{dx}$.

3. 用 Matlab 软件求 $e^x+xy=3$ 的导数$\frac{dy}{dx}$.

7.5 用 Matlab 做导数应用题

Matlab 不但具有很强的计算功能，还提供了强大的绘图功能，尤其在实际问题的处理方面给用户提供了很大的帮助.下面结合例题，体验一下 Matlab 在导数应用中发挥的巨大作用.

Matlab 中，提供了 fzero 函数，来实现求函数的零点，其调用格式如下：

- fzero(f, n)：表示求函数 f 在 $x=n$ 附近的零点.

例 1 求函数 $f(x)=x^3-2x-5$ 在 $x=2$ 附近的零点，并画出函数图像.

解 在命令窗口中输入：

```
≫ f=@(x)x.^3-2*x-5;
≫z=fzero(f, 2);
≫x=0: 0.1: 4;
≫f=@(x)x.^3-2*x-5;
≫plot(x, f(x), 'b', z, f(z), 'rp') %用蓝色线画出函数图像，并用红色五边形标记零点
≫ z = 2.0946
```

函数图像如图 7-2 所示.

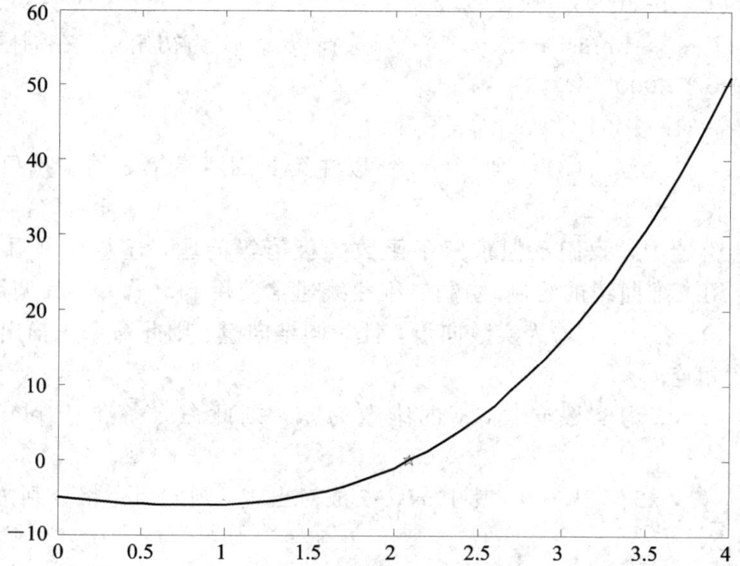

图 7-2

由 Matlab 运行结果可知，$f(x)=x^3-2x-5$ 在 $x=2$ 附近的零点为 2.0946.

Matlab 提供了 fminbnd 函数来帮助求解函数的极小值，其调用格式如下：

- fminbnd(f, a, b)：表示在 $[a, b]$ 内求函数 f 的最小值.

注　如果要求函数 f 的极大值，可以通过求 $-f$ 的极小值来实现.

例 2　求函数 $f(x)=x^3-6x^2+9x$ 在 $[2, 5]$ 内的极小值点.

解　在命令窗口中输入：

```
≫ clear;      %清空之前定义的变量
≫syms x;
≫ f=@(x)x.^3-6*x^2+9*x;
≫z=fminbnd(f, 2, 5);
≫x=2: 0.1: 5;
≫ f=@(x)x.^3-6*x^2+9*x;
≫ z= 3.0000
```

由 Matlab 运行结果可知，$x=3$ 是函数 $f(x)=x^3-6x^2+9x$ 在 $[2, 5]$ 内的极小值点.

Matlab 提供了 fminsearch 函数，用于求解函数的最小值. 同理，若要求最大值，可通过求 $-f$ 的最小值来实现.

例 3 到了苹果成熟的季节，何时采摘树上的苹果，会直接影响到果农的收入. 如果本周采摘，每棵树可采摘约 10 千克苹果，此时批发商的收购价格为 3 元/千克. 如果每推迟一周，则每棵树的产量会增加 1 千克，但批发商的收购价格会减少 0.2 元/千克. 八周后，苹果会因熟透而开始腐烂. 问果农应在第几周采摘苹果收入最高？

解 假设第 x 周采摘时，每棵树的收入为 y 元，则有

$$y=(10+x)(3-0.2x)=30+x-0.2x^2$$

在命令窗口中输入：

```
>> clear;    %清除之前的变量名及赋值
>> y=@(x)-30-x+0.2*x^2;
>> [fval, x]=fminsearch(y, 1); %选择以 x=1 为初始点，在周围寻找最小值
>> fval=2.5000
>> x =-31.2500
```

因为 $y(2)=31.2$ 元，$y(3)=31.2$ 元，所以在第 2 周或是第 3 周采摘果农获得的收入最高，每棵树的收入为 31.2 元.

在以上几个例题中，我们不但求解了函数的极值等问题，还相应地画出了函数的曲线，下面简要介绍二维曲线的绘制. 绘制二维曲线通常使用 plot 命令，其调用格式如下：

· plot(x, y)：若 x、y 均为实数向量，且为同维向量，则此命令先描出 $(x(i), y(i))$，然后用直线依次相连.

· plot(y)：若 y 为实数向量，y 的维数为 m，则此命令等价于 plot(x, y)，其中 $x=1:m$.

· plot(x1, y1, x2, y2, …)：其中 xi，yi 成对出现，则此命令将分别按顺序取两数据 xi 与 yi 进行画图.

· plot(x1, y1, LineSpec1, x2, y2, LineSpec2, …)：表示按顺序画出三个参数定义的线条，其中，参数 LineSpec$i$ 指明线条的类型，标记符号和画线用的颜色，而且在 plot 命令中可以混合使用两个参数或三个参数的形式. 其中点线颜色形状参数如表 7-6 所示.

表 7-6

符号	颜色	符号	点形状	符号	线形状
y	黄色	·	点	------	虚线
m	洋红色	∘	圆圈	——	实线
c	青色	×	叉号	:	点线
r	红色	+	加号	-.	点画线
g	绿色	*	星号		
b	蓝色	s	正方形		
w	白色	d	菱形		
k	黑色	P	正五角星		
		h	正六角星		
		<	向左三角形		
		>	向右三角形		
		∨	向下三角形		
		∧	向上三角形		

同步练习 7.5

用 Matlab 软件求函数 $f(x)=x^3-6x^2+8x-1$ 的极值点，并画出图像.

7.6　用 Matlab 求积分

Matlab 中提供了 int 命令来实现积分运算，此命令在使用前要先用 syms 命令做相关符号变量的说明. 如不声明，也可将函数和变量用引号括起来. 其调用格式如下：

• int(f, v)：表示对函数表达式 f 中指定的符号变量 v 计算不定积分. 注意：其返回值只是函数 f 的一个原函数，后面没有带任意常数 C.

• int(f)：表示对函数表达式 f 中默认的符号变量计算不定积分.

• int(f, v, a, b)：表示对函数表达式 f 中指定的符号变量 v 计算从 a 到 b 的定积分. 其中：a 和 b 可以是两个具体的数，也可以是无穷"inf"，还可以是符号表达式. 当函数 f 关于变量 v 在$[a, b]$上可积时，得到一个定积分结果，是一个数值；当 a、b 中有一个是 inf 时，函数返回一个广义积分；当 a、b 中有一个符号表达式时，函数返回一个符号函数.

• int(f, a, b)：表示对函数表达式 f 中默认的符号变量计算从 a 到 b 的定积分.

例 1　计算不定积分 $\int \frac{1}{x^2}\,dx$.

解　在命令窗口中输入：

```
>> syms x;
>> f=1/x^2;
>> int(f)
ans = -1/x
```

例 2　计算不定积分 $\int x\ln x dx$.

解　在命令窗口中输入：

```
>> syms x;
>> f=x*log(x);
>> int(f, x)
ans = 1/2*x^2*log(x)-1/4*x^2
```

例 3　求定积分 $\int_{-\frac{\pi}{2}}^{\frac{\pi}{2}} \cos x\cos 2x\,dx$.

解　在命令窗口中输入：

```
>> syms x;
>> f=cos(x)*cos(2*x);
>> int(f, -pi/2, pi/2)
ans = 2/3
```

例 4　求定积分 $\int_{-1}^{1} (x^2+3)^{\frac{1}{2}}\,dx$.

解 在命令窗口中输入：

```
≫ syms x;
≫ f=sqrt(x^2+3);
≫ int(f, x, -1, 1)
ans = 2+3/2*log(3)
```

例 5 计算广义积分 $\int_1^{\infty} \frac{1}{x^3}\,dx$.

解 在命令窗口中输入：

```
≫ syms x;
≫ f=1/(x^3);
≫ int(f, x, 1, inf)
ans = 1/2
```

同步练习 7.6

用 Matlab 命令计算下列不定积分、定积分和广义积分.

(1) $\int \frac{\cos\sqrt{x}}{\sqrt{x}}\,dx$；　　(2) $\int_0^{\frac{\pi}{2}} \frac{x+\sin x}{1+\cos x}dx$；

(3) $\int_0^{\pi} \sqrt{\sin x-\sin^3 x}dx$；　　(4) $\int_0^{+\infty} \frac{1}{1+x^2}\,dx$.

7.7 用 Matlab 计算行列式

Matlab 是英文的"矩阵实验室"的简称，该软件最初就是为矩阵计算而服务的，因此该软件可以解决线性代数中的很多问题.

Matlab 软件计算行列式都是建立在矩阵基础上的，即它计算的是矩阵行列式的值，因此本节先介绍矩阵的生成，再计算该矩阵行列式的值.

7.7.1 矩阵的生成

从键盘上直接输入矩阵是最方便、最常用的创建数值矩阵的方法，尤其适合较小的简单矩阵.具体方法是：对于任何矩阵，都可以直接按行方式输入每个元素，同一行中的元素用逗号或用空格符来分隔，且空格个数不限；不同的行之间用分号分隔.所有元素处于一个方括号内.此外，矩阵中的元素除了确定的数值外，还可以是运算表达式.当矩阵的方括号内不输入任何元素时，将形成一个空矩阵，这也是合法的.

例 1 创建矩阵，如：

```
≫ A=[1 2 3; 3 2 1; 1 2 1]
A =
     1     2     3
     3     2     1
```

```
      1      2      1
>> B=[1+3 3*2; pi 4/2]
B =
      4.0000      6.0000
      3.1416      2.0000
>> C=[] % 产生空矩阵
C =
      []
```

7.7.2 计算矩阵行列式的值

矩阵的行列式是一个数值，它可以判断矩阵是否奇异(即矩阵行列式等于零). Matlab 中求解矩阵行列式的命令是 det.

例 2 用 Matlab 计算下列行列式的值：

(1) $D_1=\begin{vmatrix}1&2&0&1\\1&3&5&0\\0&1&5&6\\1&2&3&4\end{vmatrix}$；　　(2) $D_2=\begin{vmatrix}2&1&-5&8\\1&-3&0&9\\0&2&-1&-5\\1&4&-7&0\end{vmatrix}$.

解 在命令窗口中输入：

```
>>A=[1 2 0 1; 1 3 5 0; 0 1 5 6; 1 2 3 4];
>> B=[2 1 -5 8; 1 -3 0 9; 0 2 -1 -5; 1 4 -7 0];
>> D1=det(A)
D1 =
     -21
>> D2=det(B)
D2 =
     27
```

例 3 借助 Matlab，用克莱姆法则求解线性方程组 $\begin{cases}x_1-x_2+2x_4=-5\\3x_1+2x_2-x_3-2x_4=6\\4x_1+3x_2-x_3-x_4=0\\2x_1-x_3=0\end{cases}$.

解 在命令窗口中输入：

```
>> A=[1 -1 0 2; 3 2 -1 -2; 4 3 -1 -1; 2 0 -1 0];
>> A1=[-5 -1 0 2; 6 2 -1 -2; 0 3 -1 -1; 0 0 -1 0];
>> A2=[1 -5 0 2; 3 6 -1 -2; 4 0 -1 -1; 2 0 -1 0];
>> A3=[1 -1 -5 2; 3 2 6 -2; 4 3 0 -1; 2 0 0 0];
>> A4=[1 -1 0 -5; 3 2 -1 6; 4 3 -1 0; 2 0 -1 0];
>> D=det(A)
D =
```

```
     5
>> D1=det(A1)
D1 =
    10
>> D2=det(A2)
D2 =
    -15
>> D3=det(A3)
D3 =
    20
>> D4=det(A4)
D4 =
    -25
>> x1=D1/D
x1 =
     2
>> x2=D2/D
x2 =
    -3
>> x3=D3/D
x3 =
     4
>> x4=D4/D
x4 =
    -5
```

同步练习 7.7

1. 利用 Matlab 计算下列行列式的值：

(1) $D_1=\begin{vmatrix} 2 & -5 & 1 & 2 \\ -3 & 7 & -1 & 4 \\ 5 & -9 & 2 & 7 \\ 0 & -7 & 1 & 2 \end{vmatrix}$；　　(2) $D_2=\begin{vmatrix} 4 & 1 & 3 & -1 \\ -2 & -6 & 5 & 3 \\ 1 & 2 & -1 & 0 \\ 3 & 5 & 2 & 4 \end{vmatrix}$.

2. 用克莱姆法则解线性方程组：

$$\begin{cases} x_1+2x_2-x_3+3x_4=2 \\ 2x_1-x_2+3x_3-2x_4=7 \\ 3x_2-x_3+x_4=6 \\ x_1-x_2+x_3+4x_4=-4 \end{cases}$$

7.8　用 Matlab 解决矩阵运算

之前已经介绍了如何在 Matlab 中生成较简单的矩阵，本节将继续介绍如何在 Matlab 中实现矩阵的四则运算、矩阵的逆、矩阵的秩等运算.

1. 矩阵的四则运算

矩阵的加、减、乘、除运算分别用运算符"+"、"-"、"*"和"\"或"/"直接表示即可. 特别说明的是除法分左除"\"和右除"/"两种运算. 一般地，方程 $\boldsymbol{AX}=\boldsymbol{B}$ 的解是 $\boldsymbol{X}=\boldsymbol{A}\backslash\boldsymbol{B}$(即 $\boldsymbol{A}$ 的逆矩阵左乘矩阵 $\boldsymbol{B}$)，而方程 $\boldsymbol{XA}=\boldsymbol{B}$ 的解是 $\boldsymbol{X}=\boldsymbol{B}/\boldsymbol{A}$(即 $\boldsymbol{A}$ 的逆矩阵右乘矩阵 $\boldsymbol{B}$).

例 1　已知 $\boldsymbol{A}=\begin{bmatrix}3 & 0 & 2\\5 & -7 & 9\end{bmatrix}$，$\boldsymbol{B}=\begin{bmatrix}-2 & 1 & 5\\3 & 5 & -6\end{bmatrix}$，求 $\boldsymbol{A}+\boldsymbol{B}$、$\boldsymbol{A}-\boldsymbol{B}$ 和 $2\boldsymbol{A}$.

解　在命令窗口中输入：

```
>> A=[3 0 2; 5 -7 9];
>> B=[-2 1 5; 3 5 -6];
>> A+B
ans =
     1     1     7
     8    -2     3
>> A-B
ans =
     5    -1    -3
     2   -12    15
>> 2*A
ans =
     6     0     4
    10   -14    18
```

例 2　已知 $\boldsymbol{A}=\begin{bmatrix}3 & 5\\-1 & 0\\7 & 2\end{bmatrix}$，$\boldsymbol{B}=\begin{bmatrix}4 & 6\\-2 & 10\end{bmatrix}$，求 $\boldsymbol{AB}$.

解　在命令窗口中输入：

```
>> A=[3 5; -1 0; 7 2];
>> B=[4 6; -2 10];
>> A*B
ans =
     2    68
    -4    -6
    24    62
```

例 3　若已知矩阵

$$A=\begin{bmatrix}1&2&3\\4&2&6\\7&4&9\end{bmatrix},\quad B=\begin{bmatrix}4\\1\\2\end{bmatrix}$$

求方程 $AX=B$ 的解.

分析　此时 $X=A\backslash B$.

解　在命令窗口中输入：

```
>> A=[1 2 3; 4 2 6; 7 4 9];
>> B=[4; 1; 2];
>> X=A\B
X =
      -1.5000
      2.0000
      0.5000
```

2. 矩阵的转置

矩阵的转置用运算符“′”即可实现.

例 4　已知 $A=\begin{bmatrix}1&2&3\\4&2&6\\7&4&9\end{bmatrix}$，求 A 的转置矩阵.

解　在命令窗口中输入：

```
>> A=[1 2 3; 4 2 6; 7 4 9];
>> A'
ans =
     1     4     7
     2     2     4
     3     6     9
```

3. 矩阵的逆运算

在学习逆矩阵时，给大家介绍了多种求逆矩阵的方法，而在 Matlab 中，只须一个简单的命令 inv，就可以轻松求出逆矩阵.

例 5　已知 $A=\begin{bmatrix}1&1&2\\1&2&2\\1&2&3\end{bmatrix}$，求 A 的逆 Z 及 AZ.

解　在命令窗口中输入：

```
>> A=[1 1 2; 1 2 2; 1 2 3];
>> Z=inv(A)
Z =
     2     1    -2
    -1     1     0
     0    -1     1
```

```
>> A * Z
ans =
     1     0     0
     0     1     0
     0     0     1
```

结合之前的除法运算，可以看到 $\boldsymbol{A}\backslash\boldsymbol{B}=\mathrm{inv}(\boldsymbol{A})*\boldsymbol{B}$，$\boldsymbol{B}/\boldsymbol{A}=\boldsymbol{B}*\mathrm{inv}(\boldsymbol{A})$.

4. 矩阵的秩

求解矩阵的秩，可由命令 rank 实现.

例 6　试求矩阵 $\boldsymbol{A}=\begin{bmatrix}1&2&2&11\\2&2&-3&-14\\3&1&1&3\\2&5&5&28\end{bmatrix}$ 的秩.

解　在命令窗口中输入：

```
>> A=[1 2 2 11; 2 2 -3 -14; 3 1 1 3; 2 5 5 28];
>> rank(A)
ans =
     3
```

同步练习 7.8

已知矩阵 $\boldsymbol{A}=\begin{bmatrix}1&1&0\\0&1&-1\\1&-1&1\end{bmatrix}$，$\boldsymbol{B}=\begin{bmatrix}1&2&3\\-1&-2&-4\\0&2&1\end{bmatrix}$，试用 Matlab 实现下列运算：

(1) $\boldsymbol{A}^{\mathrm{T}}\boldsymbol{B}$；　(2) $\boldsymbol{B}^{\mathrm{T}}\boldsymbol{A}$；　(3) $(\boldsymbol{AB})^{\mathrm{T}}$；　(4) $2\boldsymbol{A}-3\boldsymbol{B}$；　(5) $\boldsymbol{A}^{-1}$；
(6) $\boldsymbol{B}^{-1}$；　(7) $R(\boldsymbol{A})$；　(8) $R(\boldsymbol{B})$.

7.9　用 Matlab 解线性方程组

7.9.1　向量组的线性相关性

求列向量 **A** 的一个极大无关组时，可用命令 rref(A)将 **A** 化成行最简阶梯形矩阵，其中首元对应的列向量即为极大无关组所含向量，其他列向量的坐标即为对应向量用极大无关组线性表示的系数.

例 1　求下列矩阵列向量组的一个极大无关组：

$$\boldsymbol{A}=\begin{bmatrix}1&-2&-1&0&2\\-2&4&2&6&-6\\2&-1&0&2&3\\3&3&3&3&4\end{bmatrix}$$

解 在命令窗口中输入：

```
≫ A=[1 -2 -1 0 2; -2 4 2 6 -6; 2 -1 0 2 3; 3 3 3 3 4];
≫ b=rref(A)
b =
      1     0     1/3     0     16/9
      0     1     2/3     0     -1/9
      0     0     0       1     -1/3
      0     0     0       0     0
```

若记矩阵 **A** 的五个列向量分别为 $\boldsymbol{\alpha}_1$，$\boldsymbol{\alpha}_2$，$\boldsymbol{\alpha}_3$，$\boldsymbol{\alpha}_4$，$\boldsymbol{\alpha}_5$，则 $\boldsymbol{\alpha}_1$，$\boldsymbol{\alpha}_2$，$\boldsymbol{\alpha}_3$，$\boldsymbol{\alpha}_4$ 是列向量组的一个极大无关组，且有

$$\boldsymbol{\alpha}_3=\frac{1}{3}\boldsymbol{\alpha}_1+\frac{2}{3}\boldsymbol{\alpha}_2,\quad \boldsymbol{\alpha}_5=\frac{16}{9}\boldsymbol{\alpha}_1-\frac{1}{9}\boldsymbol{\alpha}_2-\frac{1}{3}\boldsymbol{\alpha}_4$$

7.9.2 求解线性方程组

线性方程组的求解分为两类：一类是方程组求唯一解或特解；另一类是方程组求无穷多解，即通解. 可以通过系数矩阵的秩来判断：

(1) 若系数矩阵的秩 $r=n$，则方程组有唯一解；

(2) 若系数矩阵的秩 $r<n$，则方程组有无穷多解.

1. 齐次线性方程组的求解

若 $\boldsymbol{AX}=\boldsymbol{0}$ 的系数行列式不为零，即 $r(\mathbf{A})=n$，则方程组只有零解. 若 $r(\mathbf{A})<n$，则方程组有非零解. 可以用 rref 命令求出系数矩阵的行最简阶梯形矩阵，进一步写出对应的同解方程组，从而求得方程组的一般解.

例 2 求解线性方程组 $\begin{cases}x_1-x_2-x_3-x_4=0\\2x_1-2x_2-x_3+x_4=0\\3x_1-3x_2-4x_3-6x_4=0\end{cases}$.

解 在命令窗口中输入：

```
≫ A=[1 -1 -1 -1; 2 -2 -1 1; 3 -3 -4 -6];
≫ rank(A)
ans =
      2
≫ %因为 r(A)=2<4，故齐次线性方程组有非零解
≫ rref(A)
ans =
      1     -1     0     2
      0     0      1     3
      0     0      0     0
```

由此可得 $\begin{cases}x_1=x_2-2x_4\\x_3=-3x_4\end{cases}$，令 x_2、x_4 分别为任意常数 c_1、c_2，得到方程组的一般解

$$\begin{cases} x_1 = c_1 - 2c_2 \\ x_2 = c_1 \\ x_3 = -3c_2 \\ x_4 = c_2 \end{cases}$$

2. 非齐次线性方程组的求解

对于非齐次线性方程组 $\boldsymbol{AX}=\boldsymbol{B}$，若系数矩阵的秩 $r(\boldsymbol{A})$与增广矩阵的秩 $r(\boldsymbol{A},\boldsymbol{B})$相等，且 $r(\boldsymbol{A})=r(\boldsymbol{A},\boldsymbol{B})=n$ 时，方程组有唯一解，可以借助矩阵的除法(\)直接求得. 当$r(\boldsymbol{A})=r(\boldsymbol{A},\boldsymbol{B})<n$ 时，方程组有无穷多解，仍可以用 reff 命令得到方程组导出组的基础解系，进一步求通解. 当 $r(\boldsymbol{A})\neq r(\boldsymbol{A},\boldsymbol{B})$时，方程组无解.

例 3　解线性方程组$\begin{cases} 2x_1-x_2+3x_3=1 \\ 4x_1-2x_2+5x_3=2 \\ 2x_1-x_2+4x_3=0 \end{cases}$.

解　在命令窗口中输入：

```
≫ A=[2 -1 3; 4 -2 5; 2 -1 4];
≫ A1=[2 -1 3 1; 4 -2 5 2; 2 -1 4 0];
≫ rank(A)
ans =
    2
≫ rank(A1)
ans =
    3
```

显然，方程组无解.

例 4　解线性方程组$\begin{cases} 2x_1+x_2+3x_3=4 \\ x_1+x_2+x_3=1 \\ -x_1+2x_2+x_3=-2 \end{cases}$.

解　在命令窗口中输入：

```
≫ A=[2 1 3; 1 1 1; -1 2 1];
≫ A1=[2 1 3 4; 1 1 1 1; -1 2 1 -2];
≫ rank(A)
ans =
    3
≫ rank(A1)
ans =
    3
≫ %方程组有唯一解
≫ B=[4; 1; -2];
≫ X=A\B
X =
```

```
        1
       -1
        1
```

例 5 解线性方程组$\begin{cases}x_1-x_2-x_3+x_4=0\\x_1-x_2+x_3-3x_4=1\\x_1-x_2-2x_3+x_4=-\dfrac{1}{2}\end{cases}$.

解 在命令窗口中输入：

```
>> A=[1 -1 -1 1; 1 -1 1 -3; 1 -1 -2 1];
>> A1=[1 -1 -1 1 0; 1 -1 1 -3 1; 1 -1 -2 1 -1/2];
>> rank(A)
ans =
      3
>> rank(A1)
ans =
      3
>> %方程组有无穷多解
>> rref(A1)
ans =
      1     -1      0     -1     1/2
      0      0      1     -2     1/2
      0      0      0      0      0
```

由此可得

$$\begin{cases}x_1=x_2+x_4+\dfrac{1}{2}\\x_3=2x_4+\dfrac{1}{2}\end{cases}$$

因而方程组的通解为

$$\begin{bmatrix}x_1\\x_2\\x_3\\x_4\end{bmatrix}=k_1\begin{bmatrix}1\\1\\0\\0\end{bmatrix}+k_2\begin{bmatrix}1\\0\\2\\1\end{bmatrix}+\begin{bmatrix}\dfrac{1}{2}\\0\\\dfrac{1}{2}\\0\end{bmatrix}$$

同步练习 7.9

1. 借助 Matlab，试求向量组：

$\boldsymbol{\alpha}_1=(1\quad 1\quad 1)^{\mathrm{T}}$，$\boldsymbol{\alpha}_2=(1\quad 1\quad 0)^{\mathrm{T}}$，$\boldsymbol{\alpha}_3=(1\quad 0\quad 0)^{\mathrm{T}}$，$\boldsymbol{\alpha}_4=(1\quad 2\quad -3)^{\mathrm{T}}$
的一个极大无关组，并将其余向量用极大无关组线性表出.

2. 利用 Matlab 解下列线性方程组：

(1) $\begin{cases} 2x_1+x_2+3x_3+5x_4-5x_5=0 \\ x_1+x_2+x_3+4x_4-3x_5=0 \\ 3x_1+x_2+5x_3+6x_4-7x_5=0 \end{cases}$；

(2) $\begin{cases} x_1+5x_2-x_3+x_4=-1 \\ x_1-x_2+x_3+4x_4=3 \\ 3x_1+9x_2-x_3+6x_4=1 \\ x_1-7x_2+3x_3+7x_4=7 \end{cases}$；

(3) $\begin{cases} 2x_1-4x_2+5x_3+3x_4=7 \\ 3x_1-6x_2+4x_3+2x_4=7 \\ 4x_1-8x_2+17x_3+11x_4=21 \end{cases}$.

本 章 小 结

Matlab 作为一种功能强大的数学软件，使用户在数学学习过程中更方便、简易. 目前 Matlab 软件在工程、经济管理等领域都得到了广泛应用. 在高职的高等数学学习中，Matlab 软件作为有效改进高数教学的手段，可提高学生的学习兴趣，增强学生学习的操作性、动手性.

本章首先介绍了 Matlab 软件的基本内容、基本操作和常用命令，让学生对 Matlab 软件有一个简要的、全方面的认识；然后密切结合学生在课堂上学习的高数知识，介绍了 Matlab 中的命令，让学生充分体会到 Matlab 软件的强大功能和操作的便捷性（对高数课程中一些常见的运算，分别介绍了 Matlab 的操作方法，如用 limit 命令处理极限运算，用 diff 命令处理一元函数、多元函数及隐函数导数运算，用 fminbnd 命令求函数在闭区间的最小值，用 int 命令处理不定积分、定积分和重积分，用 dsolve 命令求解常微分方程，用 det 命令求解矩阵行列式，用 rand 命令求解矩阵的秩，用 rref 命令求解行最简阶梯形矩阵等）；此外还介绍了绘图命令，比如用 plot 命令绘制二维曲线，用 plot3 命令绘制三维曲线，用 surf 命令绘制空间曲面等.

由此可以看到，利用 Matlab 软件可将复杂的手工计算转化为计算机运算，降低了数学计算的难度，不但提高了学生学习的效率、计算的准确性，也提升了高数对专业课的服务性.

附录 A　常用数学公式

1. 乘法公式

(1) $a^2-b^2=(a+b)(a-b)$；

(2) $a^3-b^3=(a-b)(a^2+ab+b^2)$；

(3) $a^3+b^3=(a+b)(a^2-ab+b^2)$；

(4) $(a+b)^2=a^2+2ab+b^2$；

(5) $(a-b)^2=a^2-2ab+b^2$；

(6) $(a-b)^3=a^3-3a^2b+3ab^2-b^3$；

(7) $(a+b)^3=a^3+3a^2b+3ab^2+b^3$.

2. 不等式

(1) $|a\pm b|\leqslant|a|+|b|$；

(2) $|a-b|\geqslant|a|-|b|$；

(3) $-|a|\leqslant a\leqslant|a|$；

(4) $|a|\leqslant b\Leftrightarrow -b\leqslant a\leqslant b$.

3. 一元二次方程 $ax^2+bx+c=0$ 的解

(1) $x=\dfrac{-b\pm\sqrt{b^2-4ac}}{2a}$；

(2) 根与系数的关系：

$$x_1+x_2=-\frac{b}{a},\quad x_1\cdot x_2=\frac{c}{a}$$

(3) 判别式：$\Delta=b^2-4ac\begin{cases}>0, & 方程有不等二实根\\ =0, & 方程有相等二实根\\ <0, & 方程有共轭复数根\end{cases}$

4. 特殊数列前 n 项的和

(1) $1+2+3+\cdots+n=\dfrac{n(n+1)}{2}$；

(2) $1+3+5+\cdots+(2n-1)=n^2$；

(3) $2+4+6+\cdots+2n=n(n+1)$；

(4) $1^2+2^2+3^2+\cdots+n^2=\dfrac{n(n+1)(2n+1)}{6}$；

(5) $1^3+2^3+3^3+\cdots+n^3=\dfrac{n^2(n+1)^2}{4}$；

(6) $1\cdot2+2\cdot3+3\cdot4+\cdots+n\cdot(n+1)=\frac{n(n+1)(n+2)}{3}$.

5. 二项式展开式

$(a+b)^n=a^n+na^{n-1}b+C_n^2a^{n-2}b^2+\cdots+C_n^ra^{n-r}b^r+\cdots+b^n$

6. 三角函数公式

1）两角和公式

(1) $\sin(\alpha\pm\beta)=\sin\alpha\cos\beta\pm\cos\alpha\sin\beta$;

(2) $\cos(\alpha\pm\beta)=\cos\alpha\cos\beta\mp\sin\alpha\sin\beta$;

(3) $\tan(\alpha\pm\beta)=\frac{\tan\alpha\pm\tan\beta}{1\mp\tan\alpha\tan\beta}$;

(4) $\cot(\alpha\pm\beta)=\frac{\cot\alpha\tan\beta\mp1}{\cot\beta\pm\cot\alpha}$.

2）二倍角公式

(1) $\sin2\alpha=2\sin\alpha\cos\alpha$;

(2) $\cos2\alpha=\cos^2\alpha-\sin^2\alpha=2\cos^2-1=1-2\sin^2\alpha$;

(3) $\tan2\alpha=\frac{2\tan\alpha}{1-\tan^2\alpha}$;

(4) $\cot2\alpha=\frac{\cot^2\alpha-1}{2\cot\alpha}$.

3）半角公式

(1) $\sin\frac{\alpha}{2}=\pm\sqrt{\frac{1-\cos\alpha}{2}}$;

(2) $\cos\frac{\alpha}{2}=\pm\sqrt{\frac{1+\cos\alpha}{2}}$;

(3) $\tan\frac{\alpha}{2}=\pm\sqrt{\frac{1-\cos\alpha}{1+\cos\alpha}}=\frac{1-\cos\alpha}{\sin\alpha}=\frac{\sin\alpha}{1+\cos\alpha}$;

(4) $\cot\frac{\alpha}{2}=\pm\sqrt{\frac{1+\cos\alpha}{1-\cos\alpha}}=\frac{1+\cos\alpha}{\sin\alpha}=\frac{\sin\alpha}{1-\cos\alpha}$.

4）和差化积公式

(1) $2\sin\alpha\cos\beta=\sin(\alpha+\beta)+\sin(\alpha-\beta)$;

(2) $2\cos\alpha\sin\beta=\sin(\alpha+\beta)-\sin(\alpha-\beta)$;

(3) $2\cos\alpha\cos\beta=\cos(\alpha+\beta)+\cos(\alpha-\beta)$;

(4) $-2\sin\alpha\sin\beta=\cos(\alpha+\beta)-\cos(\alpha-\beta)$;

(5) $\sin\alpha+\sin\beta=2\sin\frac{\alpha+\beta}{2}\cos\frac{\alpha-\beta}{2}$;

(6) $\sin\alpha-\sin\beta=2\cos\frac{\alpha+\beta}{2}\sin\frac{\alpha-\beta}{2}$;

(7) $\cos\alpha+\cos\beta=2\cos\frac{\alpha+\beta}{2}\cos\frac{\alpha-\beta}{2}$;

(8) $\cos\alpha-\cos\beta=-2\sin\frac{\alpha+\beta}{2}\sin\frac{\alpha-\beta}{2}$;

(9) $\tan\alpha\pm\tan\beta=\frac{\sin(\alpha\pm\beta)}{\cos\alpha\cos\beta}$;

(10) $\cot\alpha\pm\cot\beta=\pm\frac{\sin(\alpha\pm\beta)}{\sin\alpha\sin\beta}$.

7. 导数与微分

1) 导数与微分法则

导数与微分法则见附表 A-1.

附表 A-1

导数运算法则	微分运算法则
$(C)'=0$	$dC=0$
$(Cu)'=Cu'$	$d(Cu)=C\,du$
$(u\pm v)'=u'\pm v'$	$d(u\pm v)=du\pm dv$
$(u\cdot v)'=u'\cdot v+u\cdot v'$	$d(u\cdot v)=v\cdot du+u\cdot dv$
$\left(\frac{u}{v}\right)'=\frac{u'\cdot v-u\cdot v'}{v^2}\ (v\neq 0)$	$d\left(\frac{u}{v}\right)'=\frac{v\cdot du-u\cdot dv}{v^2}\ (v\neq 0)$

2) 导数与微分公式

导数与微分公式见附表 A-2.

附表 A-2

导数公式	微分公式
$(x^a)'=a\cdot x^{a-1}$	$d(x^a)=a\cdot x^{a-1}\,dx$
$(a^x)'=a^x\ln a\quad(a>0,a\neq 1)$ $(e^x)'=e^x$	$d(a^x)=a^x\ln a\,dx\quad(a>0,a\neq 1)$ $d(e^x)=e^x\ln a\,dx$
$(\log_a x)'=\frac{1}{x\ln a}\quad(a>0,a\neq 1)$ $(\ln x)'=\frac{1}{x}$	$d(\log_a x)=\frac{1}{x\ln a}dx\quad(a>0,a\neq 1)$ $d(\ln x)=\frac{1}{x}dx$
$(\sin x)'=\cos x$	$d(\sin x)=\cos x\,dx$
$(\cos x)'=-\sin x$	$d(\cos x)=-\sin x\,dx$
$(\tan x)'=\sec^2 x$	$d(\tan x)=\sec^2 x\,dx$
$(\cot x)'=-\csc^2 x$	$d(\cot x)=-\csc^2 x\,dx$
$(\sec x)'=\sec x\tan x$	$d(\sec x)=\sec x\tan x\,dx$
$(\csc x)'=-\csc x\cot x$	$d(\csc x)=-\csc x\cot x\,dx$
$(\arcsin x)'=\frac{1}{\sqrt{1-x^2}}$	$d(\arcsin x)=\frac{1}{\sqrt{1-x^2}}dx$

续表

导数公式	微分公式
$(\arccos x)'=-\frac{1}{\sqrt{1-x^2}}$	$d(\arccos x)=-\frac{1}{\sqrt{1-x^2}}\,dx$
$(\arctan x)'=\frac{1}{1+x^2}$	$d(\arctan x)=\frac{1}{1+x^2}\,dx$
$(\text{arccot}\,x)'=-\frac{1}{1+x^2}$	$d(\text{arccot}\,x)=-\frac{1}{1+x^2}\,dx$

8. 不定积分基本积分公式

(1) $\int dx = x + C$；

(2) $\int x^a\,dx = \frac{x^{a+1}}{a} + C$，其中 $a \neq -1$；

(3) $\int \frac{1}{x}\,dx = \ln|x| + C$；

(4) $\int a^x\,dx = \frac{a^x}{\ln a} + C$；

(5) $\int e^x\,dx = e^x + C$；

(6) $\int \sin x\,dx = -\cos x + C$；

(7) $\int \cos x\,dx = \sin x + C$；

(8) $\int \tan x\,dx = -\ln|\cos x| + C$；

(9) $\int \cot x\,dx = \ln|\sin x| + C$；

(10) $\int \sec x\,dx = \ln|\sec x + \tan x| + C$；

(11) $\int \csc x\,dx = \ln|\csc x - \cot x| + C$；

(12) $\int \sec^2 x\,dx = \tan x + C$；

(13) $\int \csc^2 x\,dx = -\cot x + C$；

(14) $\int \sec x \tan x\,dx = \sec x + C$；

(15) $\int \csc x \cdot \cot x\,dx = -\csc x + C$；

(16) $\int \frac{1}{\sqrt{1-x^2}}\,dx = \arcsin x + C$；

(17) $\int \frac{1}{1+x^2}\,dx = \arctan x + C$；

(18) $\int \frac{1}{\sqrt{a^2 - x^2}}\,dx = \arcsin \frac{x}{a} + C$；

(19) $\int \frac{1}{\sqrt{x^2 + a^2}}\,dx = \ln\left|x + \sqrt{x^2 + a^2}\right| + C$；

(20) $\int \frac{1}{\sqrt{x^2 - a^2}}\,dx = \ln\left|x + \sqrt{x^2 - a^2}\right| + C$；

(21) $\int \frac{1}{a^2 + x^2}\,dx = \frac{1}{a}\arctan \frac{x}{a} + C$；

(22) $\int \frac{1}{a^2 - x^2}\,dx = \frac{1}{2a}\ln\left|\frac{a + x}{a - x}\right| + C$；

(23) $\int \frac{1}{x^2 - a^2}\,dx = \frac{1}{2a}\ln\left|\frac{x - a}{x + a}\right| + C$.

附录B 习 题 答 案

第1章

同步练习1.1

1. (1) $\left[-\frac{1}{2}, +\infty\right)$； (2) $(-\infty, -1)\cup(-1, 1)\cup(1, +\infty)$；
   (3) $(-\infty, 4)\cup(4, 5)$； (4) $[1, 2]$； (5) $(-\infty, 0)\cup(0, 3]$；
   (6) $(0, 1)\cup(1, 2]$.
2. (1) 不是； (2) 不是； (3) 是； (4) 不是.
3. $\sqrt{7}$、0、4.
4. (1) 奇函数； (2) 非奇非偶； (3) 奇函数； (4) 偶函数.
5. 图略，定义域为$(-\infty, +\infty)$.
6. (1) $u=x^3$，$y=\sin u$； (2) $u=3x^2-x-1$，$y=\sqrt{u}$； (3) $u=\sqrt{x}$，$y=\cos u$；
   (4) $y=u^3$，$u=\tan v$，$v=2x^2+3$； (5) $y=\ln u$，$u=\arccos v$，$v=x^3$；
   (6) $y=\sqrt{u}$，$u=\lg v$，$v=\sqrt{x}$.
7. $Q=50(1-4.5\%)^n$.
8. $y=\begin{cases}0.40x, & 0\leqslant x\leqslant 50\\ 0.65x-12.5, & x>50\end{cases}$.

同步练习1.2

1. (1) 5，3，(5，3)； (2) $C(Q)=130+6Q(0\leqslant Q\leqslant 100)$，$\overline{C}(Q)=\frac{130}{Q}+6$；
   (3) $L(Q)=-Q^2+8Q-12$，无盈亏点：$Q_1=2$，$Q_2=6$.
2. 2100，10.5.
3. $R(Q)=\begin{cases}130Q, & 0<Q\leqslant 700\\ 91000+117(Q-700), & 700<Q\leqslant 1000\end{cases}$.
4. (1) 盈亏平衡点：$Q_1=2$，$Q_2=8$； (2) $L(10)=-16$； (3) $L_{\max}\big|_{Q=5}=9$.

同步练习1.3

1. (1) C； (2) B； (3) C； (4) A.
2. 略.
3. $a=3$.
4. 略.

同步练习 1.4

1. (1) -4； (2) ∞； (3) $\frac{3}{2}$； (4) $\frac{1}{6}$； (5) 1； (6) 3； (7) e^3； (8) e^6.

2. (1) 1； (2) 0； (3) $\frac{2}{3}$； (4) $\frac{1}{2}$； (4) $\frac{7}{5}$； (6) $\frac{1}{2}$；

   (7) $\frac{1}{2}$； (8) 2； (9) -1； (10) 0； (11) 0； (12) 2.

3. $a=2$，$b=-4$.

4. (1) $\frac{7}{2}$； (2) 1； (3) 1； (4) 8； (5) $\frac{3}{2}$； (6) 3；

   (7) $\frac{1}{2}$； (8) e^6； (9) e^{-10}； (10) $e^{-\frac{1}{2}}$； (11) e^{-2}； (12) e^2.

5. 65857.4.

6. 略.

同步练习 1.5

1. (1) $x=2$ 和 $x=-1$，$x=2$，$x=-1$； (2) $\frac{1}{3}$； (3) 11； (4) 1，1.

2. (1) $x=1$(可去间断点)； (2) $x=5$(可去间断点)，$x=-2$(无穷间断点)；
   (3) $x=0$(可去间断点)； (4) $x=0$(跳跃间断点).

3. $k=2$.

4. 略.

5. (1) 2； (2) 0； (3) lg2； (4) 1； (5) $\sqrt{2}$； (6) ln2.

6. 略.

单元测试 1

1. (1) $(-\infty, -1)\cup(2, +\infty)$； (2) $y=2^u$、$u=\arctan v$、$v=\frac{1}{x}$； (3) 8；

   (4) 充分必要； (5) 1，e^{-2}； (6) 无穷； (7) 2； (8) 等价；

   (9) $R(Q)=12Q-\frac{1}{5}Q^2$，$\bar{R}(Q)=12-\frac{1}{5}Q$； (10) $S=10000\left(1+\frac{5\%}{4}\right)^{20}$.

2. (1) D； (2) A； (3) B； (4) B； (5) C； (6) D.

3. (1) 0； (2) 1； (3) $\frac{3}{4}$； (4) 1； (5) 4；

   (6) $\frac{1}{2}$； (7) $\frac{3}{2}$； (8) e^{-3}； (9) 1.

4. 略.

5. $k=3$.

6. $Q=2000-5P$.

7. $200e^{-0.9}\approx 81.314$ 万元.

第2章

同步练习 2.1

1. (1) $-\dfrac{1}{x^2}$； (2) $\dfrac{1}{2\sqrt{x}}$； (3) $\dfrac{3}{2}x^{\frac{1}{2}}$； (4) $\dfrac{1}{x\ln 2}$.

2. (1) $f'(x)=3$； (2) $f'(x)=-\sin x$.

3. 切线方程：$y-1=\dfrac{2}{3}(x-1)$；法线方程：$y-1=-\dfrac{3}{2}(x-1)$.

4. (1) 4； (2) -4.

5. 函数 $y=x^{\frac{1}{3}}$ 在点 $x=0$ 处连续，但不可导.

同步练习 2.2

1. (1) $y'=4x-1$； (2) $y'=\dfrac{3}{\sqrt{1-x^2}}+\dfrac{1}{x}$；

   (3) $y'=2x\arctan x+\dfrac{x^2}{1+x^2}$； (4) $y'=\sin x\ln x+x\cos x\ln x+\sin x$；

   (5) $y'=\dfrac{x^2+6x-5}{(x+3)^2}$； (6) $y'=\dfrac{1-2\ln x-x}{x^3}$.

2. (1) $y'=12(2x+1)^5$； (2) $y'=\dfrac{4x-1}{\sqrt{4x^2-2x+1}}$；

   (3) $y'=e^x\sec 3x(1+3\tan 3x)$； (4) $y'=-\dfrac{x}{\sqrt{9-x^2}\sqrt{10-x^2}}$；

   (5) $y'=\dfrac{1}{2\sqrt{x}(1+x)}$； (6) $y'=-3\left(\arccos\dfrac{x}{3}\right)^2\dfrac{1}{\sqrt{9-x^2}}$；

   (7) $y=2^{\sin 2x+\tan x}\ln 2\cdot(2\cos 2x+\sec^2 x)$； (8) $y'=\dfrac{1}{2x\sqrt{\ln x}}+\dfrac{1}{2x}$.

3. 当 $t=1$ 时速度为零.

4. (1) $y''=6$； (2) $y''=2e^{-x}\sin x$； (3) $y''=-2\cos 2x$； (4) $y''=\dfrac{1}{x}$.

同步练习 2.3

1. (1) $2\sqrt{x}$； (2) $\dfrac{1}{4}x^4$； (3) $\arcsin x$；

   (4) $\dfrac{1}{x}$； (5) $\dfrac{1}{3}e^{3x}$； (6) $\sec x$.

2. (1) $dy=\left(\dfrac{1}{2\sqrt{x}}+2\cos 2x\right)dx$； (2) $dy=e^{2x}(2\sin 3x+3\cos 3x)dx$；

   (3) $dy=-\dfrac{4\arccos 2x}{\sqrt{1-4x^2}}dx$； (4) $dy=\dfrac{4x}{1+2x^2}dx$；

   (5) $dy=3(4x-1)\tan^2(2x^2-x+3)\sec^2(2x^2-x+3)dx$；

(6) $dy=-\frac{1}{1+x^2}e^{\arctan\frac{1}{x}}\,dx$.

3. (1) 1.005； (2) 1.02； (3) 0.515； (4) 0.79； (5) 4.021.

4. 50.120025(十亿元).

单元测试 2

1. (1) B； (2) C； (3) D； (4) A； (5) C； (6) C.

2. (1) $\frac{\sqrt{3}}{3}$； (2) 必要； (3) $\frac{1}{2x}dx$； (4) 1； (5) 0.01，1.003； (6) (0，−1).

3. (1) $y'=\frac{1}{2\sqrt{x}}-\cos x$； (2) $y'=1-\frac{1}{x^2}$；

   (3) $y'=\frac{3\cos^2\frac{1}{x}\sin\frac{1}{x}}{x^2}$； (4) $y'=15(5x+11)^2$；

   (5) $y'=\frac{1}{x+\sqrt{x^2+3}}\left(1+\frac{x}{\sqrt{x^2+3}}\right)$； (6) $y'=\frac{6\arcsin 3x}{\sqrt{1-9x^2}}$；

   (7) $y'=\frac{2}{3}\csc\frac{2x}{3}$； (8) $y=3^{x\ln x}\ln 3\cdot(1+\ln x)$.

4. (1) $y''=24x-4$； (2) $y''=2\arctan x+\frac{2x}{1+x^2}+\frac{2x}{(1+x^2)^2}$；

   (3) $y''(0)=2$； (4) $y^{(n)}=(x+n)e^x$.

5. $a=-\frac{1}{4}$，$b=1$.

6. (1) $dy=\frac{\cos x}{2\sqrt{\sin x}}dx$； (2) $dy=\frac{2x}{1+x^4}\,dx$；

   (3) $dy=e^{2x}\left(2\ln x+\frac{1}{x}\right)dx$； (4) $dy=2x\cos x^2\,dx$.

7. (1) 1.003； (2) 0.03.

第 3 章

同步练习 3.1

1～4. 略.

同步练习 3.2

(1) $\frac{4}{3}$； (2) 2； (3) 1； (4) 0； (5) 0； (6) 0； (7) $\frac{1}{2}$； (8) 1.

同步练习 3.3

1. (1) 在(−∞，0)和(2，+∞)内单调递增，在(0，2)内单调递减；

   (2) 在(−∞，−2)和(−1，1)内单调递减，在(−2，−1)和(1，+∞)内单调递增；

   (3) 在(−∞，−2)和(0，+∞)内单调递增，在(−2，−1)和(−1，0)内单调递减；

   (4) 在(0，1)内单调递减，在(−∞，0)和(1，+∞)内单调递增.

2. (1) 极大值 $f(1)=0$，极小值 $f(3)=-4$；
   (2) 极小值 $f(0)=0$；
   (3) 极大值 $f(1)=\frac{2}{3}$，极小值 $f(2)=\frac{1}{3}$；
   (4) 极小值 $f(e^{-\frac{1}{2}})=-\frac{1}{2e}$.
3. (1) 最大值 $f(4)=130$，最小值 $f(1)=-5$；
   (2) 最小值 $f(0)=\ln 2$，最大值 $f(e)=\ln(e^2+2)$.
4. 距 A15 km 处.
5. 高为 1.5 米时水槽流量最大.
6. 20.

同步练习 3.4

1. (1) $(-\infty, 2)$为下凹区间，$(2, +\infty)$为上凹区间，$(2, 4)$为拐点；
   (2) $(-\infty, 0)$为下凹区间，$(0, +\infty)$为上凹区间，无拐点；
   (3) $(-\infty, 4)$为上凹区间，$(4, +\infty)$为下凹区间，$(4, 2)$为拐点；
   (4) $(-\infty, 0)$为上凹区间，$(0, +\infty)$为下凹区间，$(0, 1)$为拐点.
2. 略.
3. $a=-\frac{3}{2}$，$b=\frac{9}{2}$.
4. (1) 水平渐近线 $y=0$，铅直渐近线 $x=-4$；
   (2) 水平渐近线 $y=0$，铅直渐近线 $x=-1$ 和 $x=5$；
   (3) 水平渐近线 $y=0$，铅直渐近线 $x=-2$；
   (4) 水平渐近线 $y=-\frac{\pi}{2}$和 $y=\frac{\pi}{2}$，无铅直渐近线.
5. 略.

单元测试 3

1. (1) A； (2) B； (3) C； (4) A； (5) B； (6) D.
2. (1) $0, \frac{1}{4}$； (2) 1； (3) -1； (4) $(-1, +\infty)$； (5) $1, -53$；
   (6) -12； (7) $(-\infty, 0)\cup\left(\frac{2}{3}, +\infty\right)$，$\left(0, \frac{2}{3}\right)$； (8) $y=0$，$x=-2$ 和 $x=3$.
3. (1) $\frac{7}{3}$； (2) 1； (3) 0； (4) 0； (5) $+\infty$； (6) $e^{-\frac{2}{\pi}}$.
4. 略.
5. (1) 递减区间$(-\infty, -1)\cup(0, 1)$；递增区间$(-1, 0)\cup(1, +\infty)$；
   (2) 递减区间$(-\infty, 0)$，递增区间$(0, +\infty)$.
6. (1) 极大值 $f(-1)=0$，极小值 $f(1)=-3\sqrt[3]{4}$；
   (2) 极大值 $f\left(\frac{7}{3}\right)=\frac{4}{27}$，极小值 $f(3)=0$.

7. $a=-\frac{2}{3}$，$b=-\frac{1}{6}$，在 $x_1=1$ 处取得极小值，在 $x_2=2$ 处取得极大值.

8. 长为 1.5 m，宽为 1 m，最大面积为 1.5 m^2.

9. (1) 下凹区间 $\left(-\infty, \frac{5}{3}\right)$，上凹区间 $\left(\frac{5}{3}, +\infty\right)$，拐点 $\left(\frac{5}{3}, -\frac{250}{27}\right)$；

(2) 下凹区间 $(-\infty, 2)$，上凹区间 $(2, +\infty)$，拐点 $(2, 2e^{-2})$.

10. (1) 水平渐近线为 $y=0$，铅直渐近线为 $x=-1$ 和 $x=2$；

(2) 水平渐近线为 $y=-3$，铅直渐近线为 $x=0$.

第 4 章

同步练习 4.1

1. (1) $\frac{4}{3}x^3$； (2) $\ln|x|$； (3) $\arcsin x$； (4) $\sec x$.

2. (1) $\frac{1}{4}x^4+\frac{2}{3}x^{\frac{3}{2}}+C$； (2) $e^x+\cos x+C$； (3) $\frac{1}{\ln 2}2^x+\frac{1}{3}x^3+C$；

(4) $\frac{1}{\ln 6}6^x+C$； (5) $2x^2-\cos x+C$； (6) $e^x-2\ln|x|+C$；

(7) $x-\arctan x+C$； (8) $\arctan x-\frac{1}{x}+C$； (9) e^x+x+C；

(10) $-\cot x-x+C$； (11) $\frac{1}{2}(x-\sin x)+C$； (12) $\sin x+\cos x+C$.

3. $y=\ln x+2$

4. 略.

同步练习 4.2

1. (1) $\frac{1}{3}\ln|3x+2|+C$； (2) $\frac{1}{202}(1+x^2)^{101}+C$； (3) $\frac{1}{3}(1+2\arctan x)^{\frac{3}{2}}+C$；

(4) $\ln|x^2+2x+3|+C$； (5) $\frac{1}{2a}\ln\left|\frac{x-a}{x+a}\right|+C$； (6) $\arctan(x+1)+C$；

(7) $\frac{1}{5}\sin^5 x+C$； (8) $\frac{1}{2}x+\frac{1}{4}\sin 2x+C$； (9) $\frac{1}{4}\sin 2x+\frac{1}{12}\sin 6x+C$；

(10) $\frac{1}{3}\ln|1+3\ln x|+C$； (11) $\arcsin|\ln x|+C$； (12) $\cos\frac{1}{x}+C$.

2. (1) $2\sqrt{x}-2\ln(\sqrt{x}+1)+C$； (2) $2\sin\sqrt{x}+C$；

(3) $\arcsin\frac{x}{a}+C$； (4) $\ln\left|x+\sqrt{x^2-9}\right|+C$.

同步练习 4.3

(1) $-x\cos x+\sin x+C$； (2) $(x-1)e^x+C$；

(3) $\frac{1}{2}x^2\ln x-\frac{1}{4}x^2+C$； (4) $x\ln x-x+C$；

(5) $x\arcsin x+\sqrt{1-x^2}+C$； (6) $\frac{1}{2}(x^2\arctan x-x+\arctan x)+C$；

(7) $\frac{1}{2}e^x(\cos x+\sin x)+C$；　(8) $\frac{1}{3}x\sin 3x+\frac{1}{9}\cos 3x+C$；

(9) $-xe^{-x}-e^{-x}+C$；　(10) $-\frac{\ln x}{x}-\frac{1}{x}+C$；

(11) $2e^{\sqrt{x}}(\sqrt{x}-1)+C$；　(12) $x\ln(1+x^2)-2x+2\arctan x+C$.

同步练习 4.4

1. (1) $y=\frac{1}{3}x^3+x+C$；　(2) $y=2\ln|x|+C$；　(3) $y=Ce^{x^3}$；

   (4) $(x-1)(y+1)=C$；　(5) $\ln\ln y=\arctan x+C$；　(6) $\arcsin y=\arcsin x+C$；

   (7) $y=-e^{-x}+2$；　(8) $y=\frac{1}{2}\ln(2e^x+C)$.

2. (1) $y=\frac{1}{2}e^x+ce^{-x}$；　(2) $y=Cx^2$；

   (3) $y=2+e^{-x^2}$；　(4) $y=\frac{1}{2}(x+1)^4+C(x+1)^2$.

3. $y=\sin x+1$.
4. $Q=1100\cdot 2^{-P}$.

单元测试 4

1. (1) 对；　(2) 错；　(3) 错；　(4) 对.
2. (1) $\ln|x|+C$；　(2) $2\cos 2x$；　(3) $-e^{-x}+C$；　(4) $\ln|\sin x|+C$.
3. (1) B；　(2) B；　(3) C；　(4) C.
4. (1) $\frac{1}{3}\sqrt{(2x+3)^3}+C$；　(2) $-\frac{1}{5}\cos 5x+C$；　(3) $2\sin\sqrt{x}+C$；

   (4) $\frac{1}{2}\ln^2 x+C$；　(5) $\frac{1}{6}\ln^6 x+C$；　(6) $\frac{1}{3}\sin^3 x+C$；　(7) $\frac{1}{4}(x^2+4)^4+C$；

   (8) $\ln|1+\sin x|+C$；　(9) $\frac{1}{2}\ln\left|\frac{x-1}{x+1}\right|+C$；

   (10) $\frac{a^2}{2}\arcsin\frac{x}{a}+\frac{x}{2}\sqrt{a^2-x^2}+C$；　(11) $2[\sqrt{x}-\ln(1+\sqrt{x})]+C$；

   (12) $2\sqrt{x}-3\sqrt[3]{x}+6\sqrt[6]{x}-6\ln(1+\sqrt[6]{x})+C$；

   (13) xe^x-e^x+C；

   (14) $\frac{1}{2}(1+x^2)\arctan x-\frac{x}{2}+C$；

   (15) $\frac{x}{2}[\sin(\ln x)-\cos(\ln x)]+C$；

   (16) $x\ln(1+x^2)-2(x-\arctan x)+C$.

5. $y=-\frac{1}{3}x^2-\frac{2}{9}+\frac{11}{9}e^{\frac{3}{2}x^2}$.

6. $L(x)=\frac{b+1}{a}-x+\left(L_0-\frac{b+1}{a}\right)e^{-ax}$.

第5章

同步练习5.1

1. (1) $\int_0^1 (x^2+2)\mathrm{d}x$；　(2) 负；　(3) $b-a$；　(4) $f(x)$和$[a, b]$.

2. (1) C；　(2) B；　(3) C；　(4) B.

3. (1) 1；　(2) 0；　(3) $\pi/4$.

4. (1) $\frac{1}{3}$；　(2) $\frac{1}{2}$.

5. 略.

同步练习5.2

1. (1) 0；　(2) $\sin x^2$；　(3) $2x\sin x^4$；　(4) 0；　(5) $x-1$.

2. (1) 12；　(2) $\frac{\pi}{3}$；　(3) $1-\frac{\pi}{4}$；　(4) $\frac{\pi}{4}$；　(5) $\ln\frac{1+\mathrm{e}}{2}$；　(6) $\frac{5}{2}$.

3. (1) 1；　(2) 2；　(3) $\frac{1}{3}$；　(4) $-\frac{1}{2}$.

4. 极小值$\Phi(0)=0$.

5. $2\sqrt{2}$.

同步练习5.3

1. (1) 0；　(2) $\frac{\pi^3}{648}$；　(3) 0；　(4) π.

2. (1) $\frac{4}{5}\ln 2$；　(2) $\frac{\pi}{6}-\frac{\sqrt{3}}{8}$；　(3) $\frac{1}{3}$；　(4) $2-2\ln\frac{3}{2}$；　(5) $1-\mathrm{e}^{-\frac{1}{2}}$；

   (6) $\frac{1}{4}$；　(7) $\frac{4}{3}$；　(8) $\frac{2}{3}$；　(9) $2(\sqrt{2}-1)$；　(10) 4π.

3. (1) $1-\frac{2}{\mathrm{e}}$；　(2) $\frac{1}{4}(\mathrm{e}^2+1)$；　(3) $\frac{\pi}{4}-\frac{1}{2}$；　(4) $\frac{1}{2}(\mathrm{e}^{\frac{\pi}{2}}-1)$；　(5) $\mathrm{e}-2$；

   (6) 2；　(7) $\frac{\pi^2}{8}+1$；　(8) $8\ln 2-4$；　(9) $\frac{1}{3}\ln 2$；　(10) $\frac{\mathrm{e}}{2}(\sin 1-\cos 1)+\frac{1}{2}$.

同步练习5.4

1. 收敛.

2. (1) $\frac{1}{\ln 2}$；　(2) $\frac{1}{8}$；　(3) 1；　(4) π；　(5) $\frac{\pi}{4}$；　(6) 1.

同步练习5.5

1. $\frac{64}{3}$.

2. $\frac{9}{4}$.

3. 1.

4. πab.
5. e^2-1.
6. $V=\frac{4}{3}\pi ab^2$.
7. $\frac{\pi}{8}(e^2-e^{-2}+4)$.
8. $V_x=\frac{\pi}{5}, V_y=\frac{\pi}{2}$.
9. $R=100(q-1+e^{-\frac{q}{10}})$.
10. 243.2 单位.

单元测试 5

1. (1) 长为1，宽为 $b-a$ 的长方形的面积； (2) 0； (3) 2π； (4) $\frac{\pi}{2}$； (5) 1；
(6) $\frac{1}{\pi}$； (7) 0，0； (8) $\frac{4}{\pi}-1$； (9) $\frac{14}{3}$； (10) $\arccos x$，$2xe^{x^2}$.
2. (1) C； (2) B； (3) C； (4) C； (5) A； (6) B；
(7) C； (8) D； (9) C.
3. (1) $\ln\frac{1+e}{2}$； (2) $\frac{3}{2}$； (3) $2-\frac{\pi}{2}$； (4) $\frac{\pi^2}{72}$； (5) ln2； (6) $\frac{\pi}{6}$；
(7) $\frac{\pi}{8}$； (8) $\frac{\pi}{4}$； (9) $2\ln^2 2-4\ln 2+2$； (10) 1.
4. (1) $\frac{1}{3}$； (2) $e+e^{-1}-2$； (3) $\frac{e}{2}-1$.
5. $\frac{31}{5}\pi$，$\frac{15}{2}\pi$.
6. 3.6×10^5元.
7. (1) 460，2000； (2) $C=10+4q+\frac{1}{8}q^2$，$R=80q-\frac{1}{2}q^2$.

第6章

同步练习 6.1

1. (1) 5； (2) 1； (3) 6； (4) $2abc$.
2. (1) $\begin{cases} x=-\frac{1}{2} \\ y=-\frac{1}{2} \\ z=\frac{3}{2} \end{cases}$； (2) $\begin{cases} x_1=2 \\ x_2=1 \end{cases}$.
3. $M_{42}=A_{42}=\begin{vmatrix} 2 & 1 & 3 \\ 5 & 1 & 1 \\ -1 & 3 & 4 \end{vmatrix}$，$M_{23}=\begin{vmatrix} 2 & 0 & 3 \\ -1 & 0 & 4 \\ 2 & -5 & 1 \end{vmatrix}$，$A_{23}=-\begin{vmatrix} 2 & 0 & 3 \\ -1 & 0 & 4 \\ 2 & -5 & 1 \end{vmatrix}$.

4. (1) $a_{11}a_{22}a_{33}a_{44}$； (2) $-a_{21}a_{24}a_{31}a_{43}$； (3) $a_{14}a_{23}a_{32}a_{41}$.

同步练习 6.2

1. (1) 53； (2) 0； (3) $-ade$； (4) $4abcdef$；
 (5) $-a_1a_2a_3a_4$； (6) -1； (7) abc； (8) 27.
2. 略.
3. (1) $x=0$(二重根)，$x=\pm 2$；
 (2) $x_1=x_2=7$，$x_3=2$.

同步练习 6.3

1. (1) $x_1=1$，$x_2=-2$，$x_3=0$，$x_4=\frac{1}{2}$；
 (2) $x_1=1$，$x_2=2$，$x_3=2$，$x_4=-1$.
2. (1) 没有非零解；
 (2) 有非零解.

同步练习 6.4

1. $x=6$，$y=4$，$z=8$.

2. $\boldsymbol{A}+2\boldsymbol{B}=\begin{bmatrix}-3 & 12 & 5\\ 4 & 2 & 8\\ 3 & 4 & 1\end{bmatrix}$，$2\boldsymbol{A}-3\boldsymbol{B}=\begin{bmatrix}1 & 3 & 3\\ -6 & -2 & -5\\ 6 & 1 & 2\end{bmatrix}$.

3. (1) $\boldsymbol{X}=\begin{bmatrix}\frac{1}{2} & 2 & -\frac{1}{2} & \frac{5}{2}\\ -1 & 1 & 0 & 3\\ 3 & -\frac{7}{2} & 4 & -\frac{5}{2}\end{bmatrix}$；

 (2) $\boldsymbol{Y}=\begin{bmatrix}\frac{7}{3} & -\frac{2}{3} & 1 & \frac{8}{3}\\ 2 & \frac{19}{3} & -\frac{20}{3} & 4\\ -1 & \frac{11}{3} & \frac{16}{3} & -\frac{10}{3}\end{bmatrix}$.

4. (1) 5； (2) $\begin{bmatrix}-4 & 12 & 8 & 20\\ 0 & 0 & 0 & 0\\ -7 & 21 & 14 & 35\\ 3 & -9 & -6 & 15\end{bmatrix}$； (3) $\begin{bmatrix}-5 & 10 & 15\\ -7 & 14 & 3\\ 3 & -6 & 0\end{bmatrix}$；

 (4) -2； (5) $\begin{bmatrix}-3 & -7 & 5\\ 1 & 4 & -6\\ -3 & 5 & -4\end{bmatrix}$； (6) $\begin{bmatrix}6 & -4 & 10\\ -2 & 2 & 10\end{bmatrix}$.

5. $\boldsymbol{AB}-\boldsymbol{BA}=\begin{bmatrix}0 & 0 & 0\\ 0 & 0 & 4\\ 2 & -4 & 0\end{bmatrix}$.

6. $A^TB=\begin{bmatrix}1 & 4 & 4\\0 & -2 & -2\\1 & 4 & 5\end{bmatrix}$，$B^TA=\begin{bmatrix}1 & 0 & 1\\4 & -2 & 4\\4 & -2 & 5\end{bmatrix}$，

$A^TB^T=\begin{bmatrix}4 & -5 & 1\\0 & 1 & 1\\1 & -2 & -1\end{bmatrix}$，$(AB)^T=\begin{bmatrix}0 & -1 & 2\\0 & -4 & 6\\-1 & -5 & 8\end{bmatrix}$.

同步练习 6.5

1. (1) 12； (2) 4； (3) −306； (4) 1； (5) 20936.

2. (1) $\begin{bmatrix}5 & -2\\-7 & 3\end{bmatrix}$； (2) $\begin{bmatrix}1 & 3 & -2\\-\frac{3}{2} & -3 & \frac{5}{2}\\1 & 1 & -1\end{bmatrix}$；

(3) $\begin{bmatrix}\frac{7}{6} & \frac{2}{3} & -\frac{3}{2}\\-1 & -1 & 2\\-\frac{1}{2} & 0 & \frac{1}{2}\end{bmatrix}$； (4) $\begin{bmatrix}1 & -4 & -3\\1 & -5 & -3\\-1 & 6 & 4\end{bmatrix}$.

3. (1) $\begin{bmatrix}-\frac{11}{6} & -\frac{3}{2} & \frac{1}{6}\\-\frac{7}{6} & -\frac{1}{2} & -\frac{1}{6}\\-\frac{1}{3} & 0 & -\frac{1}{3}\end{bmatrix}$； (2) $\begin{bmatrix}\frac{1}{2} & 0 & 0\\-\frac{1}{4} & \frac{1}{2} & 0\\\frac{1}{8} & -\frac{1}{4} & \frac{1}{2}\end{bmatrix}$；

(3) $\begin{bmatrix}\frac{1}{4} & \frac{1}{4} & \frac{1}{4} & \frac{1}{4}\\\frac{1}{4} & \frac{1}{4} & -\frac{1}{4} & -\frac{1}{4}\\\frac{1}{4} & -\frac{1}{4} & \frac{1}{4} & -\frac{1}{4}\\\frac{1}{4} & -\frac{1}{4} & -\frac{1}{4} & \frac{1}{4}\end{bmatrix}$； (4) $\begin{bmatrix}1 & -a & 0 & 0\\0 & 1 & -a & 0\\0 & 0 & 1 & -a\\0 & 0 & 0 & 1\end{bmatrix}$.

4. $\begin{bmatrix}7\\12\\-5\end{bmatrix}$.

5. $\frac{1}{7}\begin{bmatrix}2 & -37 & -8\\-1 & -34 & -6\\3 & -38 & -6\end{bmatrix}$.

6. $(BA)^{-1}=\begin{bmatrix}1 & \frac{3}{2}\\-2 & -\frac{5}{2}\end{bmatrix}$；$AB$ 不可逆，故$(AB)^{-1}$不存在.

同步练习 6.6

1. (1) $\begin{bmatrix} 1 & 2 & 3 & 4 \\ 0 & -1 & -5 & -6 \\ 0 & 0 & 1 & \frac{1}{3} \\ 0 & 0 & 0 & \frac{1}{3} \end{bmatrix}$； (2) $\begin{bmatrix} 1 & 2 & 0 & -2 & -4 \\ 0 & -1 & 1 & 1 & 1 \\ 0 & 0 & 0 & 1 & 4 \\ 0 & 0 & 0 & 0 & 0 \end{bmatrix}$.

2. (1) $a=9$； (2) $a\neq 9$.

3. (1) $r(\mathbf{A})=3$； (2) $r(\mathbf{A})=2$； (3) $r(\mathbf{A})=3$； (4) $r(\mathbf{A})=2$.

4. (1) 可逆； (2) 不可逆.

同步练习 6.7

1. (1) $\begin{cases} x_1=1 \\ x_2=2 \\ x_3=-2 \end{cases}$； (2) 无解； (3) $\begin{cases} x_1=5 \\ x_2=1 \\ x_3=3 \end{cases}$；

(4) $\begin{cases} x_1=1 \\ x_2=2x_3 \\ x_4=-3x_5 \end{cases}$ (x_3，x_5为自由未知量).

2. (1) $\begin{cases} x_1=-2x_3+\frac{7}{2}x_4 \\ x_2=-x_3-\frac{3}{2}x_4 \end{cases}$ (x_3，x_4为自由未知量，可取任意值)； (2) 只有零解.

3. 当 $a\neq 0$，$b\neq 1$ 时，$R(\mathbf{A})=R(\mathbf{A},\boldsymbol{B})=3$，方程组有唯一解；

当 $a=\frac{1}{2}$，$b=1$ 时，$R(\mathbf{A})=R(\mathbf{A},\boldsymbol{B})=2<3$，方程组有无穷多解，一般解是

$$\begin{cases} x_1=2-x_3 \\ x_2=2 \end{cases} \quad (x_3\text{为自由未知量})$$

其余情况下方程组无解.

同步练习 6.8

1. $\boldsymbol{\gamma}=(-15\quad 5\quad 6\quad 23)^{\mathrm{T}}$.

2. (1) 线性无关； (2) 线性相关； (3) 线性无关.

3. (1) 秩为 3，极大无关组为 $\boldsymbol{\alpha}_1$，$\boldsymbol{\alpha}_2$，$\boldsymbol{\alpha}_3$，且 $\boldsymbol{\alpha}_4=-3\boldsymbol{\alpha}_1+5\boldsymbol{\alpha}_2-\boldsymbol{\alpha}_3$；

(2) 秩为 3，极大无关组为 $\boldsymbol{\alpha}_1$，$\boldsymbol{\alpha}_2$，$\boldsymbol{\alpha}_3$，且 $\boldsymbol{\alpha}_4=-\boldsymbol{\alpha}_1-\boldsymbol{\alpha}_2+\boldsymbol{\alpha}_3$；

(3) 秩为 3，极大无关组为 $\boldsymbol{\alpha}_1$，$\boldsymbol{\alpha}_2$，$\boldsymbol{\alpha}_4$，且 $\boldsymbol{\alpha}_3=\boldsymbol{\alpha}_1+\boldsymbol{\alpha}_2$，$\boldsymbol{\alpha}_5=\boldsymbol{\alpha}_1+\frac{2}{3}\boldsymbol{\alpha}_2+\frac{5}{3}\boldsymbol{\alpha}_4$.

同步练习 6.9

1. (1) 基础解系 $\boldsymbol{X}_1=(-2\quad 1\quad 1\quad 0)^{\mathrm{T}}$，$\boldsymbol{X}_2=(1\quad -1\quad 0\quad 1)^{\mathrm{T}}$，全部解为 $k_1\boldsymbol{X}_1+k_2\boldsymbol{X}_2$，其中 k_1，k_2为任意实数；

(2) 基础解系 $\boldsymbol{X}_1=(2\quad 1\quad 0\quad 0)^{\mathrm{T}}$，$\boldsymbol{X}_2=(-1\quad 0\quad 1\quad 0)^{\mathrm{T}}$，全部解为 $k_1\boldsymbol{X}_1+k_2\boldsymbol{X}_2$，

其中 k_1，k_2 为任意实数；

(3) 基础解系 $\boldsymbol{X}_1=(3\ \ 1\ \ 0\ \ 0\ \ 0)^{\mathrm{T}}$，$\boldsymbol{X}_2=(-1\ \ 0\ \ 1\ \ 0\ \ 0)^{\mathrm{T}}$，$\boldsymbol{X}_3=(2\ \ 0\ \ 0\ \ 1\ \ 0)^{\mathrm{T}}$，$\boldsymbol{X}_4=(1\ \ 0\ \ 0\ \ 0\ \ 1)^{\mathrm{T}}$，全部解为 $k_1\boldsymbol{X}_1+k_2\boldsymbol{X}_2+k_3\boldsymbol{X}_3+k_4\boldsymbol{X}_4$，其中 k_1，k_2，k_3，k_4 为任意实数；

(4) 基础解系 $\boldsymbol{X}_1=(-2\ \ 1\ \ 1\ \ 0\ \ 0)^{\mathrm{T}}$，$\boldsymbol{X}_2=(-1\ \ -3\ \ 0\ \ 1\ \ 0)^{\mathrm{T}}$，$\boldsymbol{X}_3=(2\ \ 1\ \ 0\ \ 0\ \ 1)^{\mathrm{T}}$，全部解为 $k_1\boldsymbol{X}_1+k_2\boldsymbol{X}_2+k_3\boldsymbol{X}_3$，其中 k_1，k_2，k_3 为任意实数.

2. (1) $\boldsymbol{X}=\begin{bmatrix}\frac{7}{3}\\-\frac{2}{3}\\0\\0\end{bmatrix}+k_1\begin{bmatrix}-\frac{3}{2}\\\frac{1}{3}\\1\\0\end{bmatrix}+k_2\begin{bmatrix}-\frac{7}{2}\\\frac{1}{2}\\0\\1\end{bmatrix}$； (2) $\boldsymbol{X}=\begin{bmatrix}1\\0\\1\\0\end{bmatrix}+k_1\begin{bmatrix}2\\1\\0\\0\end{bmatrix}+k_2\begin{bmatrix}\frac{2}{7}\\0\\-\frac{5}{7}\\1\end{bmatrix}$.

单元测试 6

1. (1) $-\begin{vmatrix}1&3&2\\-2&-1&3\\3&1&8\end{vmatrix}$； (2) -81； (3) 系数行列式为零($D=0$)；

(4) 0，n，$\boldsymbol{A}^{-1}=\dfrac{1}{\det\boldsymbol{A}}\boldsymbol{A}^*$； (5) -3，8； (6) $(\boldsymbol{E}-\boldsymbol{B})^{-1}\boldsymbol{A}$； (7) n，s；

(8) $n-r$； (9) $\begin{cases}x_1=-2x_3-x_4\\x_2=2x_4\end{cases}$ (x_3，x_4 为自由未知量)； (10) 只有零解.

2. (1) B； (2) B； (3) D； (4) B； (5) B.

3. (1) 0； (2) $-(a_1+a_2+a_3+a_4+1)$； (3) -9.

4. $\lambda=1$ 或 $\lambda=3$.

5. $\boldsymbol{A}$ 可逆，$\boldsymbol{A}^{-1}=\begin{bmatrix}-2&0&2&1\\0&-1&-1&0\\2&-1&-2&-1\\1&0&-1&0\end{bmatrix}$.

6. $r(\boldsymbol{A})=4$.

7. (1) 基础解系 $\boldsymbol{X}_1=(1\ \ -2\ \ 0\ \ 1\ \ 0)^{\mathrm{T}}$，$\boldsymbol{X}_2=(5\ \ -6\ \ 0\ \ 0\ \ 1)^{\mathrm{T}}$，全部解为 $k_1\boldsymbol{X}_1+k_2\boldsymbol{X}_2$，其中 k_1，k_2 为任意实数；

(2) 基础解系为 $\boldsymbol{X}_1=\left(\frac{19}{8}\ \ \frac{7}{8}\ \ 1\ \ 0\ \ 0\right)^{\mathrm{T}}$，$\boldsymbol{X}_2=\left(\frac{3}{8}\ \ -\frac{25}{8}\ \ 0\ \ 1\ \ 0\right)^{\mathrm{T}}$，$\boldsymbol{X}_3=\left(-\frac{1}{2}\ \ \frac{1}{2}\ \ 0\ \ 0\ \ 1\right)^{\mathrm{T}}$，全部解为 $k_1\boldsymbol{X}_1+k_2\boldsymbol{X}_2+k_3\boldsymbol{X}_3$，其中 k_1，k_2，k_3 为任意实数.

8. (1) $\boldsymbol{X}=(1\ \ -1\ \ 1)^{\mathrm{T}}$；

(2) $(2\ \ 0\ \ 1\ \ 0)^{\mathrm{T}}+k_1(-2\ \ 1\ \ 0\ \ 0)^{\mathrm{T}}+k_2(-1\ \ 0\ \ 1\ \ 1)^{\mathrm{T}}$，$k_1$，$k_2$ 为任意实数.

参考文献

[1] 侯风波. 高等数学. 北京：高等教育出版社，2010.
[2] 顾静相. 经济数学基础. 北京：高等教育出版社，2004.
[3] 吴坤. 经济数学. 北京：中国传媒大学出版社，2012.
[4] 同济大学数学系. 高等数学. 北京：高等教育出版社，2007.
[5] 张涛. 高等数学. 西安：西安电子科技大学出版社，2012.